Frank White · Der Overview Effekt

Frank White

Der Overview Effekt

Die erste interdisziplinäre Auswertung von 20 Jahren Weltraumfahrt

Scherz

1. Auflage 1989
Einzig berechtigte Übersetzung aus
dem Amerikanischen von Erwin Schuhmacher.
Titel der Originalausgabe: «The Overview Effect».

Schutzumschlag von Graupner & Partner.

Inhalt

Vorwort 7
Einleitung 12
Prolog 15

Teil I Der Overview Effekt 19

1 Das Overview Projekt 21
2 Der Kundschafter-Fisch 25
3 Ein Überblick über die bisherige Raumflugerfahrung 30
4 Die ersten Erdumlaufmissionen und Hinweise auf den Overview Effekt 50
5 Spätere Erdumkreisungen und Mondmissionen: Der Overview Effekt und sonstige Veränderungen der Wahrnehmung 57
6 Der Raumtransporter konsolidiert den Effekt 70
7 Individuelle und kulturelle Variationen 78
8 Der technologische Overview 85
9 Die Verbreitung des Overview 96
10 Overview Systeme 108
11 Erkundung des Weltraums und ihr Sinn für den Menschen 121
12 Das alte und das neue Raumfahrtprogramm 136
13 Visionen der neuen Zivilisationen 145
14 Terra, Solarius und Galaxia 149

Teil II Die neuen Zivilisationen 157

15 Eine Gesamtschau der neuen Zivilisationen 159
16 Als Pioniere im Weltraum 164
17 Meilensteine und Wendemarken 173
18 Die Psychologie der neuen Zivilisationen 190
19 Terra und der Neue Gesellschaftsvertrag 200
20 Solarius und Artentrennung 211
21 Galaxia und der erste Kontakt 218
22 Die Zukunft wird geschaffen 225
23 Die neuen Zivilisationen und du 230
24 Die universale Zivilisation 238

Teil III Die Erfahrungen der Astronauten und Kosmonauten 241

Vorbemerkung des Autors 243

Juri Alexejewitsch Gagarin 244 · Alan B. Shepard Jr. 244 · John H. Glenn Jr. 245 · Malcolm Scott Carpenter 245 · Russell L. Schweickart 246 · Michael Collins 248 · Eugene A. Cernan 252 · Alan L. Bean 256 · Edgar D. Mitchell 263 · Edward G. Gibson 271 · Gerald P. Carr 274 · Valentin Lebedew 279 · Anatoli N. Beresowoi 281 · Joseph P. Allen 282 · Byron K. Lichtenberg 285 · Ronald E. McNair 292 · Charles D. Walker 294 · Marc Garneau 298 · Jeffrey A. Hoffman 304 · Edwin Garn 314 · Don L. Lind 318 · Sultan Bin Salman al-Saud 325 · Loren W. Acton 326 · Bill Nelson 329

Anhang A 335
Anhang B 338
Anmerkungen 340
Literaturverzeichnis 350

Vorwort

Als ich am 28. November 1983 im Middeck der Raumfähre Columbia auf den Start in den Weltraum wartete, war mir nicht im mindesten bewußt, wie die Eindrücke des bevorstehenden Raumfluges mein Denken beeinflussen würden. Ich wußte natürlich, wie sehr sich die Welt durch die Raumfahrt bereits verändert hatte. Die Kommunikationssatelliten sorgten dafür, daß auf längere Zeit nichts mehr geschehen oder unternommen werden konnte, ohne daß die Weltöffentlichkeit davon Zeugnis erhielt. Die politischen Führer aller Staaten sahen sich in helles Licht getaucht. Wurden die Menschenrechte mißachtet, geschah es nicht mehr länger im Verborgenen, sondern vor aller Augen.

Ich wußte auch, wie sehr die Kommunikationssatelliten dazu geführt hatten, daß sich Menschen verschiedenster Nationalitäten, Rassen, Religionen und Kulturen nähergekommen waren. Kostete es doch nur noch einen Telefonanruf, mit einem Fachkollegen aus Kalifornien eine wissenschaftliche Frage zu diskutieren oder sich nach dem Wohl jenes griechischen Fremdenführers zu erkundigen, der den letzten Urlaub so interessant gemacht hatte. Kein Zweifel: Die Satelliten hoch über den Menschen hatten die Barrieren und Distanzen zwischen ihnen kleiner werden lassen.

Nun war ich selbst unterwegs in die lebensfeindliche Leere des Weltraumes. Die Raketenmotoren des Shuttle waren gezündet worden. Die Gewalt von mehr als dreitausend Tonnen Schub trieb uns mit wachsender Beschleunigung aufwärts. Doch nach achteinhalb Minuten war alles schon vorüber. Wurde ich eben noch mit dem Dreifachen meines normalen Körpergewichtes in den Sitz gepreßt, so war ich nun plötzlich schwerelos. Wären die Anschnallgurte nicht gewesen, wäre ich beim Abschalten der Raketenmotoren von meinem Sitz davongeschwebt und hätte mich irgendwo in der Kabine gefunden. Nach dem Losschnallen fand ich mich erstmals in meinem Leben in einem isotropen Raum wieder. Die Wörter oben und unten hatten ihren Sinn verloren. Es fiel nichts mehr herunter. Mir wurde bewußt, wie viele Begriffe unsere Sprache nur deswegen entwickelt und geprägt hat, weil wir in einer Welt leben, in der die Dinge *Gewicht* haben. Wären wir alle im Weltraum geboren worden, würden wir uns vermutlich unter einem Pfeiler, einem Querträger, einem Fundament, einer Brücke nichts vorstellen können. Auch Tisch, Stuhl oder Bank wären unbekannte Gegenstände geblieben, weil Möbelstücke dieser Art im Weltraum überflüssig sind.

Es bedurfte der Gewöhnung, sich im Raumschiff zu orientieren und richtig zu bewegen. Es dauerte allerdings nicht lange, bis wir erfahren und gelernt hatten, daß eine Arbeit schneller von der Hand geht, wenn man langsam, sanft und umsichtig zu Werke geht als schnell und ruckartig. Jedesmal wenn eine Kraft vom Astronauten auf einen Teil des Raumschiffes ausgeübt wird, entsteht nämlich eine Gegenkraft. Wirkt der Astronaut also mit Vehemenz auf die Tasten eines Rechners ein, setzte er sich nur selbst rückwärts in Bewegung.

Beim ersten Blick aus dem Fenster verschlug es mir die Sprache. Die Sonne strahlte auf uns herab und ließ Spacelab im Laderaum des Shuttle glänzen, daß es eine Lust war. Doch erstmals in meinem Leben sah ich die Sonne aus einem *tiefschwarzen* Himmel leuchten.

Beim ersten Blick zum Horizont der Erde stockte mir der Atem. Nicht daß mich die Krümmung der Horizontlinie überrascht hätte, es war vielmehr die königsblaue Farbe der Atmosphäre, die mich verzauberte. Doch wie dünn war die lebenserhaltende Schicht! Hier war der Moment, von dem alle Astronauten erzählt hatten, die vor mir geflogen waren, und worüber einige von ihnen in diesem Buch ausführlicher berichten. Die Erde lag ausgebreitet unter uns. Ihre Schönheit war hinreißend – keine Sprache kann es beschreiben –, doch wie verletzlich sah sie aus!

Von dem Moment an, als ich den ersten Blick durch das Fenster geworfen hatte, kam ich nicht mehr davon los. Wann immer es meine Zeit erlaubte und auch wenn sie es eigentlich nicht erlaubte, zum Beispiel während der Schlafenszeit, betrachtete ich Sonne, Mond und Sterne, doch mehr als alles andere die Erde. Es war faszinierend, wie viele ihrer Feinheiten sich uns offenbarten. Wir sahen die Ozeane, die Kontinente, die Küstenlinien, die Inseln, die Gebirge mit all ihren Gipfeln, Gletschern, Tälern und die Flüsse. Mit staunenden Augen verfolgten wir die Schauspiele der Natur. Die hohen Türme der Gewitterwolken warfen im Licht der untergehenden Sonne lange Schatten auf die Oberfläche der Erde. War es schon dunkel, sahen wir die Wolken bei jedem Blitzschlag von innen heraus auf wundervolle Weise erleuchtet. Wir waren hingerissen von der Schönheit und der Gewalt der unter uns tobenden Gewitter. Kamen wir bei Nacht in die Nähe eines magnetischen Poles, sahen wir die Nordlichter schräg unter uns ein märchenhaftes Schauspiel aufführen. Ähnlich wie riesenhafte, leuchtende Gardinen schienen sie sich im Wind zu bewegen. Doch sie änderten dabei nicht nur ihre Form, sondern auch immerwährend ihre pastellene Farbe.

Wir fanden vom Menschen geschaffene Strukturen wie Kanäle, Stauseen oder die Kondensstreifen der Flugzeuge wieder. Wir nahmen sie als freundliche Zeichen zur Kenntnis. Nachts grüßten uns die Großstädte der Welt mit Myriaden von Lichtern. Sie schienen zum Greifen nahe zu sein. Doch wir sahen auch die hellen Flammen über den Erdölfeldern des Mittleren Ostens und entdeckten die industriellen Ballungsräume in Europa, der Sowjetunion, den Vereinigten Staaten von Amerika und in Asien. Dort war die Luft von Abgasen, Rauch und Aerosolen weiß getrübt. Seit ich mit eigenen Augen sehen konnte, wie dünn die schützende Lufthülle der Erde ist und wie sehr wir die Atmosphäre stellenweise durch Industrie- und Verkehrsabgase belasten, bin ich besorgt, ob wir die Selbstreinigungskraft der Natur nicht überfordern. Dürfen wir unbesorgt Wohlstand, Bequemlichkeit und Komfort genießen, ohne uns um die damit verbundene Belastung der Umwelt zu kümmern, oder haben wir nicht vielmehr die Pflicht, die Erde denjenigen, die nach uns kommen, in einem guten Zustand zu hinterlassen?

Ein einziger Umlauf um den Erdball kostete uns weniger als neunzig Minuten Zeit. Länder wie Frankreich oder Deutschland waren jeweils in einer Minute passiert. Wir suchten die trennenden Grenzlinien zu finden, die auf allen Landkarten zwischen den Ländern so deutlich vorhanden sind. Doch sie existieren nicht. Ich erinnerte mich daran, daß mein Großvater während des Ersten Weltkriegs, mein Vater während des Zweiten Weltkrieges Soldat in Frankreich gewesen waren. Wie grotesk ist die Geschichte. Ich konnte es nicht begreifen.

Die Erde, das war klargeworden, ist ein kleiner Himmelskörper. Sie ist von zauberhafter Schönheit, und gleichzeitig hält sie alles bereit, was wir zum Leben brauchen: die Luft zum Atmen, die Nahrungsmittel, das Wasser und die soziale Einbindung in die menschliche Gesellschaft, ohne die ein Leben nicht möglich oder zumindest nicht lohnend wäre. Gleichzeitig schützt uns die Erde vor der ionisierenden Röntgenstrahlung und den Elementarteilchen aus der Tiefe des Kosmos. Genau besehen, ist sie ein Raumschiff, mit dem fünf Milliarden Passagiere durch das lebensfeindliche Weltall fliegen. Sie ist ein Raumschiff mit einem wundervollen Lebenserhaltungssystem. Eine Eigenschaft des Raumschiffes Erde ist, daß keiner der Passagiere aussteigen kann. Wir sind gezwungen, die Reise durch das finstere All gemeinsam fortzusetzen, ob uns alle Mitreisenden sympathisch sind oder nicht.

Vom Weltraum aus erschien mir die Erde als eine überaus freundliche Heimat. Dort unter uns lagen die Stätten der Kindheit und der Jugend, dort unten warteten meine Frau, meine Kinder und meine Freunde darauf, mich und meine Gefährten wieder in die Arme schließen zu können.

Meine fünf amerikanischen Freunde und ich waren uns einig, daß die Rückkehr zur Erde ein besonders schöner Teil unseres Fluges werden würde. Wir hatten zehn Tage lang gemeinsam hart im Schichtbetrieb gearbeitet, um möglichst viele gute wissenschaftliche Daten mitzubringen. Wir hatten einhundertsechsundsechzig Mal die Sonne auf- und untergehen sehen und dabei sieben Millionen Kilometer durch das All zurückgelegt. Fast wie die Kinder hatten wir jeden Tag von neuem die Welt bewundert. Dabei waren wir zu Brüdern geworden. Doch wir fühlten auch, daß wir mit allen anderen verbunden waren, die vor uns einen Raumflug erlebt hatten und dadurch zum Nachdenken angeregt worden waren.

Die Raumfahrt hat gewiß vielerlei Aspekte. Für einen Wissenschaftler wie mich ist sie vor allem deshalb wichtig, weil Beobachtungen und Experimente unter Bedingungen durchgeführt werden können, wie sie auf der Erde nicht möglich sind. Für die Techniker mag die Raumfahrt jenes Aufgabenfeld sein, das den Ingenieuren noch immer das Letzte ihres Könnens abverlangt. Sie wirkt deshalb als eine Antriebskraft, neue Technologien zu entwickeln und einzuführen. Für die Wirtschaft hat die Raumfahrt Bedeutung, weil sie Arbeitsplätze für viele hochqualifizierte Fachkräfte schafft.

Doch ganz gewiß hat die Raumfahrt auch eine philosophische Dimension. Sie erlaubt dem Menschen, seinen Heimatplaneten aus der Distanz zu erfahren. Mit Sicherheit werden dabei Erkenntnisse und Einsichten gewonnen werden können, die zum Nachdenken über unsere Rolle im Kosmos anregen werden. Sicherlich wird sich eine Art globales Bewußtsein entwickeln. Angesichts einer rasch wachsenden Weltbevölkerung mag hierin ihre größte Bedeutung liegen.

Ulf Merbold

Wissenschaftsastronaut
Columbia-Flug 28. November 1983

Einleitung

Einer der ersten, der voller Zuversicht voraussagte, die Menschheit werde nicht ewig an den Planeten ihrer Herkunft gebunden bleiben, war Konstantin Ziolkowski.* Schon zu Beginn unseres Jahrhunderts beschrieb er sehr genau die physikalischen Grundlagen, die eine Zivilisation im Weltraum ermöglichen, ja unvermeidlich machen. Dort ist die Sonne, anders als auf unserem Planeten, ganztägig als Energiequelle verfügbar. Im All läßt sich jede Menge der benötigten Schwerkraft erzeugen, indem man eine Behausung mit erdähnlicher Atmosphäre in der richtigen Geschwindigkeit rotieren läßt.

Von dieser Erkenntnis ist es nur ein kurzer Schritt zu dem Wissen, daß jeder Stern als Auswanderungsziel der Menschheit in Frage kommt, selbst der uns am nächsten stehende. Sterne sind wie unsere Sonne Energiequellen und werden von Materie umkreist, aus der sich Behausungen bauen lassen. Die Atmosphäre und die Schwerkraft für diese Behausungen können unsere Nachkommen, die sie eines Tages errichten werden, beliebig auswählen. Diese Tatsachen befreien uns von einer seit langem eingebildeten Beschränkung: daß nämlich das nächste Ziel für eine Auswanderung ins All ein sonnenähnlicher Stern sein müsse, umkreist von einem Planeten, dessen Schwerkraft und Atmosphäre der unserer Erde sehr ähnlich sein müßten. In diesem Kontext konzentriert sich Autor Frank White auf die richtigen Fragen: Wie ändern sich unsere Anschauungen, wenn die Menschen die Erde als einheitliches Ganzes sehen? Und wie werden sich Zielsetzungen, Wertvorstellungen und der weitere Ab-

* Russ. Physiker (1857–1935), baute Luftschiffe, Ganzmetallflugzeuge und entwarf die Flüssigkeitsrakete (Anm. d. Übers.)

lauf der Geschichte wandeln, wenn der Mensch seinen Pioniergeist auf außerirdische Ziele, auf das Sonnensystem und schließlich die noch ferner liegenden Sterne lenkt?

White gehört zu der wachsenden Anzahl von Menschen, die sich mit reinen Spekulationen über das Ausbrechen der Menschheit aus den Fesseln des Planeten Erde nicht zufriedengeben, sondern einen beträchtlichen Teil ihrer Kreativität und harten Arbeit dem Ziel widmen, diesen Aufbruch in einen neuen ökologischen Bereich zu einer Realität ihrer eigenen Epoche zu machen, statt ihn einer ungewissen Zukunft zu überlassen. Whites Werk, ein Beitrag zur Arbeit der Nationalen Raumfahrt-Kommission der USA an einem entscheidenden Punkt ihrer Beratungen, wurde zum zentralen Thema ihres schriftlichen Berichts. Das sagt viel aus über die Universalität seiner Botschaft. Die Mitglieder der Kommission waren fünfzehn Leute mit sehr unterschiedlichem fachlichen Hintergrund. Jeder verfügte über besonderes Wissen in einem bestimmten Bereich der Weltraumforschung; sonst jedoch waren diese Personen hinsichtlich ihrer Weltanschauung und ihres Denkens sehr verschieden. Einig waren sie sich über eine Reihe von Zielsetzungen, die den meisten Raumfahrtexperten noch zehn Jahre zuvor unvernünftig futuristisch erschienen wären. Die erste und zentrale Zielvorstellung war, daß die Menschheit dazu bestimmt sei, die Fesseln der Schwerkraft unserer Erde abzustreifen und ins Sonnensystem aufzubrechen. In historischer Analogie zur amerikanischen Verfassung und der Charta der Menschenrechte kamen zu dieser primären Zielsetzung ganz selbstverständlich noch humanitäre und friedliche hinzu.

Wer für den Aufbruch der Menschheit vom Planeten Erde ins All tätig ist, erhofft sich von der Errichtung ständiger, sich selbst versorgender Kolonien des Menschen außerhalb unserer Erde drei ganz wesentliche Konsequenzen. Zunächst einmal wird dadurch das menschliche Leben als Ganzes unzerstörbar, weil es von der Liste der gefährdeten Spezies gestrichen werden kann, auf der es im Augenblick noch auf der mit Kernwaffen gespickten, fragilen Erde steht. Zweitens würde das Erschließen praktisch unbegrenzter neuer Lebensbereiche im Weltall die Menschheit von jedem territorialen Druck befreien und damit die Kriegsgefahren auf der Erde verringern. Drittens wird das kleine Ausmaß dieser Kolonien im All, deren größte vielleicht einige zehntausend Menschen umfaßt, lokale Regierungsformen entstehen lassen, die, einfach in ihrer Form, den Wünschen der jeweiligen Bevölkerung genauer entsprechen und so praktikabel und jedermann verständlich sein werden, wie es einst in der amerikanischen Geschichte die Gemeindeversammlungen Neuenglands waren.

Über diese unmittelbaren Belange des Überlebens und der Freiheit hinaus haben wir auch unseren Sinn als eine Spezies der Schöpfung vor Augen. Wir sind allzu verschieden, allzu streitsüchtig und allzu gespalten durch sich widersprechende Religionen und ideologische Dogmen, als daß wir uns wahrscheinlich jemals auf ein einheitliches langfristiges Ziel für die Menschheit einigen könnten. Und wir sind auch zu ungeduldig, zu sehr auf kurze Zeitspannen fixiert, als daß wir über mehrere Generationen hinweg an einer solchen Zielsetzung festhalten könnten. Glücklicherweise jedoch werden die Realitäten von Raum und Zeit in der Ära, in der die Menschheit von den Fesseln der Erde befreit sein wird, unweigerlich Ergebnisse hervorbringen, die jedes von uns ersonnene Programm transzendieren. In verhältnismäßig kurzer Zeit werden sie den menschlichen Gemeinschaften ein höheres Maß an Unabhängigkeit bringen, als es gegenwärtig auf Erden möglich ist. Nach einer längeren Zeitspanne dürften dann die Auswirkungen genetischer Verschiebungen sichtbar werden, denn die durch riesige Entfernungen voneinander getrennten Weltraumkolonien der Menschheit werden deutlich unterschiedliche Formen von Humanität entwickeln. Nach einem noch längeren Zeitraum – jedoch immer noch kurz im Vergleich zu der Zeitspanne, in der sich der Homo sapiens entwickelte – wird es, weit über unsere Galaxis verbreitet, eine Vielfalt von Zivilisationen geben, die alle, auch wenn einige vielleicht ihre Herkunft vergessen, auf einen wunderschönen und kostbaren Planeten zurückzuführen sind, der einen kleinen Stern nahe dem äußeren Rand unserer Galaxis umkreist.

Gerard K. O'Neill
Präsident des Space Studies Institute
Prof. emerit. Princeton University

Prolog

Das alte Weltraumprogramm endete am 28. Januar 1986 mit einer Explosion, die ein Raumschiff und das Leben der siebenköpfigen Besatzung zerstörte.

Das alte Raumprogramm hatte den Vereinigten Staaten fünfundzwanzig Jahre lang gute Dienste geleistet. Doch versuchte man mit ihm, das größte Abenteuer der Menschheit nicht anders als einen von vielen Posten des Staatshaushaltes zu verwirklichen. Letzte Ursache des Challenger-Unglücks war, daß man dem alten Raumprogramm zu viel abverlangte und zu wenig Ressourcen bereitstellte, um den Anforderungen der Gesellschaft an dieses Programm zu genügen.

Die schwerste Verantwortung für die Katastrophe fällt auf den Personenkreis, der an jenem Tage die Entscheidung zum Start traf. In einer Demokratie sind jedoch alle Bürger für die Handlungen ihrer Regierung verantwortlich, und das Raumfahrtprogramm war stets ein Programm des amerikanischen Volkes. Wir waren stolz auf seine Erfolge, etwa die Landung auf dem Mond und die erfolgreichen Flüge des Shuttle; deshalb sollten wir auch alle die Verantwortung für Challenger übernehmen.

Während der durch den Unfall erzwungenen Unterbrechung des Raumprogramms haben sich viele Amerikaner gefragt: «Welches ist eigentlich der fundamentale Zweck der Erforschung des Weltraums? Welche Vision steht dahinter?» Solche Fragen sind durchaus angebracht, weil wir damit einen Teil der Verantwortung für das übernehmen, was in der Vergangenheit geschah und künftig im Weltraum geschehen kann. Bei der Planung unserer Zukunft im Weltraum entscheiden wir auch über unsere Zukunft ganz allgemein, weil die Erforschung des Weltraumes nicht nur ein beliebiges Regierungsprogramm darstellt. Sie kann der Schlüssel zum Überleben der Menschheit und zur Evolution sein, und vielleicht sogar mehr als das.

Dieses Buch stellt die These auf, daß wir nicht nur in den Weltraum hinausgreifen, um extraterrestrische Ressourcen sowie Möglichkeiten hier auf der Erde zu nutzen. Wir legen vielmehr das Fundament für eine Aufeinanderfolge neuer Zivilisationen, den nächsten logischen Schritt in der Evolution der menschlichen Gesellschaft und des menschlichen Bewußtseins.

Das alleine sollte bereits Grund genug für uns sein, die Erforschung des Weltraums ernsthaft und mit aller Kraft zu betreiben. Darüber hinaus werde ich jedoch auch die These vertreten, daß die Weltraumforschung sehr wohl einem noch höheren Zweck als unserer eigenen Evolution als Spezies dienen und eine vitale Funktion für das Universum als Ganzes übernehmen kann.

Aus dieser Sicht ist Weltraumforschung kein Luxus, den man sich leistet, sobald andere gesellschaftliche Prioritäten zum Abschluß gebracht wurden. Sie ist vielmehr die bedeutsamste aller Aktivitäten, bedeutsam für jeden von uns, vor allem jedoch für die Amerikaner, die das aufgrund ihres historischen Erbes als Entdecker, Erneuerer und Führungsnation begreifen sollten.

Kurz nach dem Challenger-Unglück kam es in einem Fernsehprogramm zu einem in diesem Zusammenhang interessanten Wortwechsel. Der Kolumnist George Will sagte zu Autor Tom Wolfe: «Mir scheint, wir hätten die Raumfahrt auf sehr banale Weise gerechtfertigt; wir haben sie den Bürgern mit dem Argument ‹verkauft›, sie habe Bratpfannen, in denen nichts anbrennen kann, und dergleichen mehr hervorgebracht.»

«Das stimmt», antwortete Wolfe. «Wir haben niemals eine Philosophie der Weltraumforschung gehabt.»

Da ein neues Jahrhundert und ein neues Jahrtausend unmittelbar vor der Tür stehen, ist für die Bewohner des Planeten Erde der rechte Zeitpunkt gekommen, eine wirkliche und umfassende Weltraumphilosophie zu entwickeln. Dieses Buch soll dazu beitragen, diesen Prozeß einzuleiten, und sich auf die Vision und den Zweck der Erkundung des Weltraums konzentrieren, auf das also, was das alte

Raumfahrtprogramm nicht immer klar genug zum Ausdruck gebracht hat. Und es soll aufzeigen, wie anders ein neues Programm aussehen kann.

Das Buch ist an sich schon eine Entdeckungsreise. Teil I beginnt mit einer Untersuchung des «Overview Effect»* und anderer Bewußtseinsverschiebungen, die im Weltraum eintreten können. Teil II beschreibt die neuen Zivilisationen, die auf dem Fundament des Overview Effekts errichtet werden. Teil III enthält ins Einzelne gehende Berichte von Personen, die aus Erfahrung wissen, wie das Leben im Weltraum sich abspielt – der Astronauten und Kosmonauten, also der Vorläufer des embryonalen menschlichen Raumfahrtprogramms.

* Overview Effect. Keine der möglichen deutschen Übersetzungen gibt genau wieder, was der Autor meint. In der amerikanischen Umgangssprache bedeutet *overview* soviel wie «Gesamtüberblick» oder «Gesamtschau». Der Autor meint mit *Overview Effect* die tiefgreifende und umfassende Wirkung, die der Anblick unseres Planeten Erde vom Weltraum aus auf den Betrachter, seine Psyche, sein Bewußtsein, sein weiteres Denken und Tun auslöst. Eine Veränderung des Bewußtseins wird zunächst bei den wenigen Raumfahrern erzeugt, danach durch Feedback bei einer wachsenden Zahl normaler Erdenbürger, mit Auswirkungen, die in weiterer Zukunft die Menschen verändern werden.
Mangels eines all das ausdrückenden knappen deutschen Begriffs haben Übersetzer und Verlag sich entschieden, den im Buch immer wieder auftauchenden Begriff *Overview Effect* nicht zu übersetzen.

Teil I Der Overview Effekt

1 Das Overview Projekt

> Es ist die nicht endende Erfüllung. Beim Umkreisen der Erde sieht man nie zweimal dasselbe. Jedesmal gibt die Umlaufbahn ein anderes Bild der Erde frei. Die Tageszeit ist anders; die Wolken sind andere. Die Wolkenmuster zeigen verschiedene Farben. Die Ozeane sehen anders aus, desgleichen der Sandstaub über den Wüsten. Nichts wiederholt sich.
>
> Joseph P. Allen
> ehem. Shuttle-Astronaut

Man kann den Overview Effekt erleben, ohne sich in den Weltraum zu begeben. Jeder Flugpassagier hat beim Blick aus dem Fenster die Gelegenheit, eine einfache Version davon zu erfahren. Meine Bemühungen, die Realität des Overview Effekts zu bestätigen, begannen Ende der siebziger Jahre mit einem Überlandflug. Er führte nördlich an Washington D. C. vorbei, und ich konnte das Capitol und das Washington-Denkmal von oben erblicken. Aus einer Höhe von zehntausend Metern sehen beide aus wie in der Sonne blinkende Spielzeuge.

Aus dieser Höhe wirkte ganz Washington klein und unbedeutend. Doch war mir klar, daß da unten Menschen auch in meinem Namen Entscheidungen über Leben und Tod trafen und sich selbst dabei sehr wichtig vorkamen. Hoch oben im Jet-Strom schien es mir absurd, daß sie auch mein Leben beeinflussen könnten. Sie kamen mir vor wie Ameisen, die Gesetze für Menschen machten. Andererseits wußte ich, daß alles eine Sache der Perspektive ist. Nach unserer Landung würde jeder der Passagiere genauso handeln wie die Leute, über die wir gerade hinwegflogen.

Dieser Gedankengang schloß mit einer einfachen, jedoch bedeutsamen Erkenntnis: Mentale Prozesse und Anschauungen über das Leben sind untrennbar vom physikalischen Standort. Unsere «Weltanschauung» als begrifflicher Rahmen hängt im wahrsten Sinne des Wortes ab von unserem Bild von der Welt, gesehen von einem physischen Standort im Universum.

Als das Flugzeug später über die Wüsten und Gebirge der westlichen USA flog, durchströmte mich eine wahre Flut von Erkenntnissen. Auf dem Fernstraßennetz unter uns konnte ich tatsächlich «die Zukunft sehen». Ich wußte, daß das Auto auf der Nationalstraße 110 unter uns bald jenem anderen Wagen auf der Nationalstraße 37 begegnen würde, obwohl die beiden Fahrer sich dessen noch nicht bewußt waren. Sollten sie in einen Unfall verwickelt werden, würde ich es sehen, sie aber nicht.

Für den Menschen im Flugzeug ist die Botschaft, die Wissenschaftler, Philosophen, spirituelle Lehrer und Systemtheoretiker uns schon seit Jahrhunderten zu vermitteln versuchen, ganz eindeutig: Alles hängt mit allem zusammen, jeder Teil ist Untersystem eines größeren ganzen Systems.

Nachdem ich schließlich mehrere Stunden damit verbracht hatte, die Oberfläche der Erde aus der Luft zu betrachten, verbanden sich alle Einsichten zu einer einzigen «Gestalt». Damals habe ich das folgendermaßen zum Ausdruck gebracht:

> Menschen, die in Raumstationen leben, werden stets einen Gesamtüberblick (Overview) haben! Sie werden sehen können, wie alles miteinander zusammenhängt, und daß das, was den Menschen auf der Erde als «die Welt» erscheint, nur ein kleiner Planet im All ist. Was ihnen als «die Gegenwart» erscheint, ist für jemanden, der das von einem höheren Standpunkt aus betrachtet, nur ein begrenzter Gesichtswinkel. Menschen, die im Weltraum leben, werden philosophische Erkenntnisse für selbstverständlich halten, zu deren Formulierung die Erdbewohner Tausende von Jahren gebraucht haben. Sie werden von einem Ausgangspunkt starten, den zu erreichen wir uns Tausende von Jahren bemüht haben.

Dieser Augenblick der Erkenntnis ließ mich den Begriff «Overview Effekt» prägen. Damals bedeutete er die vorhersehbare Erfahrung von Astronauten und Siedlern im Weltenraum, die aufgrund einer unterschiedlichen physikalischen Perspektive zu einer unterschiedlichen Weltanschauung gelangen werden.

Seither habe ich viel über den Overview Effekt nachgedacht und geschrieben, wodurch sich mein Verständnis des Phänomens enorm erweitert hat. In diesem Buch erkunde ich seine fundamentale Natur zusammen mit neuen Einsichten, zu denen auch die folgenden gehören:

- Der Overview Effekt ist nur eine von mehreren Bewußtseinsveränderungen, die durch die Raumfahrt ausgelöst werden. Die Natur der Erfahrung variiert bei jedem einzelnen und auch entsprechend dem Typ der Weltraummission.
- Seine Auswirkungen sind nicht allein auf die Raumfahrer begrenzt. Die Weitergabe ihrer Erlebnisse an andere verstärkt die Umwandlung unserer Gesellschaft.
- Satelliten und unbemannte Weltraumsonden liefern eine technologische Analogie zum Overview Effekt und zu sonstigen Bewußtseinsveränderungen während bemannter Flüge.
- Alle mit ihm zusammenhängenden Phänomene bilden die Grundlagen für eine Reihe neuer Zivilisationen, die sich auf der Erde und im Weltraum entwickeln.
- Die wahren Implikationen dieses evolutionären Prozesses sind nur aus der Sicht des Universums als eines Ganzen erkennbar; aus dieser Perspektive könnte der Overview Effekt einen Hinweis auf den Daseinszweck der Menschheit als Spezies liefern.

Seitdem ich mit dem Buchprojekt begonnen habe, erscheint mir auch die Weltraumforschung als Teil einer langen Tradition «zentraler Projekte». Ich beziehe mich auf ein Buch, das auf Forschungen des vom Apollo Astronauten Edgar Mitchell gegründeten und geleiteten Institute of Noetic Sciences beruht. Darin werden zentrale Projekte wie etwa der Bau der gotischen Kathedralen und der ägyptischen Pyramiden als Katalysatoren für gesellschaftliche und persönliche Wandlungen bezeichnet:

Diese Projekte befaßten sich zwar mit sichtbaren materiellen Artefakten, waren in Wirklichkeit jedoch Vehikel für abstraktere gesellschaftliche und psychologische Zielsetzungen. Natürlich dienten die großartigen Kathedralen als weithin sichtbare Zentralprojekte, die die besten und wagemutigsten Geister des Zeitalters anlockten, andererseits aber auch dem Zweck, das Bewußtsein der breiten Bevölkerung zu erweitern.[1]

Auch in diesem Buch sind zentrale Projekte für mich «Mittel, um die Energien einer Bevölkerung während einer evolutionären Übergangsperiode zu einer höheren Ebene der Kultur zusammenzufassen», und ich stimme der Feststellung zu, «das jüngste zentrale Projekt war vielleicht das Apollo Projekt, das in dem berühmten ersten Schritt von Neil Armstrong auf dem Mond seinen Höhepunkt fand».[2]

War das Apollo Programm das Ende der Weltraumerkundung als zentrales Projekt oder erst der Anfang? Aus meinen Forschungen über die Auswirkungen des Overview Effekts schließe ich, daß es nur eine Art «Anwärmen» für die potentielle Rolle der Weltraumforschung als bedeutendstes zentrales Projekt der menschlichen Geschichte war.

2 Der Kundschafter-Fisch

Ich kehrte mit einer Masse gespeicherter Daten zurück. Auch wollte ich viel Zeit damit verbringen, über meine Erlebnisse und darüber nachzudenken, in welcher Beziehung sie zu meinen Erfahrungen hier auf der Erde stehen. Dazu braucht man viel Zeit. Ich glaube zwar nicht, daß ich das alles zu meinen Lebzeiten bewältigen kann, doch werde ich es versuchen!

Charles D. Walker
Nutzlastspezialist

Bewußtsein eines Fisches

Ein Fisch gleitet durch eine flüssige Welt, wird Licht und Dunkelheit gewahr, erkennt Raubfische und Beute und ungenau den Meeresboden unter sich. Gelegentlich springt er aus dem Wasser hoch und erlebt dabei «etwas anderes», seltsam und fremdartig. Doch ist dieses Erlebnis selten und kein wesentlicher Bestandteil des Lebens eines Fisches. Das also ist «Fisch-Bewußtsein». In bezug auf Land, Wasser, Luft und Himmel ist die Kenntnis des Fisches von der Wirklichkeit in hohem Maße durch seine physische Umgebung konditioniert und äußerst eingeschränkt. Wären Sie ein Fisch, so hätten Sie nicht die geringste Ahnung, was Land ist, und nur ein sehr ungenaues Gespür dafür, was Wasser ist, weil Wasser das fundamentale Medium wäre, in dem Sie leben. Eine Vorstellung von «Himmel» würde Ihre Erkenntnisfähigkeit bei weitem überschreiten.

Für uns ist das ein seltsames und begrenztes Leben. Im Hinblick auf Bewußtsein und Evolution jedoch stehen wir dem Leben eines Fisches viel näher, als uns zu erkennen lieb ist. Noch bis vor kurzem existierten alle Menschenwesen in einem Zustand, der dem des Fisches und anderer Wassertiere ziemlich ähnlich war. Der Planet Erde war unser Ozean, dem zu entkommen wir nicht in der Lage waren. Selbst die fernliegende Möglichkeit, unseren Planeten zu verlassen, ist erst seit relativ kurzer Zeit vorstellbar.

Daher schien es auch äußerst schwierig, sich ein Leben außerhalb unseres Planeten vorzustellen, und mangels unmittelbarer Erfahrung waren wir dabei auf Spekulationen angewiesen. Naturwissenschaftler und Science fiction-Autoren haben versucht, die Natur des physikalischen Universums jenseits unserer Atmosphäre zu begreifen. Doch blieben ihre Versuche rein theoretisch bis zum Jahre 1971, als der erste Mensch tatsächlich den Sprung ins All wagte.

Seit jener kurzen und historischen ersten Erdumrundung durch Juri Gagarin haben etwa zweihundert Menschen diese völlig neue Form der Existenz erlebt: Leben und Arbeiten im Weltraum. Ihre außerirdische Zeit ist kurz gewesen – die längste Reise dauerte einige Monate. Verglichen mit der Zeit, die Menschen auf diesem Planeten verbracht haben, ist ihr Aufenthalt im Weltall kaum meßbar. Dennoch wird die vitale Bedeutung ihrer Erlebnisse zunehmend deutlicher.

Die bisher vorliegenden Fakten lassen darauf schließen, daß der Aufbruch der Menschheit ins Sonnensystem und darüber hinaus zu einer fundamentalen Veränderung der menschlichen Spezies führen wird, zu einem in der menschlichen Geschichte beispiellosen evolutionären Schritt. Um zu verstehen, warum das so ist, wollen wir nochmals zum Beispiel unserer entwicklungsgeschichtlichen Vorfahren, der Fische, zurückkehren.

Entdeckung und Evolution

Das Leben auf dem Lande entwickelte sich offensichtlich, als Fische und andere Meerestiere lernten, Luft zu atmen, durch den Schlamm zu kriechen und Nahrungsmittel zu fressen, die sie auf dem Lande fanden, beispielsweise Insekten. Was für eine Veränderung muß das doch für einen Fisch gewesen sein, an Land zu kriechen. Ganz neuartige und für seine Spezies einzigartige Erfahrungen müssen da auf ihn zugekommen sein. Zum ersten Male war der Fisch in der Lage, das Meer zu *sehen*. Was für ihn bisher die ganze Welt gewesen war, wurde nun zu einem Teil eines weitaus Größeren. Wasser war von nun an nicht mehr der unsichtbare Kontext des Lebens, sondern ein sichtbarer Ort, zu dem man gehen und aus dem man kommen konnte. Der Fisch spürte den Wind auf seinen Schuppen, die Erdkrumen an seinem Bauch kratzen und die Schwerkraft gnadenlos auf den gesamten Körper drücken. Neue Farben, Ausblicke und Klänge überschwemmten seine Sinnesorgane, boten überwältigende Reizempfindungen.

Hätte der erste «Kundschafter-Fisch» sprechen können, dann wäre es ihm wohl sehr schwer gefallen, seinen Artgenossen zu erklären, was «Land» ist. Wie sollte er die Farben beschreiben, die andere Fische nie gesehen, Klänge, die sie nie gehört, Bilder, die sie sich gar nicht vorstellen konnten? Was sollten sie mit dem Begriff «Schwerkraft» anfangen, dieser Zugkraft auf den Körper, als der Kundschafter versuchte, sich auf dem Felsen zu bewegen, wobei er seine Flossen als Proto-Beine benutzte? Wie hätten sie sich der Situation angepaßt, das, was für sie die ganze Welt gewesen war, nunmehr nur noch als Meer zu bezeichnen?

Hätten sie die Bedeutung dessen begreifen können, was der Kundschafter getan hatte? Hätten sie sich die damit verbundenen Implikationen überhaupt vorstellen können? Natürlich hätten sie vielleicht *versuchen* können, sie zu verstehen.

«Aufregend», hätten sie vielleicht gesagt. «Es ist ja unglaublich und ziemlich mutig von dir, das gewagt zu haben.» Andere wären vielleicht nicht so dankbar gewesen. «O ja», hätten sie gesagt, «sehr interessant. Doch was hat das für unser Leben hier im Meer zu bedeuten? Welchen Nutzen bringt uns dieses ‹Land›?»

Für den ersten Kundschafter-Fisch wäre es praktisch unmöglich gewesen, seinen Artgenossen zu erläutern, welch unerhörte Auswirkungen seine Erlebnisse noch haben würden. Wie konnte er auf der Grundlage weniger Stunden oder Tage, die er auf dem Land zugebracht hatte, den unglaublichen evolutionären Wandel voraussehen, der dem Leben auf der Erde bevorstand? Er hätte gar nicht genau gewußt, was er getan hatte – und warum.

Analogie und Wirklichkeit

Die Geschichte von dem Kundschafter-Fisch ist eine Analogie, die von ihr aufgeworfene Frage jedoch real: Befinden sich unsere Astronauten nicht in derselben Lage wie der mythische Fisch? Sie sind in eine vollkommen neue Umwelt eingedrungen und haben in ihr gelebt, eine Umwelt, die allen, außer ganz wenigen Mitmenschen, unbekannt ist. Sie haben ihren Planeten aus weiter Entfernung gesehen, sich selbst als schwerelose Entitäten erlebt, haben gebannt nach draußen in ein unendliches Universum gestarrt und sind in «Tagen» und «Nächten» von nur neunzig Minuten um den ganzen Planeten gereist. Man hat sie kritisiert, sie seien bei der Beschreibung ihrer Erlebnisse zu lakonisch und nicht ausdrucksvoll genug gewesen. Einige Kritiker haben sogar geäußert: «Schicken wir lieber Poeten und nicht Testpiloten ins Weltall.»

Eine solche Feststellung geht jedoch an einem entscheidenden Thema vorbei: Das Problem ist vielleicht gar nicht, daß die Astronauten ihre Erfahrungen nicht beschreiben können, sondern daß *wir nicht hören können, was sie sagen*. Die Astronauten haben versucht, uns ihre Erlebnisse zu erläutern, oft sogar mit sehr beredter Sprache. Einige ihrer Bücher sind klar und ausgesprochen sachlich. Für eine wirkliche Kommunikation bedarf es eines gemeinsamen Kontextes; denn ohne diesen mag das, was für eine Person sinnvoll ist, einer anderen sinnlos erscheinen. Es ist doch klar, daß diejenigen, die nicht im Weltraum waren, nicht über den Kontext verfügen, von dem aus sie die Beschreibungen der Astronauten über ihre Raumflüge verstehen könnten. Skylab-Astronaut Ed Gibson sagte: «Wenn wir von oben zurückkehren und über unsere Erlebnisse sprechen, so ist das, als ob ein Tropfen Farbe ins Meer fällt; der löst sich sehr schnell auf. Ich glaube, die Bilder von der Erde haben einen tiefen Eindruck hinterlassen, der jedoch wie bei einer Osmose erst nach längerer Zeit voll wirksam wird. Je mehr Menschen ins All reisen, desto größer wird der Unterschied sein.»[1]

Von unseren Kundschaftern trennt uns eine breite Kluft, die erst überbrückt werden kann, wenn wir ihr Vorhandensein zugeben. Jedoch sind zur Verbesserung des Kommunikationsprozesses nicht unbedingt Weltraumflüge notwendig. Schließlich kommt es bei einer

Kommunikation einzig darauf an, Erfahrungen auszutauschen und für diejenigen, die nicht denselben Erlebnishintergrund haben, eine gemeinsame Grundlage zu schaffen.

Der Begriff Overview Effekt ist ein Werkzeug, um begreiflich zu machen, was die meisten Menschen noch nicht erlebt haben. Er benennt eine Erfahrung für Astronauten und Nicht-Astronauten und verhilft beiden zu besserer Verständigung. Mit diesem und anderen Begriffen will das Buch eine allgemeine Grundlage schaffen, und zwar durch Beschreibung des Raumflugs mittels einer neuen Terminologie und innerhalb eines neuen begrifflichen Rahmens.

Klar formulierte Perspektiven für die Bedeutung von Raumflügen wirken sich auch beträchtlich auf die große Politik aus. Wer die potentielle Bedeutung der Weltraumforschung für die menschliche Evolution erkennt, erwirbt Perspektiven zur Gestaltung eines neuen Raumfahrtprogramms, das an die Stelle des alten treten kann.

Schließlich wollen wir die wesentliche Frage zum Thema Weltraumforschung und menschliche Evolution beantworten: Welchen fundamentalen Zweck hat die Weltraumforschung, und warum betreiben wir sie? Mangels praktischer Erfahrung hat man oft versucht, die Frage mit Analogien zur Vergangenheit zu beantworten, vor allem mit dem Vergleich der Gründung von Kolonien hier auf der Erde und dem Entstehen politischer Grenzen. Diese Analogien sind wertvoll und sollten auch fortgesetzt werden. Nur sind sie vielleicht zu begrenzt, denn alle einstigen kolonialen und Grenzziehungs-Experimente erfolgten innerhalb der Biosphäre der Erde.

Die Siedler mußten sich einer völlig anderen Umwelt in Amerika, Australien und Afrika anpassen. Doch entfalteten sie ihre gesamten Aktivitäten in einer Umwelt, die durch die normale Schwerkraft der Erde charakterisiert war, ferner durch erdgebundene Raum/Zeit-Koordinaten, eine natürliche Atmosphäre und viele andere Eigenschaften, die wir für selbstverständlich halten.

Nun bewegt sich die Menschheit jedoch hinaus in den außerirdischen Raum, wo sie ein ganz anderes Medium für ihre weitere Entwicklung antrifft. Dieses Buch stellt die These auf, daß die Weltraumforschung einen großen Schritt innerhalb einer langen evolutionären Reise darstellt, die wir Menschen nicht nur für uns unternehmen, sondern auch für die Evolution des gesamten Universums.

3 Ein Überblick über die bisherige Raumflugerfahrung

«Während des Frühstücks schaut man aus dem Fenster... und erblickt das Gebiet des Mittelmeers, Griechenland und Rom, Nordafrika und den Sinai... Man wird sich bewußt, daß das, was man mit einem einzigen Blick erfaßt, lange Zeit hindurch Schauplatz der gesamten Geschichte der Menschheit war – die Wiege der Zivilisation. Dann fliegt man über Nordafrika hinweg und hinaus über den Indischen Ozean; wie einen auf sich gerichteten Zeigefinger erblickt man den großen Subkontinent Indien, den wir in wenigen Augenblikken passieren... hinüber zu den Philippinen und dann quer über den monströsen Pazifischen Ozean, diese gigantische Wassermasse – deren Ausmaß man sich zuvor nie so gewaltig vorgestellt hatte.

Schließlich überquert man die Küste Kaliforniens und hält nach jenen vertrauten Plätzen Ausschau, nach Los Angeles und Phoenix und gleich daneben El Paso. Und dort – ja, da ist Houston, das ist zu Hause... und man schaut genauer hin – tatsächlich, dort ist der Raketenstartplatz, man identifiziert sich mit ihm, fühlt sich ihm verbunden. Und nun geht es hinüber nach New Orleans; blickt man weiter nach Süden, dann liegt da die ganze Halbinsel Florida ausgebreitet. Und alle die Hunderte von Stunden, die man mit dem Überfliegen dieser Route im unteren Luftraum verbracht hat, erscheinen nun wieder im freundlichen Licht. Und nun geht es über den Atlantik, wieder quer über Afrika, und weiter so, immer und immer wieder.

Man identifiziert sich mit Houston, und dann identifiziert man sich mit Los Angeles und Phoenix und New Orleans. Und die nächste ganz persönliche Feststellung ist, daß man sich mit Nordafrika identifiziert, man wartet darauf, es zu sehen – und da ist es auch schon.

Und dann verlagert sich nach und nach die Identifizierung. Wenn man die gesamte Erde in eineinhalb Stunden umkreist, dann stellt sich allmählich die Erkenntnis ein, daß man sich mit ihr als Ganzem identifiziert. Man schaut nach unten und kann sich überhaupt nicht vorstellen, wie viele politische und sonstige Grenzen man überfliegt, immer und immer wieder; man sieht sie nicht einmal. Im Mittleren Osten bringen sich Hunderte von Menschen entlang einer imaginären Grenzlinie um, die man nicht gewahr wird und die man nicht sehen kann.

Was man wirklich sehen kann, ist ein Ganzes, und dieses Ganze ist von wunderbarer Schönheit. Man hat den Wunsch, von jeder Seite der vielen Konfliktparteien einen an die Hand zu nehmen und zu sagen: ‹Sieh! Schau dir das aus dieser Perspektive an! Schau genau hin! Was hat da noch irgendwelche Bedeutung?›

Dann erinnert man sich der kurzen Zeit, die man außerhalb des Raumschiffs verbrachte, und an einen dieser wenigen Augenblicke, in denen man, weil eine Kamera nicht richtig funktionierte, über das nachdenken konnte, was gerade geschah. Und man denkt zurück an das Spektakel, das vor den eigenen Augen ablief, weil man sich in diesem Augenblick nicht mehr innerhalb eines Vehikels befand, das ein Fenster hatte, durch das man ein Bild betrachten konnte. Jetzt schwebt man frei im Raum, und der hat keinen festen Rahmen, keine Grenzen und keine Begrenzungen. Man ist wirklich da draußen, bewegt sich mit einer Geschwindigkeit von 25 000 Meilen in der Stunde durch den Raum, durch ein Vakuum. Und da gibt es auch kein Geräusch. Es herrscht ein Schweigen so tief, wie man es nie zuvor erfahren hat. Und dieses Schweigen steht in auffallendem Gegensatz zu dem Bild, das man sieht, und zu der Geschwindigkeit, mit der man sich bewegt, wie man weiß.

Man denkt nach über das, was man erlebt, und fragt warum. Hat man dieses phantastische Erlebnis wirklich verdient? Ist man auserwählt, Gott näher zu sein, eine ganz besondere Erfahrung zu machen, die anderen nicht gegönnt ist? Man weiß, daß die Antwort darauf Nein ist. Man hat nichts getan, sich das zu verdienen; es ist nichts Spezielles gerade für dich. In diesem Augenblick weiß man das sehr genau; und man wird plötzlich von dem machtvollen Gefühl durchdrungen, nur ein Sinnesorgan für die Menschheit zu sein. Man blickt um sich und sieht die Oberfläche jenes Planeten, auf dem man bis dahin gelebt hat, und man weiß, daß alle Menschen da unten genau sind wie man selbst – und daß man sie alle irgendwie repräsentiert.

Man ist da oben im Weltraum wie ein ausgestreckter Fühler – und das flößt einem Demut ein. Es ist ein Gefühl, das dir sagt, du hast eine Verantwortung. Was du da erlebst, ist nicht für dich persönlich bestimmt. Das Auge, das nicht sieht, wird dem Körper nicht gerecht. Deswegen ist es vorhanden; deswegen bist du dort oben im All.

Und irgendwie erkennt man, daß man ein Teil dieses totalen Lebens ist . . . Man befindet sich da draußen in vorderster Linie und muß dieses Erlebnis irgendwie weitergeben. Dadurch wird es zu einer ganz besonderen Verantwortung, und es sagt uns etwas über unser Verhältnis zu dieser Sache, die wir Leben nennen. Hier vollzieht sich ein Wandel, ergibt sich etwas Neues. Und wenn man zurückkehrt, sieht die Welt von nun an anders aus. Jetzt besteht ein Unterschied im Verhältnis zwischen dir und jenem Planeten, sowie zwischen dir und allen anderen Lebensformen auf diesem Planeten, weil man dieses Erlebnis gehabt hat. Es ist wahrlich ein Unterschied, und zwar ein kostbarer.

Und bei all dem, was ich eben gesagt habe, benutzte ich das Wort *du* oder *man*, weil nicht ich es bin, nicht Dave Scott, nicht Dick Gordon, Pete Conrad, John Glenn – *du* bist es, *wir* sind es. Es war das Leben, das diese Erfahrung gemacht hat.»[1]

Russell L. Schweickart umrundete die Erde an Bord von Apollo 9, jenes Fluges, der auf die dramatische Mondumkreisung von Apollo 8 Weihnachten 1968 folgte. Sein Erlebnis war eindrucksvoll und tiefgehend, und er versteht auch, es anderen zu vermitteln. Schweickart ist Mitbegründer der Association of Space Explorers, eines Raumfahrer-Verbandes. In ihm haben sich amerikanische Astronauten, sowjetische Kosmonauten sowie Raumfahrer aus anderen Ländern zusammengeschlossen, um sich der Erforschung der Auswirkungen ihrer Erfahrungen auf die Einheit und Zusammenarbeit auf der Erde und im Weltraum zu widmen.

Was Schweickart geschah, ist ein Modellfall des Raumfahrterlebnisses, wenn der Overview Effekt sich auswirkt. Es ist jedoch nicht so, daß jeder Astronaut oder Kosmonaut den Vorgang auf genau dieselbe Weise beschreiben würde. Einer der erregendsten Aspekte von Raumflügen ist nämlich, daß die Interpretationen ebenso vielfältig sind wie die Astronauten und Kosmonauten selbst.

Variationen über ein Thema

Das «Raumzeitalter» ist erst ein Vierteljahrhundert alt, und bis zum Jahre 1986 haben gerade knapp einhundert erfolgreiche bemannte Raumfahrten stattgefunden, an denen etwa zweihundert Raumfahrer aus den Vereinigten Staaten, der Sowjetunion und mit ihnen verbündeten Ländern teilgenommen haben.[2]

Diese Missionen kann man in sieben unterschiedliche Typen aufgliedern:

1. in niedriger Erdumlaufbahn (erste Mercury-Missionen)
2. Erdumlauf mit einem einzigen Astronauten (spätere Mercury-Missionen; sowjetische Wostok- und Sojus-Missionen)
3. Erdumkreisungen mit mehreren Astronauten an Bord (Gemini, zwei Apollo-Missionen, bei den Sowjets Woschot und Sojus)
4. Umrundung des Mondes oder Vorbeiflug am Mond (drei Apollo-Missionen)
5. Landung auf dem Mond (spätere Apollo-Missionen)
6. Zeitlich befristete Raumstation (Skylab oder Saljut)
7. Shuttle, das Raumtransporter-System, oder STS.

Es gibt noch eine Unterkategorie von Missionen, etwa Aktivitäten außerhalb des Raumschiffes, *extra vehicular activity EVA*, bei denen einige besonders wichtige Experimente ausgeführt wurden. Diese «Spaziergänge im Weltraum» erfolgten bei allen amerikanischen Missionen im Rahmen des Mercury-Programms und bei den Sowjets innerhalb der Wostok-Flüge.

Als die sowjetische Raumstation «Mir» (Frieden) funktionsfähig war, entstand ein neuer Typ von Weltraummission, die erste ständig bewohnbare Aufenthaltsmöglichkeit im Weltraum. «Mir» und die für die neunziger Jahre geplante amerikanische Raumstation sind Vorläufer der Weltraumsiedlungen der Zukunft, wesentliche Bausteine der «neuen Zivilisationen», von denen in diesem Buch noch im Detail die Rede sein wird.

Diese verschiedenen Typen von Weltraummissionen repräsentieren bereits alle physikalischen Technologien, die benötigt werden, um das benachbarte Sonnensystem zu erforschen. Die Entwicklung wird jedoch langsam verlaufen. Zunächst muß man Mittel und Wege finden, die Kosten für die Flüge in der niedrigen Erdumlaufbahn zu senken, und neue Antriebssysteme schaffen, mit denen die äußeren Grenzen des Sonnensystems erreicht werden können. Bis zur Lösung dieser Probleme wird die Menschheit in der Pionierphase der Weltraumerkundung verharren, und das Raumflugerlebnis wird seine gegenwärtige Form behalten.

Das Halo-Raumflug-Erlebnis

Ein Raumflug, das ist wesentlich mehr als nur die Zeit, die tatsächlich im Weltall verbracht wird. Wie viel reichhaltiger er ist, versteht man am besten, wenn man vier Faktoren berücksichtigt, die das eigentliche Erlebnis wie ein Halo umgeben:

1. Es besteht ein Unterschied zwischem dem Erlebnis selbst und seiner Beschreibung.
2. Das Erlebnis beginnt lange vor dem Flug und endet, wenn überhaupt, erst lange danach.
3. Das Erlebnis ist verhältnismäßig persönlich, solange man im All ist, wird jedoch bei der Rückkehr auf die Erde in hohem Maße öffentlich.
4. Dem Erlebnis wird ein Sinn gegeben, der gesellschaftlichen Bedürfnissen dient, was aber wenig mit dem persönlichen Erleben des Astronauten zu tun haben kann.

Sehen wir uns diese Faktoren im einzelnen an.

1. Die häufigste Frage an Weltraumreisende lautet: «Wie war es da oben?» Daß die Frage so formuliert wird, ist durchaus angebracht. Ohne es zu wissen, geben die Fragenden bei ihrer Formulierung nach

dem *Wie* des Raumflugs zu, daß sie als Antwort eine Metapher oder einen Vergleich erwarten, weil keine Erfahrung auf der Erde genau so sein kann wie das Erleben eines Raumflugs.

Julian Jaynes, Autor des Buches *The Origin of Consciousness in the Breakdown of the Bicameral Mind**, hat darauf hingewiesen, daß eine Metapher mehr ist als ein Sprachmechanismus. Die Metapher ist es, die eine Sprache wachsen läßt: «Die faszinierendste Eigenschaft der Sprache ist ihre Fähigkeit zur Formulierung von Metaphern. Welch eine Untertreibung. Denn eine Metapher ist nicht nur ein sprachlicher Trick... sie ist der eigentliche konstituierende Unterbau der Sprache.»[3] Hat Jaynes recht, dann gehört zu den Ergebnissen der Weltraumforschung, daß der Reichtum der Sprache wachsen wird, je häufiger Raumflüge beschrieben werden.

Ein typisches Beispiel für die Verwendung von Metaphern bei der Beschreibung eines Raumfluges lieferte Marc Garneau, der seine Zeit im Raumtransporter als «traumhaftes Erlebnis» beschrieb.[4]

Mehrere Astronauten bedienten sich der Metapher eines Besuchs im Grand Canyon, um den Unterschied zu beschreiben zwischen dem intellektuellen Wissen, was im Weltraum geschehen werde, und dem tatsächlichen Aufenthalt dort.

Senator Edwin Garn aus dem Staate Utah, der ebenfalls im Shuttle mitgeflogen ist, formulierte es so: «Wenn man das erstemal auf die Erde schaut und das alles sieht, dann steht einem fast das Herz still. Man sagt ‹O mein Gott...› Sie mögen noch so viele Bilder vom Grand Canyon gesehen haben; es ist nicht dasselbe, als wenn man dort in den Abgrund schaut und dann sagt: ‹Meine Güte, der ist ja wirklich so tief.›»[5]

2. Das zweite Element, das den Raumflug bereichert, ist das Problem, ihn einzugrenzen. Nach der am engsten bemessenen Definition beginnt er mit dem Start und endet mit der Landung; doch reichen seine Auswirkungen weit über diesen zeitlichen Rahmen hinaus.

Marc Garneau sagte, der Start habe bereits bedeutsame psychologische Auswirkungen, bevor er tatsächlich stattfindet. Denn der Astronaut muß sich mit der Möglichkeit abgefunden haben, daß er die Reise vielleicht nicht überlebt. «Ein Teil des totalen Erlebens ist

* dt. Die Götter schweigen. Der Ursprung des menschlichen Bewußtseins.

das pure Abenteuer des Raketenstarts selbst. Diese tiefinnere Einstellung, mit sich selbst Frieden zu machen, alle Bedenken abzuschalten und sich für das sehr kurze Erlebnis des Starts vorzubereiten, ist ebenfalls eine Anpassung.»[6]

Der Astronaut oder Kosmonaut muß sich vor dem Start bewußt oder unbewußt auf den Tod vorbereiten. Verläuft der Start erfolgreich, dann empfindet er es als großes Glück, daß er weiterlebt, vor allem in dieser neuen und außergewöhnlichen Umgebung.

Über die Rückkehr zur Erde hat Byron Lichtenberg, der 1983 als Wissenschaftler im Shuttle mitflog, folgendes gesagt: Wenn der Flug sich dem Ende nähert, erwacht bei den Astronauten der Wunsch nach «Rückkehr zur Normalität». «Nach etwa acht oder neun Tagen sagt man sich: ‹Es wäre nun eigentlich nett, wieder nach Hause zu kommen. Irgendwie vermisse ich das Säuseln des Windes in den Bäumen, die Schmetterlinge über den Wiesen und Feldern, das Glucksen und Rauschen der Bäche und Flüsse und den Anblick blühender Blumen.›»[7]

Es gibt also deutlich erkennbare Merkmale für den Beginn und das Ende der Raumflugerfahrung, wobei man jedoch zugeben muß, daß Beginn und Ende in diesem Falle etwas willkürliche Begriffe sind. Die Vorwegnahme eines Erlebnisses formt das Leben und die Laufbahn von Menschen, während die Erinnerung daran wie eine Droge wirkt, die noch Jahre nach dem eigentlichen Ereignis Gefühle, Einsichten, Gedanken und Ideen auslöst.

Zum ersten Male gewinnt die Erfahrung Wirklichkeit, wenn der Astronaut oder Kosmonaut in den exklusiven Kreis der Weltraumforscher aufgenommen wird. Von diesem Augenblick an werden diese Männer und Frauen von allen anderen abgesondert, als Spezialisten behandelt, ganz gleich, wie sie selbst darüber denken.

Die amerikanischen Astronauten werden im Johnson Space Center in Houston, Texas, ausgebildet. Dort lebt eine Gemeinschaft von mehreren tausend Menschen, dem Raumprogramm verschworen und zutiefst von seinem Nutzen für die Menschheit überzeugt. Die Starts finden auf dem Kennedy Space Center in Florida statt, dem amerikanischen Raumfahrthafen, dessen Bewohner ebenfalls vom Raumfahrtprogramm begeistert sind. Die sowjetischen Kosmonauten werden in einem besonderen Ausbildungszentrum trainiert.

Natürlich hat das Challenger-Unglück die Begeisterung etwas gedämpft, doch hätte jeder Besucher der amerikanischen Raumfahrteinrichtungen in den Tagen vor dem Unglück dort bei allen Beteiligten das vorherrschende Gefühl angetroffen, einer sinnvollen Sache zu dienen. Dieses Gefühl verstärkt sich noch bei den einzelnen Astronauten während der langen Ausbildungsperiode, vor allem auch, weil ihnen ein Gefühl für die äußerste Wichtigkeit jeder einzelnen Mission vermittelt wird. In diesem Sinne äußerte sich Skylab-Astronaut Ed Gibson: «Man muß stets bedenken, daß wir für eine Mission acht Jahre lang intensiv schuften; es ist wie ein doppelter Doktortitel.»[8]

Shuttle-Astronaut Don Lind, der ungefähr achtzehn Jahre auf seinen Flug warten mußte, erklärte in diesem Zusammenhang, ihn habe das nicht gestört, weil er wirklich genossen habe, was er während dieser Zeit zur Unterstützung anderer Missionen tun durfte. Er habe damit «einen Platz in der ersten Reihe der Weltgeschichte».[9]

Jeder, der an irgendeiner Stelle am Raumfahrtprogramm mitwirkt, wird auch ständig in das umfassende Raumflugerlebnis einbezogen. Die Astronauten und das sie unterstützende Personal planen ständig neue Missionen, liefern laufenden Missionen den notwendigen Rückhalt oder analysieren die Ergebnisse beendeter Missionen.

Im Gegensatz zu Berufen, die von sehr vielen Menschen ausgeübt werden, gibt es zur Zeit nur wenige Raumfahrer. Jeder Astronaut konkurriert mit Tausenden von anderen Bewerbern um seine Position. Das verstärkt noch seine hohen Erwartungen und verleiht ihm ein hohes Maß an Motivation. Intensiviert wird das noch durch das Ausbildungsumfeld. In den meisten Fällen gelangt der Astronaut erst nach Jahren voller Erwartungen und Monaten intensiver Ausbildung in den Weltraum.

Im Zuge der Erweiterung des Shuttle-Programms hat sich die Ausbildungssituation durch die zusätzliche Kategorie der Nutzlast-Spezialisten verändert, die aus verschiedenen Gründen mitfliegen dürfen. So hat beispielsweise ein Staat oder ein Unternehmen, das die NASA für die Beförderung ihrer Nutzlast in den Weltraum bezahlt, auch die Option, einen Spezialisten mitzuschicken. Die Firma Mcdonnell Douglas entsandte Charles Walker zu drei Raumflügen, auf denen er Experimente im Bereich der Elektrophorese durchführte. Der Kanadier Marc Garneau flog ebenso als Nutzlastspezialist wie Senator Jake Garn.

Die Nutzlastspezialisten fliegen oft mit einer Ausbildung von nur wenigen Monaten. Ihre geistige Ausrichtung unterscheidet sich von der der Berufsastronauten. In diesem Sinne ähnelt ihre Haltung wahrscheinlich stärker der jener Menschen, die eines Tages die ersten Siedler im Weltraum sein werden. Das sowjetische Raumfahrtprogramm berücksichtigt ebenfalls nichtprofessionelle Raumfahrer aus anderen Ländern, die als Interkosmos Sojus-Kosmonauten/Forscher mitfliegen.

3. Das Erlebnis nach der Rückkehr zur Erde wird noch durch die Tatsache verstärkt, daß der Aufenthalt im Weltraum eine relativ persönliche Angelegenheit ist, die jedoch nach der Rückkehr auf starkes öffentliches Interesse stößt. War man schon vor dem Weltraumflug etwas Besonderes, so ist man bei der Rückkehr noch mehr von allen abgehoben, da man nun zu den wenigen Menschen gehört, die die Frage beantworten können: «Wie war es da oben?» Schließlich hat man etwas erlebt, was nur einem winzigen Bruchteil der Menschheit zugänglich ist, etwas Geheimnisvolles und Zukunftsweisendes.

Da nun der Astronaut eine Person des öffentlichen Lebens geworden ist, muß er die Erfahrung verarbeiten, ständig mit anderen Menschen darüber sprechen zu müssen. Marc Garneau berichtete, es sei ihm leichter gefallen, mit dem Raumflug fertig zu werden, als sich daran zu gewöhnen, eine Person des öffentlichen Lebens zu sein, mit den Erwartungen, die ihm durch diese neue Rolle aufgebürdet wurden.

Bei Gesprächen über die Auswirkungen der Teilnahme an mehreren Raumflügen, erzählte Charles Walker, er habe jeden einzelnen Flug zwischen den Missionen auf Vortragsreisen interpretiert. Das Ergebnis sei gewesen, daß sich sein Verständnis des Erlebens bei jeder neuen Beschreibung verändert habe.

Alan Bean, ehemaliger Apollo- und Skylab-Astronaut, ist bildender Künstler. Seiner Ansicht nach kann das, was die Leute über Raumflüge wissen wollen, sich sehr von dem unterscheiden, was die Gedanken der Astronauten während des Fluges beschäftigt.

Der Astronaut denkt im Augenblick des Erlebens an ganz andere Dinge als das, was die Leute nach der Rückkehr von ihm hören wollen ... Bei jedem einzelnen Experiment muß er beispielsweise wissen, wie er das entsprechende Gerät aus der Kiste bekommt, wie er die Schutzhülle entfernt und es dann aufstellt und so ausrichtet, daß es die richtige Richtung hat ...
Nach der Rückkehr wollen die Leute etwas ganz anderes hören. Darüber beginnt man erst nach ihren Fragen nachzudenken. Schließlich hat man vorher ganz andere Fähigkeiten verfeinert.[10]

Die meisten amerikanischen Weltraummissionen sind von kurzer Dauer, wobei stets eine überwältigende Zahl von Aufgaben zu erledigen ist. Kommerzielle Unternehmen haben oft Millionen von Dollars in ihre Nutzlasten investiert, Wissenschaftler oft ihre ganze berufliche Laufbahn den Experimenten an Bord gewidmet. Die Astronauten empfinden eine unerhörte Verantwortung, ihr Bestes zu geben, und haben während des Fluges wenig Zeit, über ihr Erleben nachzudenken. Nutzlastspezialist Loren Acton war so sehr darauf aus, während seiner Shuttle-Mission gute Arbeit zu leisten, daß er sich fast nur auf seine technischen Aufgaben konzentrierte.

Die auf Missionen von langer Dauer spezialisierten Sowjets schlagen in den Berichten ihrer Kosmonauten einen nachdenklicheren, philosophischen Ton an. Auch sie müssen viele Aufgaben in einer Umgebung bewältigen, die alles andere als ideal ist. Ihre Berichte lassen erkennen, wie sehr sie sich um ein gutes kameradschaftliches Klima bei den Besatzungen kümmern, wie sie Langeweile vermeiden wollen und es schaffen, sich mit den mit Instrumenten vollgestopften Aufenthaltsräumen abzufinden.[11]

4. Schließlich wirken sich auch noch kulturelle Rollen und Erwartungen aus. Die menschliche Gesellschaft braucht auserwählte Helden, die an den äußeren Grenzen der Zivilisation Mühen und Gefahren überwinden. Der Weltraum ist das unerforschte Neuland von heute. Astronauten und Kosmonauten sind die Helden unserer Tage, Menschen mit außergewöhnlichen, der übrigen Gemeinschaft unzugänglichen Erlebnissen, Leute, deren Tun ungewöhnliche Tapferkeit erfordert.

Diese Haltung gegenüber den Astronauten wurde schon zu Beginn des amerikanischen Raumfahrtprogramms deutlich. Die Zeitschrift *Life* zitiert in ihrem Leitartikel «A Hero's Word to Cherish» einige Bemerkungen von John Glenn, nachdem er als erster Amerikaner die Erde umkreist hatte.[12] Jemand hat sogar ein volkstümliches Lied über Glenns «epischen Flug» komponiert.

Die scheinbare Routine von Shuttle-Flügen lullte die amerikanische Gesellschaft selbstgefällig ein – bis zum Challenger-Unglück. Das Wort *Helden* wurde danach häufig für die Mitglieder der Challenger-Besatzung benutzt, und diese Reverenz an sie wird wahrscheinlich fortbestehen, wenn die Flüge wieder aufgenommen werden. Charles Walker schrieb, dieses Unglück habe einen neuen Heldenmythos geboren.

Astronauten und Kosmonauten fügen sich ein in die mythischen unbewußten Archetypen der Götter und Helden der Antike, fliegende Wesen, die wagemutig Heldentaten vollbringen, die kein anderer zu tun imstande oder willens ist. Die heutigen Astronauten und Kosmonauten streben diese Heldenrolle sicherlich nicht an. Für Millionen von Menschen ist es jedoch von größter Wichtigkeit, daß die Raumfahrer heroisch *sind*, weil ihr Heldentum etwas darüber aussagt, was es bedeutet, Mensch zu sein. Die NASA mag noch so sehr versuchen, dieses Image abzulehnen, und die Astronauten mögen sich weigern, es anzunehmen. Das verstärkt nur noch den kulturellen Druck, ein solches Image zu schaffen.

Die Astronauten spielen gelegentlich auf dieses Thema an, wenn sie darüber sprechen, wie schwierig es für sie ist, über das tatsächliche Raumflugerlebnis zu berichten, da sie wissen, was die Zuhörer von ihnen hören wollen. Zweifellos formulieren sie ihre Berichte bis zu einem gewissen Grad entsprechend den Erwartungen ihres Auditoriums. Das Raumflugerlebnis wird innerhalb jedes Kulturkreises also ebenso sehr von unseren Erwartungen geprägt wie vom tatsächlichen Ereignis. Alan Bean ist der Meinung, die Leute verlangen nach mehr Erleben, als tatsächlich vorhanden sein mag. «Ich muß eingestehen: Sollte ich einmal jemandem begegnen, der das Matterhorn bestiegen hat, dann würde ich wahrscheinlich auch fragen: ‹Wie war denn der Aufstieg?› Vermutlich würde er mir antworten: ‹Genau so wie bei den beiden anderen schwierigen Bergen, die ich bestiegen habe!›»[13]

Das Schlüsselerlebnis des Raumflugs

Der Weltraum ist uns hinsichtlich Entfernung und Zeit relativ nahe. Die meisten Erdumkreisungen im Shuttle spielen sich in einer Entfernung von einhundert bis zweihundert Meilen über der Erdoberfläche ab, und man braucht nur acht und eine halbe Minute, um die untere Umlaufbahn zu erreichen. Für die meisten von uns liegt der Weltraum näher als der beliebte Urlaubsort. Was ihn so fern erscheinen läßt, sind die Kosten, dorthin zu gelangen – etwa 250 Millionen Dollar für jeden Shuttle-Start. Und die Kosten wiederum sind so hoch, weil wir auf dem Grund einer tiefen «Schwerkraft-Grube» leben, aus der man mit der gebräuchlichen Technologie nicht so einfach herausgelangt.[14]

Psychologisch scheint der Weltraum weit entfernt, was sich jedoch ändern wird, sobald billigere Starttechnologien entwickelt werden. Dann wird der Aufenthalt im Weltraum die Wirklichkeit eines Menschen auf eine Weise verändern, wie das auf der Erde nicht möglich ist.

Zu den vier Hauptkomponenten des Schlüsselerlebnisses gehören: veränderte Wahrnehmung des Raumes; veränderte Wahrnehmung der Zeit; vollkommene Stille; Schwerelosigkeit.

Wahrnehmungen des Raumes

In Wahrheit befinden wir uns ja schon im Weltraum. Die Erde ist ein natürliches Raumschiff, das die Sonne umkreist, die ihrerseits um das Zentrum der Milchstraße kreist, die wiederum zusammen mit Milliarden anderen Galaxien durch das Universum rast. Infolge unseres Aufenthaltes auf unserem «Schiff» spüren wir dessen Bewegung nicht direkt. Deswegen erlebt die moderne Menschheit ihren Platz im Universum immer noch ebenso, wie unsere Ahnen es taten – die Erde scheint stillzustehen, während alles andere am Himmel uns umkreist.

Der große Wandel für die Astronauten und Kosmonauten besteht darin, daß der Flug physische und geistige Wirklichkeit in Übereinstimmung bringt. Sie erleben den Overview Effekt unmittelbar. Allen Beschreibungen der räumlichen Wahrnehmungen der Astronauten ist ein Thema gemeinsam, daß sie die Erde aus der Umlaufbahn sehen und emotional auf dieses Erlebnis nicht vorbereitet sind.

Dafür ist folgende Bemerkung von Don Lind typisch: «Ich habe wahrscheinlich ebenso viele Bilder gesehen, die aus dem Weltraum aufgenommen wurden, wie jeder andere Mensch ... Daher wußte ich genau, was ich sehen würde. Es gab keine intellektuelle Vorbereitung, die ich nicht getroffen hätte. Und doch gibt es keinerlei Möglichkeit, sich auf die emotionale Wirkung vorzubereiten ... das Erlebnis war so bewegend, daß es mir Tränen in die Augen trieb.»[15]

Prinz Sultan Salman al-Saud von Saudi-Arabien, der als Nutzlast-Spezialist mit dem Shuttle flog, hatte genau denselben Eindruck wie Lind: «Meines Erachtens war die Minute, in der ich zum ersten Male diesen Anblick genoß, einer der denkwürdigsten Augenblicke meines Lebens. Ich sagte auf arabisch so etwas wie ‹O mein Gott› oder ‹Allah ist groß›. Es läßt sich überhaupt nicht beschreiben.»[16]

Und noch eine Äußerung von Senator Garn: «Man möchte immer nur hinschauen, weil der Anblick uns endgültig bestätigt, daß die Erde rund ist und tatsächlich durch das Weltall reist. Nun hat man es selbst gesehen.»[17]

Wahrnehmungen der Zeit

Unser Erleben der Zeit wird grundlegend von unserem Leben auf der Oberfläche eines Planeten beeinflußt. Ein Tag ist die Zeit, welche die Erde benötigt, sich um ihre eigene Achse zu drehen, ein Jahr die Zeit, die sie für die Umkreisung der Sonne braucht. Man könnte einen Tag ohne weiteres als ein «ro» für Rotation bezeichnen und ein Jahr als ein «um» für Umkreisung, was uns dann leichter an den Ursprung dieser Bezeichnungen erinnern würde. Zeit ist zu etwas Absolutem geworden: Sekunden, Minuten, Stunden, Tage und Jahre würden Abstraktionen, die von Uhren gemessen werden, ohne Bezug auf die planetarischen Körper, denen sie ihr Dasein verdanken.

Die Abstraktion ändert sich, wenn man sich nicht länger *auf* dem Planeten befindet, der die Ursache der Zeiteinheiten ist, sondern *außerhalb* von ihm. Auf der Erdumlaufbahn erlebt der Astronaut nach der auf Erdzeit eingestellten Uhr alle neunzig Minuten einen Sonnenauf- und -untergang. Der wahre Vierundzwanzig-Stunden-Tag existiert nur auf der Oberfläche der Erde.

Die Sprache ändert sich, wenn die Astronauten die Zeit nach

Orbits (Umlaufbahnen) messen. Dazu sagt der Shuttle-Astronaut Jeff Hoffman: «Ich habe bald aufgehört, die Erduhr im Kopf zu haben. Das wurde irrelevant... Alles richtete sich nach unserer Umlaufuhr, nach der im Rahmen unserer Mission schon abgelaufenen Zeit, da alle unsere Aktivitäten auf sie abgestellt waren. Auch für meine internen Planungsaktivitäten neigte ich dazu, den Erdumlauf zur Basiseinheit der Zeit zu machen.»[18]

Im Orbit scheint die Zeit sich zu beschleunigen. Je weiter man sich jedoch von der Erde entfernt, desto mehr scheint sie sich zu verlangsamen. Von seinem Aufenthalt auf dem Mond sagte Apollo Astronaut Gene Cernan: «Ich habe gesehen, wie die Zeit auf der Erde verstrich; doch so, wie wir sie verstehen, hat Zeit uns auf dem Mond überhaupt nicht berührt.»[19]

Die große Stille

Klänge hören wir, wenn das Ohr Schwingungen in der Luft aufnimmt. Da der Raum ein Vakuum ist, sind die einzigen Laute, die ein Raumfahrer hören kann, diejenigen, die er selbst oder das Raumschiff verursacht, und während seines Aufenthalts außerhalb des Raumschiffs sind selbst diese Geräusche noch stark verringert. Diese mit Schwerelosigkeit gekoppelte tiefe Stille ist zweifellos bis zu einem gewissen Maße die Ursache für jenen «traumähnlichen Zustand», von dem Marc Garneau berichtet.

Scott Carpenter, Astronaut der Mercury-Missionen, sagte: «Das erste, was mich auf der Umlaufbahn beeindruckte, war die absolute Stille. Einer der Gründe dafür war wohl, daß die laute Antriebsrakete sich gerade gelöst hatte und herabgefallen war... Ich glaube aber, daß es auch ein Ergebnis des Gefühls des Schwebens war, das ich in dem Augenblick empfand, in dem ich schwerelos wurde.»[20]

Verläßt der Astronaut im All das Raumschiff (EVA), verstärkt sich noch das Erlebnis der großen Stille. Der sowjetische Kosmonaut Valentin Lebedew beschreibt einen Spaziergang außerhalb seiner Saljut-Raumstation: «Um mich herum vollkommene Stille; die Fluggeschwindigkeit ist überhaupt nicht zu spüren. Kein Wind weht um die Ohren, man verspürt kein Gewicht auf seinem Körper. Das Panorama ist ruhig und majestätisch.»[21]

Schwerelosigkeit

Jeder Mensch hält «Schwere» für selbstverständlich, weil wir sie ständig erleben. Damit unser Körper Schwere verspürt, muß er sich in der Nähe eines anderen Körpers befinden, etwa eines Planeten. Selbst dann ist sie relativ. Da der Mond kleiner ist als die Erde, hat er nur ein Sechstel der Schwerkraft der Erde, der Mars nur ein Drittel. Auf dem Jupiter oder dem Saturn würde ein Mensch meinen, er wiege Tonnen. Wegen dieser Relativität hat man «ein G»* als Norm oder Standard geschaffen. «Ein G» entspricht «einem Gewicht, wie man es auf der Erde empfindet», während «Null G» sein Gegenteil ist, also die Abwesenheit der Empfindung von Schwere.

Etwa die Hälfte aller Astronauten hat eine Art Raumkrankheit überstehen müssen, die man als Weltraum-Anpassungssyndrom bezeichnet. Die Ursache ist noch unbekannt; einer der Hauptgründe dafür scheint die Bewegung der Raumfahrer in «Null G» und die dadurch verursachte Orientierungslosigkeit zu sein. Sobald diese Erfahrung unter Kontrolle gebracht ist, folgt auf sie eine angenehme, ja sogar euphorische Reaktion. John Glenn beschreibt sie so:

> Ich empfand die Schwerelosigkeit als äußerst angenehm. Ich muß sagen, daß sie für einen Raumfahrtpiloten durchaus bequem ist... Die Tatsache, daß man dieses seltsame Phänomen da oben als so natürlich empfindet, bezeugt, wie schnell der Mensch sich einer neuen Umgebung anpassen kann. Ich bin sicher, ich hätte noch viel länger im Zustand der Schwerelosigkeit verharren können, ohne daß mich das belästigt hätte. Man fühlt sich vollkommen frei. Dieser Zustand ist sogar so angenehm, daß wir scherzhaft meinten, der Mensch könne wahrscheinlich leicht süchtig danach werden. Ich zumindest könnte es.[22]

Schwerelos zu sein bietet dem Menschen die Gelegenheit, wie ein Vogel zu fliegen. «Oben» und «unten» besagt im Weltraum gar nichts, was ebenfalls zu dem Gefühl beiträgt, in einem völlig anderen Medium zu leben. Dazu meint der Nutzlast-Spezialist Byron Lichten-

* G = Gravitation = Gewicht oder Schwerkraft

berg: «Es war einfach verblüffend, sich überallhin bewegen zu können, wohin man wollte. Man konnte nach oben in eine Ecke schweben, mit dem Kopf nach unten hängen. Es gab überhaupt kein ‹oben› und ‹unten› mehr.»[23]

Die Rückkehr zur Erde

Die meisten Raumfahrer blühen in dem neuen Medium auf. Sie genießen sich selbst und bedauern manchmal, daß sie wieder auf die Erde zurück müssen. Nachdem sie außerhalb des «Mutterleibes» waren, bedeutet die Rückkehr für sie manchmal eine Beschränkung ihrer Möglichkeiten. Gene Cernan drückte das so aus: «Man kann nicht zur Erde zurückkehren, ohne diesen Unterschied zu spüren. Man fragt sich, ob überhaupt jemand in der Lage sein könne, die Schönheit und Zweckmäßigkeit all dessen zu schildern, die Realität der Unendlichkeit von Zeit und Raum, wie unser Planet sich mit solcher Logik und Zielstrebigkeit durch Zeit und Raum bewegt.»[24]

Der Astronaut Jeff Hoffman hat an Bord des Shuttle Discovery das «Tagebuch eines Astronauten» auf Band aufgenommen. Darin liest er aus einem Gedicht vor, das ein Bergsteiger verfaßt hat. Gegen Ende der Mission zitiert er als Beispiel die Empfindungen, im Weltraum zu sein und dann zur Erde zurückzukehren. Dieses Gedicht bringt auch die Kraft und langfristige Wirkung des Overview Effekts zum Ausdruck:

> Man kann nicht ewig auf dem Gipfel bleiben, sondern muß wieder absteigen. Warum sich also große Gedanken machen? Einfach nur folgende: Was oben ist, weiß, was unten ist; doch das, was unten ist, weiß nicht, was oben ist. Man klettert nach oben und man sieht; man steigt ab und sieht nicht mehr, hat jedoch gesehen. Es gibt eine Kunst, sich mit Hilfe des Gedächtnisses in den unteren Regionen so zu verhalten, als sehe man immer noch, was man oben gesehen hat. Wenn man schon nicht mehr sehen kann, so kann man zumindest immer noch wissen.[25]

Im Weltraum zu sein ist, wie Bergsteigen, eine intensive menschliche Erfahrung. Eine Analyse kann zwar die wesentlichen Merkmale des Raumflugerlebnisses festhalten, ihm jedoch nicht gerecht werden, weil es eine multidimensionale Lebenserfahrung ist. Die meisten Astronauten sehen darin den Höhepunkt ihres Lebens, ein Gefühl, das noch durch eine Gemeinschaft von Raumfahrtkameraden und sie unterstützender Mitarbeiter am Raumprogramm verstärkt wird.

Vor dem Start baut sich eine intensive psychische Spannung auf, durchsetzt mit Furchtgefühlen. Dem folgt jedoch ein Gefühl unglaublicher Kraft, sobald die Raketen gezündet sind, und schließlich das Gefühl, sich in eine ganz neue Welt zu bewegen, wo die eigene Wahrnehmung des Universums selbst transformiert wird. Charles Walker meint: «Der Weltraum ist ein Ort, aber auch ein alles erfassendes Erlebnis.»[26]

Ist der Raumflug eine spirituelle Erfahrung?

Raumflug ist eine physische Erfahrung, die sich von allen anderen Erfahrungen auf der Erde unterscheidet. Doch ist er auch eine geistige Erfahrung, erfüllt von neuen Erkenntnissen, die eine ungeheure Wirkung haben können. Ist ein Raumflug aber auch ein spirituelles Erlebnis? Diese Frage hat unter Astronauten und Beobachtern viele Diskussionen und Ungewißheiten ausgelöst. Viele Menschen glauben, alle Astronauten hätten tiefgreifende Erlebnisse im All, die ihr Leben fundamental verändern. Die Wirklichkeit ist jedoch viel komplexer, und diese Unterschiede sollen in den folgenden Kapiteln noch stärker herausgestellt werden. Einige entscheidende Erkenntnisse können jedoch hier schon dargestellt werden.

Astronaut Don Lind hat sich sehr für dieses Thema interessiert und es «mit praktisch jedem diskutiert, der zum Mond geflogen ist». Er sagt: «Ganz offensichtlich ist es folgendermaßen. Wer vor dem Raumflug schon von Hause aus tief religiös veranlagt war, wurde da oben darin noch bestärkt. Diejenigen, die zu beschäftigt waren, um sich mit Religion zu befassen, waren nach ihrer Rückkehr zu beschäftigt, um religiös werden zu können. Daher glaube ich nicht, daß jemand auf diese Weise verändert wurde.»[27]

Apollo-14-Astronaut Edgar Mitchell, der sechzehn Jahre damit verbrachte, einen neuen theoretischen Rahmen zum Verständnis seiner Erfahrung zu ersinnen, ist der Ansicht, die Erfahrung sei für alle gleich, die Interpretation sei jedoch bei jedem einzelnen verschieden.

Dieses Thema erfordert eine sorgfältige Definition des Begriffs «spirituell», und die Aura, mit der die Kultur den Raumflug umgibt, kann die Natur des eigentlichen Geschehens entstellen. Sowohl die Schlüsselerlebnisse als auch die Aura des Raumflugs weisen starke Parallelen auf zu Erfahrungen, die für verschiedene spirituelle Wege typisch sind. Doch sind die Zusammenhänge viel subtiler, als man erwarten würde. Während des gesamten Ablaufs unserer Geschichte wurden Menschen in die «Mysterien» höherer Bewußtseinszustände initiiert. Zweck dieser Bemühungen war stets die Erfahrung innerer Umwandlung. Doch sind die Parallelen zwischen der inneren und der äußeren Reise überraschend.

Die Betonung dessen, daß man für eine besondere Gemeinschaft ausgewählt wird und mit ihr getrennt von der übrigen Welt lebt, mit längeren Perioden der Ausbildung und des Trainings, ist in spirituellen Praktiken und in der Raumfahrergemeinschaft sehr ähnlich. Viele spirituelle Disziplinen, vor allem der Zen-Buddhismus, konzentrieren sich mehr auf die «Praxis» als auf die letzte «Erfahrung», was auch für den Raumflug gilt.

Die Metaphern «Mission» und «Reise» sind kraftvolle Symbole für spirituelle Praktiken wie für Astronauten. Viele Disziplinen spirituellen Wachstums verwenden die Metapher «Reise» oder «Weg», um den Prozeß des Erwachens zur Erleuchtung zu beschreiben. Auch die Pilgerschaft zu einem heiligen Ort, ein physischer Ausflug zur Stärkung der spirituellen Reise, ist in vielen Kulturen eine uralte Tradition.

Bei den meisten spirituellen Übungen erlangt man Wachstum durch Erweiterung des eigenen Identitätsgefühls. Der Initiand identifiziert sich zunehmend mit immer umfassenderen Systemen jenseits seiner selbst, bis er (oder sie) sich mit dem Absoluten oder dem Universum identifiziert, dem größten Ganzen von allen. Dieser Vorgang spiegelt sich in den für Raumflüge charakteristischen Erfahrungen wider, wie Rusty Schweickarts Beschreibung es klar erkennen läßt.

Die Bereitschaft der Raumfahrer, dem Verlangen der Gesellschaft nach Helden zu entsprechen, die ihr Leben für die Sache der ganzen Menschheit riskieren, ist ein für die Rolle einer spirituellen Person in der Gemeinschaft charakteristisches Element der Selbstaufopferung.

Die Aura- oder Haloerfahrung ist ihrer Struktur nach spirituell. Außerdem gehören zum Kern des Erlebens viele Faktoren, die bewußt angestrebt werden, wenn man Durchbrüche des Bewußtseins herbeiführt. Intensive physische Arbeit, der Perioden der Meditation und Kontemplation, manchmal die Betrachtung eines Heiligenbildes folgen, sind typisch für Klostergemeinschaften und andere Gruppen, die spirituelle Entwicklung suchen. Dieses Verhaltensmuster wird auch bei der Weltraumforschung genau befolgt.

Die Konfrontation mit dem eigenen Tod, dem die Wiedergeburt folgt, ist zentrales Thema vieler Schulen zur Bewußtseinserweiterung. Beim Raumflug ist die Erfahrung der Angst beim Start, danach der Übergang in die völlig andere Welt des Orbits, ein Spiegelbild des Zyklus von Tod und Geburt. Schließlich tragen die Schwerelosigkeit und die tiefe Stille des Weltraums zu einer Abschwächung der Sinne bei. Das sind Zustände, wie sie in Isolierzellen und sonstigen Bemühungen zur Bewußtseinswandlung kultiviert werden.

Ganz sicher hat es bei Weltraummissionen Durchbruchserlebnisse gegeben, die einer «Erleuchtung» ähnlich sind. Das macht einen Raumflug jedoch noch nicht zu einer spirituellen Erfahrung *per se*. Ebenso wie jemand in die Kirche gehen kann und nichts dabei empfindet, während ein anderer schon beim Anblick einer Blume in Verzückung gerät, gibt es Menschen, die im Weltraum eine tiefe Erfahrung hatten, während anderen der Aufenthalt dort nur das Gefühl vermittelte, gute Arbeit geleistet zu haben.

Edgar Mitchell vermeidet das Wort *spirituell* und spricht stattdessen von Bewußtseinserweiterung und Glaubenssystemen. Er sagt, offen zu sein für die neue Information des Erlebens, sei der eigentliche Schlüssel. «Für mich liegt der Unterschied, ob man dabei zu einem Aha-Erlebnis kommt oder nicht, darin, ob diese Erfahrung die persönliche Struktur ein wenig verschiebt. Erhältst du ein Gefühl der Freiheit, der Ausdehnung, weil du eben etwas erlebt hast, das sich von deinen früheren Erfahrungen und Meinungen unterscheidet?»[28]

Daß der Raumflug für einige eine spirituelle Erfahrung bedeutet und für andere nicht, wird wohl am zutreffendsten damit ausgedrückt, daß das Hinausfliegen ins All eine moderne Metapher für die Reise zu höherem Gewahrsein ist. Die Erkundung des Weltalls ist vielleicht stets ein zentrales Projekt der Menschheit gewesen, ohne daß wir es voll und ganz verstanden haben. Als solches ist es eine ganzheitliche Erfahrung, die physische, mentale und spirituelle Aspekte der menschlichen Existenz umfaßt. Wie beim Bau der gotischen Kathedralen bietet sich außerdem jedem, der an dem Projekt mitarbeitet, also nicht nur den Astronauten, die Chance zu persönlichem Wachstum und Wandlung.

Wichtig ist die Erkenntnis, daß das Raumflugerlebnis nicht nur unter Individuen und Gemeinschaften, sondern auch im Laufe der Zeit variiert. Die Wahrnehmungen und Gefühle des Raumfahrers von heute unterscheiden sich von denen der Vergangenheit, ebenso wie geistige Durchbrüche zur Alltagswirklichkeit künftiger Generationen gehören werden. Der Raumflug entwickelt sich wie so viele andere Elemente des Lebens in einem menschlichen System. Dieser Prozeß wird sich in dem Maße fortsetzen, in dem wir mehr darüber lernen, wie man ihn nutzen kann, um uns selbst und unser gesellschaftliches System zu verändern.

4 Die ersten Erdumlaufmissionen und Hinweise auf den Overview Effekt

Schirra: Es ist schwierig, all das zu beschreiben, nicht wahr, John?
Glenn: Ganz bestimmt, das ist es, Wally. Man kann es überhaupt nicht beschreiben.

Die Astronauten der Mercury-Mission Wally Schirra und John Glenn in ihrem Buch *Appointment on the Moon*.

Schon bei den ersten Erdumlaufmissionen bemühte man sich, die Auswirkungen der Raumfahrt anderen zu erklären. «Wie war es denn da oben?» und «Was hatte das für einen Sinn?» waren die Fragen Anfang der sechziger Jahre und sind es noch heute. Der Anblick der Erde aus dem Weltall löste die meisten Kommentare aus und bleibt das Kernstück des Erlebnisses des Overview Effekts.

Der erste Mensch, der in den Raum jenseits der Erdatmosphäre gelangte, war Juri Gagarin, der auch eine eindeutige Frage beantwortete, ob ein Raumflug ein außergewöhnlich emotionales Erlebnis sei. Später schrieb er über seinen Flug: «Zitternd vor Erregung, beobachtete ich eine Welt, die mir ganz neu und unbekannt war, wobei ich versuchte, alles auch wirklich zu sehen und im Gedächtnis zu bewahren.» Gagarin verglich sein Erlebnis mit dem eines normalen Fluges: «Durch das Fenster des Raumschiffs sah die Erde etwa so aus wie von einem in großer Höhe fliegenden Düsenflugzeug. Die Kämme der Gebirge, die großen Flüsse, die riesigen Wälder und die Küsten der Ozeane zeichneten sich deutlich ab. Ich sah die Wolken ebenso wie ihre flüchtigen Schatten auf der Erdoberfläche.»[1]

Bald nach Gagarins Weltraumflug war Alan Shepard der erste Amerikaner im Raum. Sein Flug von nur fünfzehn Minuten war dennoch lang genug, um ihn tief zu beeindrucken.

> Jetzt war es an der Zeit, ans Periskop zu gehen. Man hatte mich auf das, was mich erwartete, gut vorbereitet ... Eine der letzten Tätigkeiten davor war das Studium einiger Spezialkarten gewesen, die mir zeigten, welch ein Anblick mir bevorstand. Ich hatte eine ungefähre Vorstellung von der ungeheuren Vielfalt der Farben, Landmassen und Wolkendecken, die ich aus der Höhe von einhundert Meilen sehen würde. Doch konnte wohl niemand hinreichend informiert werden, um in jeder Hinsicht auf den erstaunlichen Anblick vorbereitet zu sein, den ich dann erlebte.
> Mein Ausruf zu Deke hin (Donald K. Slaaton) über den «wunderbaren Anblick» war absolut spontan. Es war einfach atemberaubend.[2]

Shepards Bemerkung, er sei auf diesen Anblick nicht gefaßt gewesen, ist typisch für spätere Berichte, in denen intellektuelle Erwartungen mit dem tatsächlichen Anblick der Erde aus dem Orbit verglichen werden.

Shepard und Virgil I. Grissom, die beiden Amerikaner, die Erdumläufe in niedrigen Orbits flogen, hatten nur Zeit gehabt, vom Anblick vor ihrer Rückkehr zur Erde «fasziniert» und «sprachlos vor Staunen» zu sein. Es blieb John Glenn, dem ersten Amerikaner, der einen vollen Erdumlauf ausführte, vorbehalten, eine detaillierte Beschreibung des Planeten zu liefern.

> Ich konnte in jeder Richtung Hunderte von Meilen überblicken – sah die Sonne auf weißen Wolkenfeldern, darunter große Flecken blauen Wassers und große Teile von Florida und den südöstlichen USA ... Während ich Funkkontakt mit der Relaisstation auf den Kanarischen Inseln hielt, kam die Küste Afrikas ins Blickfeld. Durch das Fenster erkannte ich deutlich das Atlas-Gebirge. Weiter landeinwärts konnte ich erkennen, wie längs des Wüstenrandes gewaltige Stürme von Buschfeuern wüteten.[3]

Glenn war auch zutiefst von der Schönheit der Sonnenuntergänge beeindruckt.

Die Sonne ist vollkommen rund und strahlt ein intensives, klares Licht aus, das eher bläulichweiß als gelb ist . . . In dem Augenblick, in dem sie dazu ansetzt, im hellen Horizont zu versinken, scheint sie ein wenig abzuflachen. Während sie tiefer und tiefer sinkt, bewegt sich ein schwarzer Schatten über die Erde, bis die gesamte sichtbare Oberfläche schwarz ist, mit Ausnahme des hellen Lichtstreifens entlang des Horizontes.
Anfänglich ist dieser Streifen nahezu weiß. Je tiefer die Sonne jedoch sinkt, desto mehr wandelt sich die untere Lichtschicht in ein helles Orange. Die nächsten Schichten sind rot, dann purpurfarben, dann ein helles Blau, dem ein tieferes Blau und schließlich die Schwärze des Weltraums folgt. Alle Farben sind strahlend, strahlender als in einem Regenbogen, und das Farbspektrum erstreckt sich über etwa sechzig Grad auf jeder Seite der Sonne. Es ist ein großartiges Schauspiel.[4]

Alle sieben ersten amerikanischen Astronauten waren Testpiloten, ein Menschentyp, der nicht gerade dazu neigt, während eines Flugs Verzückung zur Schau zu stellen. Der Shuttle-Astronaut Jeff Hoffman weist darauf hin, daß diese Haltung noch durch die Tradition verstärkt wird, daß die Zeit des Funksprechverkehrs während eines Fluges als kostbare Ressource gilt, die nicht durch eitles Geschwätz vergeudet werden soll. Da viele Nachfolger der Mercury-Astronauten ebenfalls Testpiloten waren, erklärt das vielleicht ihre wenig begeisterten Beschreibungen der ersten Raumflüge. Im Rückblick jedoch auf das, was sie über ihren Flug gesagt und geschrieben haben, besteht kein Zweifel daran, daß viele von ihnen von dem, was sie sahen und fühlten, tief bewegt waren. Einige wenige haben die Tiefe ihrer Gefühle erheblich stärker zum Ausdruck gebracht.

Einzigartig unter den amerikanischen Astronauten ist in dieser Hinsicht Scott Carpenter. Er bezeichnete seine Mercury-Mission als «die großartigste Erfahrung meines Lebens» und bereicherte seine Beschreibung des Anblicks der Erde aus dem Orbit mit Schilderungen seiner Gefühle.

Carpenter berichtete, während des ersten Umlaufs habe er sich ganz auf die Kontrollsysteme konzentriert und sich nicht wirklich umgeschaut.

> Als ich es dann schließlich tat, war der Anblick einfach überwältigend. Ich erblickte Wolkenformationen, auf die jeder Maler stolz gewesen wäre – kleine Rosetten oder Haufen von Schönwetter-Kumuluswolken... In jeder Himmelsrichtung konnte ich etwa tausend Meilen weit sehen, und wo immer ich auch hinschaute, waren das Fenster und das Periskop mit Schönheit angefüllt... Es fiel mir schwer, mich von diesem Anblick loszureißen und mit anderen Dingen zu beschäftigen. Alles ist so neu und ehrfurchtgebietend, daß es schwierig wird, sich längere Zeit anderen Dingen zu widmen. Als ich dann später wußte, daß mir bald wieder ein wunderbarer Anblick bevorstand, wie ich ihn schon vorher genossen hatte, konnte ich es kaum erwarten. So schnell es mir möglich war, machte ich Aufnahmen mit meiner Spezialkamera – und als ich auf die Nacht zuraste, sah ich die Anfänge des phantastischsten Anblicks, den ich jemals erlebt habe – meinen ersten Sonnenuntergang im All.[5]

Beim Überfliegen der Vereinigten Staaten im ersten Sonnenlicht notierte Carpenter, er könne den Erdboden «bemerkenswert gut» erkennen. «Jeder neue Anblick erneuerte meine Begeisterung und ließ mich dem nächsten entgegenfiebern.»[6]

Carpenter lehrte die Manager des Raumprogramms das Fürchten, weil er während des Flugs zu viel Brennstoff verbrauchte und etwa zweihundert Meilen außerhalb des vorgesehenen Gebietes landete. Im Laufe der Jahre wurde Carpenters Begeisterung über sein Erlebnis leider von seinem Landeirrtum verdrängt, dem man größere Aufmerksamkeit schenkte. Infolgedessen entschied Walter Schirra, es wäre wohl besser, einen «Flug nach Lehrbuch» auszuführen, was er dann auch tat. Der war ein technischer Triumph, schien jedoch ein weniger emotionales und erregendes Erlebnis gewesen zu sein.

Während des letzten Mercury-Fluges sorgte Gordon Cooper für einige Unruhe, als er unglaubliche Einzelheiten über seine Erdbeobachtung aus einem Orbit von 101 Meilen beschrieb. Er könne Häuser in den tibetanischen Himalayabergen und in südwestlichen Regionen der Vereinigten Staaten erkennen, sehe Rauch aus Schornsteinen einzelner Häuser in Tibet aufsteigen und erkenne die Seen nahe dem Zentrum für bemannte Raumfahrt in Houston,[7] berichtete er.

Optikexperten behaupteten zunächst, Coopers Beschreibungen seien unglaubwürdig, und er habe vielleicht Halluzinationen gehabt. Später jedoch stellte sich heraus, daß seine Berichte mit Forschungsarbeiten des Labors des National Bureau of Standards in Colorado übereinstimmten. Dort stellte man fest, die Sicht könne durch verzerrende Turbulenzen in der unteren Atmosphäre an Klarheit verlieren, sich aber im Orbit durchaus bessern.[8]

Ein Teil der Wirkung des Anblicks der Erde aus dem Weltraum mag auf die unerwartete Klarheit zurückzuführen sein, die ihrerseits eine Komponente des Overview Effekts sein kann.

Eine Zusammenfassung der ersten Raumflüge

Während dieses Zeitraums begann das sowjetische Raumfahrtprogramm mit zunehmend längeren Orbitalflügen, und die Berichte der Kosmonauten ähneln denen der Astronauten. Kurz nach Abschluß des Mercury-Programms gingen die beiden nationalen Programme unterschiedliche Wege. Präsident Kennedys Eintreten für eine Mission zum Mond kappte die Mercury-Serie und brachte die Vereinigten Staaten auf den Weg der Gemini- und Apollo-Programme. Die Sowjets gaben schließlich ihre Bemühungen um den Flug zum Mond auf und verschrieben sich Orbitalflügen mit längerer Dauer, wie sie noch heute üblich sind.

Als Ergebnis dieser Programmänderungen änderten sich nach und nach auch die gesellschaftlichen Auswirkungen der Raumfahrt. Doch läßt bereits dieser kurze Rückblick auf die ersten Flüge in suborbitalen und orbitalen Erdumläufen erkennen, daß deren Erleben bedeutenden Einfluß auf die persönlichen Lebensanschauungen haben kann.

Scott Carpenter bemerkt dazu:

> Es war so spannend und so überwältigend, daß ich immer nur wünschte, ich könnte am nächsten Morgen aufstehen und alles noch einmal erleben. Ich wollte erneut schwerelos sein und die Sonnenauf- und -untergänge sehen, wollte beobachten, wie die Sterne diese leuchtende Schicht durchdringen, und lernen, die

Maschine noch ein wenig besser zu beherrschen, damit ich länger wach bleiben konnte. Ganz ohne Zweifel: Der Weltraum ist ein sagenhaftes Neuland, und wir werden noch zu unseren Lebzeiten einige seiner Geheimnisse lüften und viele seiner Reichtümer zu uns auf die Erde bringen. Ich möchte das um nichts auf der Welt versäumen.[9]

Der Gedanke, daß es auf unserem Planeten außer den natürlichen keine Grenzen gibt, spielt in den Berichten über die ersten Flüge keine besondere Rolle. Sie betonen vielmehr die Schönheit der Erde vom Weltraum aus gesehen und die Erregung über dieses Erlebnis. Doch stellen sie schon früh eine Verbindung her zwischen der Weltraumperspektive und gesellschaftlichen Problemen auf der Erde. Im Bericht des Magazins *Life* über den Flug von John Glenn heißt es: «Glenn brennt anscheinend darauf, den ‹neuen Ozean› des Menschen nochmals zu besuchen ... Doch bekennt Glenn ebenfalls, ‹in meinem Leben und allen meinen Bemühungen ... gibt es kein höheres Ziel, als in diesem Bereich etwas mehr friedliche Zusammenarbeit zu bewirken›.»[10]

Der Gedanke, daß Raumfahrt und planetarer Frieden irgendwie zusammenhängen, verstärkte sich mit zunehmender Zahl der Raumflüge und ist auch heute wirksam. Als Glenn 1986 seine erneute Kandidatur für den Senat ankündigte, äußerte er auch Gedanken über sein Privileg, die Erde aus dem Weltraum gesehen zu haben, und seinen beständigen Wunsch, Frieden und Einheit in die Welt zu bringen.[11]

Tabelle 4.1: Die ersten Weltraumflüge

Zwischen April 1961 und Mai 1963 sahen zehn Menschen zum ersten Mal die Erde vom Weltraum aus. Selbst schon während dieser Anfangsperiode gelangen Raumflüge von mehr als drei Tagen Dauer. Nach Millionen Jahren der Fesselung an die Oberfläche der Erde hatte die Menschheit endlich eine Zehenspitze in den Weltraum ausgestreckt. Die folgende Tabelle zeigt, wie sich die Aufenthaltsdauer im Weltraum entwickelt hat:

Flug	*Datum*	*Astronaut/Kosmonaut*	*Zeit im Weltraum*
Wostok 1	4/12/61	Juri Gagarin	1 Std. 48 Min.
Freedom 7	5/5/61	Alan Shepard	15 Min.
Liberty Bell	7/21/61	Virgil Grissom	15 Min.
Wostok 2	8/6/61	German Titow	25 Std. 18 Min.
Friendship 7	2/20/62	John Glenn	4 Std. 55 Min.
Aurora 7	5/24/62	Scott Carpenter	4 Std. 56 Min.
Wostok 3	8/11/62	Andrian Nikoljew	94 Std. 22 Min.
Wostok 4	8/12/62	Pavel Popovich	60 Std. 57 Min.
Sigma 7	10/3/62	Walter Schirra	9 Std. 13 Min.
Faith 7	5/15/63	Gordon Cooper	34 Std. 19 Min.

Gesamtzahl der Flüge: 10
Stunden im Weltraum: 236.30
Tage im Weltraum: 9.84

Quelle: Tim Furniss, *Space Flight: The Records* (Enfield, England 1985).

5 Spätere Erdumkreisungen und Mondmissionen: Der Overview Effekt und sonstige Veränderungen der Wahrnehmung

Die Erlebnisse einer Erdumkreisung und des Fluges darüber hinaus müssen getrennt werden. Weltanschaulich betrachtet, hatten wir wirklich zwei verschiedene Raumfahrtprogramme.

Gemini- und Apollo-Astronaut
Eugene A. Cernan

Als die Vereinigten Staaten 1963 das Mercury-Programm abschlossen, hatten die beiden Raumfahrtmächte in ihrem Wettlauf im Weltraum gleichgezogen. Ende 1963 konnten die Sowjets eine Reihe eindrucksvoller Premieren verzeichnen: der erste Mensch im Weltraum; die erste Person, die einen ganzen Tag in einer Erdumlaufbahn verbrachte; der erste Umlauf von zwei Raumschiffen gleichzeitig; die erste Frau im Weltraum. Doch hatte Präsident John F. Kennedy das Raumfahrtprogramm transformiert, indem er es mit einer besonderen Vision ausstattete und ihm einen bestimmten Sinn gab – wesentliche Elemente, um ein menschliches System voranzubringen.

Mit der Ankündigung des Apollo-Projekts gab Präsident Kennedy dem amerikanischen Raumfahrtprogramm ein genau definiertes Ziel: bis zum Ende des Jahrzehnts einen Menschen auf den Mond und sicher wieder zurück zu bringen. Das Gemini-Programm, das auf das Mercury-Programm folgte und dem Apollo-Programm voranging, begann Mitte 1963 und wurde zu einem Labor, in dem viele der wesentlichen Apollo-Elemente in der Erdumlaufbahn erprobt wurden.

Nach den höchst erfolgreichen Apollo-Mondlandungen war das damals wenig bekannte Skylab-Raumstation-Programm für kurze Zeit Schrittmacher für die sowjetischen Bemühungen zur Perfektionierung langdauernder Erdumlaufmissionen mit dem Ziel der Errichtung einer permanenten bemannten Raumstation.

Die späteren Erdumkreisungen und Mond-Missionen fügten den Verhältnissen, mit denen Astronauten und Kosmonauten im Weltraum konfrontiert waren, drei wichtige Komponenten hinzu: die EVAs, also Aufenthalte außerhalb des Raumschiffs, die es dem Raumfahrer erlaubten, die nichtirdische Umwelt unmittelbarer zu erfahren als im Raumschiff oder in einer Raumstation; längere Missionen, die auch Zeit ließen, Überlegungen über das Gesehene anzustellen; sowie Missionen über die Erdumlaufbahn hinaus, die es zum ersten Male ermöglichten, die ganze Erde im Blickfeld zu haben.

Offenbar verstärkte dieses nicht nur die Erfahrung des Overview Effekts, sondern vermittelte auch tiefere Erlebnisse, die ich als *Kopernikanische Perspektive* und *Universale Erkenntnis* bezeichnete.

EVA (extra vehicular ambulance) Spaziergang im Weltraum

Rusty Schweickart sagt, die EVA erlaube es dem Raumfahrer, das Universum «ohne Rahmen und Begrenzungen» zu sehen, unbehindert durch das Fenster eines Raumschiffs. Reisenden auf der Erde, die es sich nicht einmal vorstellen können, im Raumschiff zu fliegen, mag die Bedeutung dieser neuen Unterscheidung verborgen bleiben. Doch bezeugen die meisten Astronauten, die sich im All außerhalb ihres Raumschiffs aufgehalten haben, daß dies ein völlig andersgeartetes Erlebnis sei.

Längere Missionen

Bei den ersten Raumflügen waren die Astronauten sehr beschäftigt und kehrten bereits nach wenigen Umläufen zur Erde zurück. Michael Collins, ein Gemini- und Apollo-Astronaut, vergleicht einen Erdumlauf mit einer Fahrt auf einer Berg-und-Tal-Bahn, in der Sensationen und Erlebnisse sehr schnell kommen und vergehen.

Längere Missionen in der Erdumlaufbahn sowie Flüge zum Mond

und zurück lassen den Raumfahrern viel mehr Zeit, die ihnen von den Sinnen übermittelten Informationen aufzunehmen und zu verarbeiten. Das kann zu Erfahrungen führen, die sich erheblich von denen unterscheiden, die man auf kurzen Erdumläufen macht.

Der Anblick der ganzen Erde

Trotz des Erlebens, den Planeten aus ein- bis zweihundert Meilen Erdumlaufdistanz zu sehen, können Astronauten und Kosmonauten auf dieser Höhe nicht die ganze Erde überblicken, sondern nur größere Abschnitte ihrer Oberfläche. Erst als Apollo 8 im Jahre 1968 auf dem Mond landete, hatten die Astronauten die ganze Erde im Blickfeld.

Eugene Cernan beschreibt das so: «Keine Frage – in einer Erdumlaufbahn erhält man eine neue Perspektive; doch hat man keine Zeit, sich darüber Gedanken zu machen ... Verläßt man die Umlaufbahn, dann wachsen alle die Küstenlinien und Flüsse, die man sieht, zu Ozeanen und Kontinenten zusammen. Man kann von einem Pol zum anderen sehen, von Ozean zu Ozean, ohne auch nur den Kopf zu drehen.»[1]

Mondflüge sind in der Geschichte der Weltraumforschung einzigartig, weil sie sehr wichtige Elemente des Raumfahrterlebnisses enthalten. Astronauten auf dem Wege zum Mond umkreisen zunächst die Erde, verlassen dann die niedere Umlaufbahn, sehen die ganze Erde und sind länger unterwegs. Einige verlassen sogar das Raumschiff zu einem EVA auf einem anderen «Planeten» als die Erde.

Spätere Erdumlaufmissionen und der Overview Effekt

Russell L. Schweickart, der 1963 der dritten Gruppe amerikanischer Astronauten angehörte, war vor der Apollo-9-Mission nicht im Weltraum geflogen. Seine das dritte Kapitel einleitende Bemerkung illustriert einen mit den späteren Erdumlauf- und Mondmissionen einsetzenden fundamentalen Wahrnehmungswandel. Insbesondere erkennt er, daß die Aufspaltung in Nationen, deren wir uns auf Erden so bewußt sind, aus der Perspektive der Umlaufbahn verschwindet und unwichtig wird. Er sieht auch, daß diese Erkenntnisse das Gefühl des Betrachters für seine persönliche Identität verändern.

Schweickarts Erfahrung zeitigte besondere Folgen durch seine aktiven Bemühungen, sie der Allgemeinheit zu vermitteln, unter anderem durch die Vereinigung der Weltraumerforscher. Ich fragte ihn, wie es war, als er anderen von seinen Erlebnissen berichtete. Änderte sich da auch etwas bei seinen Zuhörern? Das sei der Fall gewesen, antwortete er. «In einigen Fällen konnte ich überhaupt nichts vermitteln. Oft ist es jedoch so tiefgreifend und unmittelbar, daß es mich erschreckt.»[2]

Meine eigene Reaktion auf Schweickarts Werk war aufschlußreich. Mitte 1985 schrieb ich ein Arbeitspapier über den Overview Effekt als Vorbereitung einer Konferenz des Raumfahrtinstituts in Princeton (Space Studies Institute, SSI). Als ich Schweickarts Zitat in den Textprozessor eingab, «der Astronaut ist so etwas wie ein ausgestreckter Fühler der Menschheit», begriff ich plötzlich, was er damit meinte. Es war für mich ein «Aha»-Erlebnis.

Ich sah die Menschheit als einen Organismus und begriff die Wirklichkeit dieser Erfahrung als «Auge» der Menschheit. Beim Niederschreiben dieser Erkenntnis kam ich mir vor wie ein «Neuronen»-Feuer, das die Botschaft an andere weiterleitet. Diese Botschaft hatte sechzehn Jahre gebraucht, um vom Universum zu Schweickart und dann zu mir zu gelangen. Mir wurde klar, daß tatsächlich eine Botschaft vermittelt wird, auch wenn das einige Zeit brauchen wird.

Schweickart ist vielleicht einzigartig. Mit Ausnahme von Edgar Mitchell, dem Gründer des Institute of Noetic Sciences, scheinen nur wenige Astronauten so tief vom Raumflug beeindruckt worden zu sein wie er. Doch mag die Zahl der Astronauten und Kosmonauten, die tiefe Erfahrungen hatten, nicht so wichtig sein wie die Art und Weise der Weitergabe an andere.

Deshalb muß man den Overview Effekt ebenso aus soziologischer wie aus psychologischer Perspektive sehen. Vom psychologischen Standpunkt aus ist es wichtig zu wissen, wie viele Astronauten oder Kosmonauten tiefgreifende Erlebnisse hatten und welcher Art diese waren. Aus soziologischer Perspektive geht es mir vor allem darum, wie sie ihr Erleben deuten und die Botschaft der übrigen Menschheit vermitteln. Ein dafür begabter Astronaut kann diese Aufgabe unter Nutzung des heutigen hochentwickelten Kommunikationssystems fast alleine bewältigen.

Die Flüge zum Mond

Vierundzwanzig Astronauten reisten bisher zum Mond. Von ihnen betraten zwölf seine Oberfläche.[3] Die Astronauten und Kosmonauten, die bisher in den Weltraum geflogen sind, machen einen unendlich kleinen Prozentsatz der Erdbevölkerung aus. Diejenigen, die zum Mond gereist sind, repräsentieren dreizehn Prozent aller Weltraumfahrer, und die auf ihm herumspazierten, nur sechs Prozent. Die Mondastronauten stellen also eine der exklusivsten Minderheiten auf der Welt dar, und die «Mondgänger» sind eine Elite innerhalb einer Elite.

Es kann nicht überraschen, daß gerade die Apollo-Astronauten einige der tiefsten Erfahrungen im Weltraum machten. Der Astronaut auf einer Erdumlaufbahn entwickelt eine neue und andere Beziehung zur Erde, die aber nach wie vor sein Hauptbezugspunkt im Universum als Ganzem bleibt. Im Gegensatz dazu sieht der Mondastronaut die Erde an jedem Tag der Reise kleiner werden, und er tritt ins Schwerkraftfeld eines anderen Himmelskörpers ein. Statt gemeinsam mit Milliarden anderen Menschen eine primäre Beziehung zum natürlichen System Erde zu haben, entwickelt das als Apollo-Crew bezeichnete menschliche System für eine kurze Zeitspanne eine direktere Beziehung zum Mond.

Wie Schweickart sagte, sehen die Mondastronauten die Erde erheblich anders als diejenigen, die in eine Erdumlaufbahn fliegen.

> Und ein wenig später begibt sich unser Freund hinauf auf den Mond. Als er zurückblickt, sieht er die Erde nicht als etwas Großes, auf dem wunderschöne Einzelheiten zu erkennen sind, sondern ... als ein kleines Ding ... Der Gegensatz zwischen jenem weißen und blauen Christbaumschmuck und dem schwarzen Himmel, jenem unendlichen Universum, tritt jetzt deutlich in Erscheinung.[4]

Der Astronaut im Erdumlauf sieht die Erde als etwas Gewaltiges und sich selbst als wenig bedeutend. Der Mondastronaut sieht die Erde klein und empfindet die ehrfurchteinflößende Großartigkeit des gesamten Universums. Das bestätigt Gene Cernans Ansicht, daß es zwei unterschiedliche Raumfahrtprogramme gebe, eines für den Erdumlauf und das andere für den Raum jenseits davon.

Beide Programme verändern die Wahrnehmung des Astronauten von der Erde und seiner eigenen Identität, doch auf sehr unterschiedliche Weise. Schweickart sagt, die Erde

> ist so klein, so zerbrechlich und ein so kostbarer kleiner Fleck im Universum, daß man ihn mit dem Daumen zudecken kann. Und man erkennt, auf jenem kleinen blauen und weißen Ding befindet sich alles, was uns wichtig ist – Geschichte, Musik, Poesie, Kunst, Tod und Geburt, Liebe, Tränen, Freude, Spielen. Das alles befindet sich auf jenem kleinen Fleck, den man mit dem Daumen abdecken kann. Und aus dieser Perspektive wird dir klar, daß du dich verändert hast, daß da etwas Neues ist und die Beziehung nicht mehr so ist, wie sie vorher war.[5]

Gene Cernan bedient sich einer ähnlichen Ausdrucksweise: «Du ... sagst dir selbst: ‹Das da ist die ganze Menschheit, ist Liebe, Gefühl und Denken. Die Schranken von Hautfarbe, Religion und Politik, die unsere Welt spalten, sieht man nicht.› Man fragt sich, ob auch die anderen Menschen, wenn sie in die Welt da oben hinaufgelangen könnten, plötzlich anders empfinden würden.»[6]

Michael Collins, der den Mond umkreiste, während Neil Armstrong und Edwin E. Aldrin Jr. die ersten Menschen waren, die ihn betraten, schrieb von diesem Erlebnis: «100 000 Meilen hoch oben zu sein, aus vier Fenstern zu schauen und nichts als schwarze Unendlichkeit zu erblicken, schließlich im fünften Fenster den blauen und weißen Golfball zu orten und zu wissen, welch ein Glück es für uns ist, zu ihm zurückzukehren.»[7]

Der Anblick der Erde vom Mond aus verstärkt das Gewahrsein, daß uns auf Erden keine realen Grenzen trennen. Collins spricht davon, wenn er sagt:

> «Ich meine, der Anblick aus 100 000 Meilen Entfernung könnte von unschätzbarem Wert für das Ziel sein, Menschen zu gemeinsamen Lösungen zusammenzubringen, indem man ihnen die Erkenntnis vermittelt, daß der Planet, auf dem wir alle leben, uns auf eine viel grundlegendere und bedeutsamere Weise vereint, als die Unterschiede in Hautfarbe, Religion oder Wirtschaftssystem uns trennen. Leider ist bisher der Anblick aus 100 000 Meilen Entfernung ausschließlich einer Handvoll Testpiloten vorbehalten, statt den politischen Führern dieser Welt, die diese neue Perspektive brauchen, oder den Dichtern, die sie ihnen vermitteln könnten.»[8]

Es ist Collins klar, daß es nur der Beginn der Erfahrung für unsere Gesellschaft ist, wenn einige wenige Menschen den Planeten aus dieser großen Entfernung gesehen haben. In unserem Gespräch führte er das noch weiter mit den Worten aus, die beste Crew für eine Apollo-Mission wäre «ein Philosoph, ein Priester und ein Dichter». Dann fügte er hinzu: «Leider würden sie sich selbst bei dem Versuch umbringen, das Raumschiff zu steuern.»[9]

Insgesamt gesehen steckt im Flug zum Mond etwas unglaublich Machtvolles. So sagt dazu Gene Cernan:

> «Als ich im Dezember 1972 der vorletzte Mensch war, der den Mond betrat, stand ich in der blauen Dunkelheit und betrachtete voll Ehrfurcht die Erde von der Mondoberfläche aus. Was ich erblickte, war fast zu schön, um es voll zu erfassen. Da war zu viel Logik, zu viel Zweckhaftigkeit – es war einfach zu schön, als daß es rein zufällig zustande gekommen sein konnte. Es spielt überhaupt keine Rolle, auf welche Weise man Gott verehrt . . . Er muß wirklich existieren, um das geschaffen zu haben, was ich zu erblicken privilegiert war.»[10]

So begreift also der Mondastronaut, der so viel mehr vom Sonnensystem und dem Universum zu sehen bekommt als der Erdumlauf-Astronaut, daß offenbar allem ein tieferer Sinn zugrunde liegt. Das ist der Wesensgehalt einer «neuen Psychologie für eine neue Zivilisation», das Begreifen, was wirklich wichtig ist, wer wir sind und welchen Platz wir im Universum als Ganzem einnehmen.

Der Apollo-Astronaut Jim Irwin und andere haben die Ansicht vertreten, es sei der Gegensatz zwischen Erde und Mond, der Astronauten in eine andere Form des Gewahrwerdens katapultiert. Die Erde ist ein Wasserplanet, wunderschön, voll von Leben und diesem gegenüber gastfreundlich.

Vielleicht hat Edgar Mitchell, der mit der Apollo-14-Mission mitflog und der sechste Mensch auf dem Mond war, das einzigartigste Monderlebnis gehabt. Ebenso wie Russell Schweickarts Erlebnis ein Modell für den Overview Effekt ist, liefert Mitchell ein gutes Beispiel für universale Erkenntnis. Bedeutsamerweise hatte Mitchell diese Erfahrung, während er auf die Erde starrte. In einem Artikel des Magazins *Omni* heißt es:

> Bei der Betrachtung der Erde während des Rückflugs vom Mond hatte Mitchell ein ‹Gipfelerlebnis oder eine religiöse Erfahrung›, je nachdem, welche Bezeichnung man dafür verwenden möchte. Es war ‹eine Explosion des Gewahrseins, ein Aha-Erlebnis›! Augenscheinlich war es das, was ein religiöser Mensch eine Offenbarung nennen würde.
> Er gelangte zu der Erkenntnis, daß das Universum aus Geist und Materie besteht, die jedoch nicht voneinander getrennt sind. Die Brücke zwischen beiden ist das Bewußtsein. Gott ist so etwas wie ein universales Bewußtsein, das sich in jedem Individuum manifestiert, und der Weg zur göttlichen Wirklichkeit und zu einer befriedigenderen, materiellen Wirklichkeit führt über das menschliche Bewußtsein.[11]

Im Gespräch sagte mir Mitchell, er habe sein Verständnis dieser Erfahrung jetzt viel besser ausdrücken können als während seines Interviews mit der Zeitschrift *Omni*. Heute ist er dabei, eine systematische Struktur zu entwickeln, um sein Erlebnis mit großer Präzision beschreiben zu können. Was die tatsächlichen Implikationen anbelangt, so wird die Raumfahrt nach Ansicht von Mitchell unser Wertesystem revolutionieren.

Die Raumfahrt ist eine der machtvollsten Erfahrungen, die Menschen haben können, und das technologische Geschehen, die Fesseln unserer Erde zu zerbrechen, ist viel bedeutsamer als die Technologie, die darauf verwendet wurde, und zwar wegen dieser Perspektive ...

Raumflüge, das Verlassen der Erde und ihr Anblick aus einer ganz anderen Perspektive, jenes explosive Gewahrwerden, das einige von uns erlebten, diese anhaltende Besorgnis und diese leidenschaftliche Sorge um das Wohlergehen der Erde ... alles das wird sich unmittelbar auf unsere Weltanschauung und Wertsysteme auswirken. Es muß daher weitaus gründlicher erforscht werden.[12]

Schweickarts Erlebnis war Anlaß zur Gründung des Verbandes der Weltraumforscher (Association of Space Explorers), während Edgar Mitchell das Institute of Noetic Sciences gründete und auf seiner Erfahrung ein ganz neues philosophisches System aufbaut. Auf diese Weise wird das Weltraumerlebnis eines einzigen Astronauten auf die ganze Gesellschaft übertragen und kann das Leben von Millionen von Menschen beeinflussen.

Gene Cernan hat das Monderlebnis vielleicht am besten zusammengefaßt, als er sagte: «Ich kann noch lange darüber sprechen. Es ist eines der tiefsten und bewegendsten Erlebnisse, die ich jemals hatte.»[13]

Den Astronauten, die zum Mond fliegen, und der Nation, die sie dorthin schickte, widerfuhr etwas Bedeutsames. In gewissem Sinne sind seitdem weder die Astronauten noch die Nation das, was sie vorher waren. Die Mondmissionen waren ein die Menschheit verwandelndes Hinauslangen ins All, auf das eine noch heute anhaltende lange Periode der Unschlüssigkeit folgte. Diese Missionen wurden durch die Weltpolitik jener Zeit geformt und erbrachten unvorhersehbare Ergebnisse, welche die Politik der Zukunft tief beeinflussen werden.

Inzwischen hat sich die Sowjetunion vom Mond abgewandt und festigt ihre Führungsrolle bei langdauernden Missionen in niedrigen Erdumlaufbahnen. In der Nach-Apollo-Ära haben die Vereinigten Staaten mit dem Skylab-Programm für kurze Zeit denselben Weg beschritten.

Skylab und die ersten Saljut-Missionen

Das Skylab-Programm nutzte nicht verwertetes Apollo-Material, um eine vorläufige Raumstation zu bauen und zu bemannen. Die neun Skylab-Astronauten, die in den Jahren 1973 und 1974 die Station mit drei verschiedenen Crews bemannten, lernten viel über die Psychologie und Soziologie des Aufenthalts im Weltraum. Ihr längeres Verweilen im Orbit, achtundzwanzig bis vierundachtzig Tage, ermöglichte es ihnen, den Overview Effekt über einen längeren Zeitraum zu erleben und diese Erfahrung zu verarbeiten und zu assimilieren.

Bei diesen ausgedehnten Missionen lernten die Astronauten, wie sich das Verhältnis zwischen Menschen entwickelt, die längere Zeit im Weltraum zusammenleben. Ihre Erfahrungen bestätigten und bekräftigten die ihrer Vorgänger; doch hatten die Apollo- und die Skylab-Astronauten recht unterschiedliche Einstellungen zum Weltraum.

Alan Bean, ein Veteran des Apollo- wie des Skylab-Programms, berichtete, Skylab habe mit Ausnahme der ersten und der allerletzten Tage den Astronauten nicht dieselbe anhaltende Stimulierung wie die Mondmission geboten. Doch habe dieses Programm eine kontemplativere Einstellung zur Raumfahrt begünstigt. Viele Skylab-Astronauten entwickelten großes Interesse an der Betrachtung der Erde. So scheint die Crew von Skylab 4, Gerald Carr, Edward Gibson und William Pogue, aus ihrem Erleben ähnliche Erkenntnisse gezogen zu haben wie seinerzeit Schweickart. Gegen Ende ihrer Mission wurde für die Astronauten das Betrachten der Erde zu einem täglichen Ritual.

> Während Gibson und seine beiden Kameraden dasaßen und die Erde betrachteten, schien es ihnen, als würden sie in eine neue Geistesverfassung einbezogen. Vieles von dem, was sie sahen, war ihnen theoretisch bekannt gewesen. Es jedoch wirklich *zu sehen*, machte es kristallklar. So wußte Gibson natürlich, daß die physische Welt keine Grenzlinien hat, wie sie auf den Atlanten verzeichnet sind. Dennoch war er beim Blick aus dem Weltraum überrascht, daß es keine Trennungslinien zwischen den Menschen gab.[14]

Gibson berichtet, dieses Erlebnis habe ihn bleibend beeinflußt. «Wir können auf der Erde weder eine Gruppe von Menschen noch ein Land isoliert betrachten. Wir gehören alle zusammen.»[15] Er habe nun auch klarer als diejenigen, die nicht im Weltraum waren, erkannt, wie sehr dies alles «Eine Welt» ist.

Carr meinte, wer solche Erfahrungen gemacht habe, kehre mit stärkerem Interesse für Ökologie auf die Erde zurück, weil er gesehen hat, «wieviel Schnee und Wüste es gibt, und wie schwer das Leben für die dort lebenden Menschen ist». Dadurch verstärke sich die «humanitäre» Einstellung.[16]

Die Skylab-Astronauten bestätigten, daß bei einer EVA der Aufenthalt außerhalb des Raumschiffs ein noch stärkeres Erlebnis sei als der innerhalb desselben. Jack Lousma, Pilot der Skylab 3-Mission, sagte:

> Da draußen erlebt man eine ganz neue Welt! Die eigene Perspektive ändert sich. Beim Blick aus dem Fenster ist die Erde zwar eindrucksvoll, doch ist es so, als befinde man sich in einem Eisenbahnzug. Man kann ja mit dem Kopf nicht um die flache Glasscheibe herum blicken. Draußen jedoch fühlt man sich wie an vorderster Front einer Lokomotive, die auf Gleisen vorwärts rast![17]

Ed Gibson, der drei Weltraumspaziergänge unternahm, bestätigte diese Erfahrung: «Das ist tatsächlich das große ‹Draußen›. Man fühlt sich, als sei man selbst ein Satellit. Man begreift, hier ist man selbst und dort das Universum.»[18]

Gerald Carr befand sich etwa fünfzehn Stunden während einer EVA außerhalb seines Raumschiffs. Er berichtet ebenfalls, wie er die Erde vor dem Hintergrund des ganzen Universums gesehen habe. «Ich stieß mich rückwärts ab und blickte ohne jeden lokalen Bezugsrahmen auf die Erde. Es war ein wunderbares Erlebnis. Ich sah auch den Kometen Kohoutek und bekam ein Gefühl für die Unendlichkeit des Universums. Es gibt Milliarden von Sternen, viele, die man von der Erde aus gar nicht sehen kann.»[19]

Gibson beschrieb eine heitere Gelassenheit gegenüber dem Leben:

Man erkennt, wie winzig das eigene Leben und die eigenen Belange im Vergleich zu anderen Dingen im Universum sind. Das eigene Leben und die eigenen Belange sind wichtig *für dich*, natürlich. Doch kann man sehen, daß vieles, worüber man sich Sorgen macht, in einem umfassenden Sinne ohne Bedeutung ist. Das führt dazu, daß man das Leben genießt, wie man es vor sich hat. Man rackert sich nicht mehr so ab, um den nächsten Meilenstein zu erreichen ... Dadurch erlangt man inneren Frieden.[20]

Der Sinn der Erfahrungen

Rückblickend erscheint der Wettlauf zum Mond, der seinerzeit so viel Aufmerksamkeit erregte, erheblich weniger bedeutungsvoll als die Erlebnisse der Mondfahrer und jener, die an weniger dramatischen Programmen beteiligt waren, etwa bei Skylab und Saljut. Vielleicht ist das wichtigste daran, daß der potentielle Geltungsbereich der im Weltraum gesammelten Erfahrungen über das hinausreicht, was man sich ursprünglich vorgestellt hatte. Einige erhielten dadurch gewiß Overview Gefühle, für andere jedoch war das Ergebnis subtiler und mächtiger.

So erkennen wir beispielsweise in den Kommentaren der Astronauten die Umrisse der Kopernikanischen Perspektive vom Platz der Erde im Sonnensystem, sowie die universale Erkenntnis von der Rolle des Sonnensystems im gesamten Universum. Viele von ihnen haben sich nach der Rückkehr zur Erde nicht nur bemüht, diese Botschaft weiterzutragen, sondern sich auch Tätigkeiten gewidmet, die das menschliche Bewußtsein und das gesellschaftliche Gewahrsein verändern sollen.

Ohne das Raumprogramm würden die Association of Space Explorers und das Institute of Noetic Sciences nicht existieren. Die Planung der NASA hatte diese typischen Nebenprodukte der Raumfahrt kaum vorgesehen.

Einige Astronauten haben anscheinend keine Veränderung ihres Lebens erfahren oder es vorgezogen, nicht davon zu berichten. Doch haben der Shuttle-Astronaut Charles Walker und der Mond-Astronaut Edgar Mitchell darauf hingewiesen, daß es Monate oder gar

Jahre dauern könne, bis jeder sein Erlebnis des Weltraums verarbeitet und interpretiert haben wird. Stillschweigen muß daher nicht bedeuten, daß das Gewahrsein des Raumfahrers sich nicht verändert habe oder in Zukunft nicht verändern werde.

Wir haben fast fünfundzwanzig Jahre gebraucht, um ein erstes Verständnis für die Auswirkungen der Raumfahrt auf das menschliche Bewußtsein und die Gesellschaft zu entwickeln, und es gibt noch sehr viel, was wir nicht wissen. Vielleicht werden wir niemals alle Auswirkungen kennen, weil einige der subtileren Einflüsse sich gar nicht aufspüren lassen. Doch ist auch die kleinste neue Information wertvoll, weil sie dazu beiträgt, die menschliche Evolution durch die Weltraumforschung zu formen und dadurch neue und leistungsfähigere Zivilisationen zu entwickeln.

6 Der Raumtransporter konsolidiert den Effekt

Die Grenzen, derentwegen wir Kriege führen, kann man nicht sehen. Die Bewohner der Erde sind auf sehr reale Weise an einen sehr schönen und lieblichen kleinen Planeten innerhalb eines unglaublich feindseligen Weltraums gebunden, und wir alle sitzen in einem Boot.

Don L. Lind,
ehem. Shuttle-Astronaut

Eine Zeit des Übergangs

Nach der letzten Apollo-Mission zum Mond im Jahr 1972 und den Skylab-Missionen des Jahres 1973 trat das amerikanische Raumfahrtprogramm in eine ruhige Phase ein. Mit Ausnahme des gemeinsamen Apollo-Sojus-Fluges 1975 verließ kein bemanntes amerikanisches Raumschiff mehr die Erde zwischen Ende 1973 und April 1981, als der erste Raumtransporter (space shuttle) am Jahrestag des Fluges von Juri Gagarin gestartet wurde.

Rückblickend auf diese Periode beklagen Aktivisten der Raumfahrt die ungenutzten Chancen, von Brückenköpfen auf dem Mond und der niederen Erdumlaufbahn aus weiter ins Weltall vorzustoßen. Die Vereinigten Staaten haben damals wirklich eine Chance verpaßt. Jedoch war durchaus verständlich und sogar vorhersagbar, was damals geschah. Gene Cernan hatte bereits darauf hingewiesen: Apollo war nicht so sehr ein Triumph der Technologie als vielmehr des Geistes jener, die es wagten, die Zukunft herauszufordern, die uns, vielleicht vorzeitig, geholfen hat, auf den Mond zu gelangen. Für die Vereinigten Staaten war das Mondprogramm ein Teil der Vision von der *New Frontier*, der neuen großen Herausforderung, zu der auch der Kampf gegen die Armut, ein Friedenskorps im Dienste der Dritten Welt, die Verteidigung der Demokratie auf unserem ganzen Planeten und die Beseitigung rassischer Vorurteile im eigenen Lande gehörten.

Es war eine ehrgeizige Vision. Ihr Architekt, Präsident John F. Kennedy, wurde jedoch Ende 1963 ermordet. Und als Apollo 8 Ende des Jahres 1968 die ersten Menschen zum Mond brachte, befand sich die ganze Nation noch in einem Zustand der Verwirrung. Martin Luther King, Symbol gewaltloser Bemühungen um die Gleichberechtigung der Rassen, war ebenso umgebracht worden wie Robert Kennedy, der die Vision seines Bruders zu verwirklichen plante.

Die Gemeinschaft der Raumfahrer bemühte sich sehr, auf den Erfolgen von Apollo und Skylab weiterzubauen. Ein spezielles Arbeitsteam erstellte einen Bericht, der der jüngsten Publikation der Nationalen Raumfahrt-Kommission sehr ähnlich war. Er antizipierte einen Raumtransporter, eine Raumstation, eine Basis auf dem Mond und die Erforschung des Mars. Doch lenkten die vielen Probleme der Nixon-Administration in den frühen siebziger Jahren die Aufmerksamkeit vom Raumfahrtprogramm ab.[1]

Mit Apollo hatte die Nation über sich hinaus gegriffen. Wie Don Lind sagte, bildete der Erfolg des alten Raumfahrtprogramms ein Gegengewicht zum vorherrschenden Pessimismus Ende der sechziger und zu Beginn der siebziger Jahre, als die Amerikaner nicht viel von sich selbst hielten und nur der Stolz auf das Raumfahrtprogramm ihrer Selbstachtung einigen Auftrieb gab.

Die Vereinigten Staaten konnten einfach nicht allen Ansprüchen gegenüber ihren politischen, sozialen und wirtschaftlichen Untersystemen entsprechen, um weiter dem Weg des Wandels zu folgen, den das Apollo-Programm vorgezeichnet hatte. Als Ziel war die Mondlandung Teil einer großen Vision. Als Ziel an sich hatte sie jedoch nie einen Sinn. Daher pendelte das Programm zwischen 1972 und 1981, als der Start der Raumfähre Columbia den nächsten Sprung nach vorn repräsentierte, wieder in einen Zustand des Gleichgewichts zurück.

Während jener Zeit rückte das Konzept in den Hintergrund, den

Raumtransporter als Teil eines kompletten Raumtransport-Systems zu sehen. Statt dessen wurde der Shuttle nach und nach als Ziel an sich betrachtet. In den siebziger Jahren gab man die Idee eines umfassenden Shuttle-Systems auf. Die Finanzierung des Raumgleiters wurde erheblich niedriger angesetzt, als die NASA es forderte, und die Flugpläne des Raumtransporters mußten mit anderen Prioritäten konkurrieren.

Das dem Raumgleiter gesetzte Ziel – der Erwerb von Routine und ein ökonomischerer Zugang zum Weltraum – war innerhalb des Kontextes der umfassenderen Vision eines weiteren Schrittes zur menschlichen Evolution durchaus richtig. Die zu geringe Finanzierung des Projekts erforderte jedoch Kompromisse beim Design, die dieses Ziel unerreichbar machten. Die Explosion des Challenger rückte dann das Ziel in noch weitere Ferne und warf die Frage auf, ob der Raumgleiter überhaupt das optimale Gefährt sei. Als Vehikel zur Konsolidierung und Verstärkung der Wirkungen des Overview Effekts war er jedoch ein hervorragendes System.

Der Wert des Raumtransporters

Ganz gleich, wie der Raumtransporter künftig Verwendung finden wird – fest steht, daß seine Flüge uns eine Fülle neuer Erkenntnisse über das Raumfahrterlebnis gebracht haben. Der Shuttle ist für diese Art der Forschung ein gutes Vehikel, weil es viele verschiedene Menschen für eine angemessene Zeit und in entspannter Atmosphäre in eine Erdumlaufbahn transportiert.

Eines Tages wird der Flug ins All reine Routine sein; doch dürfte die menschliche Erfahrung dabei noch für längere Zeit außergewöhnlich bleiben. Der ehemalige Shuttle-Astronaut Joseph P. Allen, heute Manager in einem Unternehmen für Raumfahrtentwicklung in Houston, hat ausführlich seine Erlebnisse beschrieben.

> «Jedes Mitglied der Crew wird immer wieder das besorgte und endlose Warten vor dem Start erleben, den betäubenden Augenblick des Zündens der Antriebsraketen, die Erregung der Beschleunigung und die stille Überraschung des tiefschwarzen Welt-

raums. Man wird stets von neuem das großartige Erlebnis haben, die Erde aus dem Orbit zu sehen, und das Wunder verspüren, ihren Fesseln entronnen zu sein.»[2]

Nach seiner erfolgreichen Bergung eines von seiner Bahn abgekommenen Satelliten wurde Allen im Fernsehprogramm «Good Morning America» interviewt und dabei gefragt, ob die Astronauten in Euphorie geraten, wenn sie einen Auftrag außerhalb des Raumschiffs ausführen. Wer in dieser Situation nicht euphorisch werde, der achte überhaupt nicht auf das, was er sieht, antwortete Allen.[3]

Charles Walker berichtete, der Shuttle-Astronaut Gordon Fullerton sei von der Betrachtung der Erde genauso fasziniert gewesen wie die Besatzung von Skylab 4. Fullerton sagte, er hätte die ganzen acht Tage seiner Mission damit verbringen können, aus dem Fenster zu blicken.[4]

Der Overview Effekt hat seine Wirkung auf viele Shuttle-Astronauten ausgeübt. Prinz Sultan Bin Salman al-Saud von Saudi-Arabien flog während der Krise um die Geiselnahme des TWA Fluges 847 mit der achtzehnten Shuttle-Mission. In einem Kommentar direkt aus dem Weltraum äußerte er: «Von hier aus gesehen erscheinen alle Schwierigkeiten in der Welt, nicht nur die im Mittleren Osten, recht eigenartig, da man sieht, daß die Grenzen verschwinden.»[5]

Charles Walker und andere haben eindeutige Beispiele für den Overview Effekt gegeben, sowie über andere Veränderungen im eigenen Gewahrwerden, beispielsweise universale Erkenntnis, berichtet. Er bezeichnete das Erleben der Welt als herausgehobene Entität als eine Art Erleuchtung und wollte mehr über Größe und Großartigkeit des Universums in Erfahrung bringen.

Wie ihre Vorgänger zitieren auch die Männer des Shuttle den Unterschied zwischen dem vorherigen intellektuellen Wissen, wie die Erde vom Weltraum aus aussehen werde, und der unmittelbaren Erfahrung. Joseph P. Allen bemerkt außerdem, schon bei Reisen auf der Erdoberfläche lerne man mehr über die eigene Heimat. Während eines Aufenthalts im Ausland erfährt der Amerikaner durch Vergleiche eine Menge über die Vereinigten Staaten. Die Reise in den Weltraum biete ähnliche Möglichkeiten.

Charles Walker sah einen Zusammenhang mit seiner früheren

Arbeit, als er als Astronaut sein besonderes Interesse für Ökologie entdeckte. «Für mich hat der Raumflug meine früheren Wahrnehmungen und Erfahrungen erweitert. Vor fünfzehn Jahren beschäftigte ich mich in meiner Heimatgemeinde mit Umweltaktivitäten. Außerdem war ich aktiver Teilnehmer am ersten TAG DER ERDE.»[6]

Ich finde diese Bemerkung faszinierend, weil sie die Vergangenheit mit der Zukunft verbindet. Das Symbol für den «Tag der Erde» war das Bild der ganzen Erde, gesehen aus einem Apollo-Raumschiff. Viele Jahre später sagte ein Nutzlastspezialist, dieses Bild habe sein Leben beeinflußt. Es sei so, als winke der Weltraum den Menschen zu, um ihnen anzudeuten, welche Möglichkeiten er bietet.

Heute gibt es eine Behörde für Umweltschutz (Environmental Protection Agency), und viele umweltorientierte Anliegen und Organisationen verwenden weiterhin das Bild der Erde als ihr Symbol. Einige behaupten sogar, ohne Apollo hätte es die Ökologiebewegung nicht gegeben. Joe Allen meint, vor Veröffentlichung der Bilder aus dem Orbit hätte man der Behörde für Umweltschutz wahrscheinlich keinen Penny bewilligt.

Die Weltraumforschung schafft kontinuierlich Grundlagen, die größeren Teilen der Bevölkerung ein neues Verständnis ihrer selbst sowie des Universums, in dem sie lebt, vermitteln. Sie werden dann zu einem Teil des evolutionären Prozesses, der die Menschheit ins Universum einbindet.

Die Erwartungen wandeln sich

Als Alan Shepard in den Weltraum flog, konnte er auf den «erstaunlichen Anblick» nicht vorbereitet sein. Heute ist das Erlebnis immer noch atemberaubend, doch werden die Raumfahrer inzwischen geistig besser darauf vorbereitet. In der gegenwärtigen Phase der Raumfahrt erkennt man veränderte Erwartungen der Raumfahrer. Zwar ist der Aufenthalt im Weltraum für sie immer noch etwas Außergewöhnliches, jedoch laut Jo Allen nicht «anormal».

Loren Acton berichtet, beim Raumflug habe er sein tatsächliches Erleben «und die sich selbst erfüllenden Prophezeiungen nicht auseinanderhalten können ... Es war genau der Eindruck, den ich erwartet hatte, und es hat mich wirklich tief beeindruckt. Ob es mich auch verändert hat? Ich meine ja, weil diese recht prosaischen Erkenntnisse genau dem entsprachen, was andere Leute hören wollten. Und ich war vernünftig genug einzusehen, daß dies der Fall sein würde.»[7]

Als aktives Mitglied der Vereinigung der Raumfahrer beschloß Acton, die ihm durch seine Reise ins All zugefallene stärkere Glaubwürdigkeit zu nutzen, die Lebensqualität auf der Erde zu verbessern. «Ich hatte mich darauf eingestellt, zur Erde zurückzukehren und Dinge auszusprechen, die aus meiner Sicht konstruktiv waren. Ich würde gern etwas zum Heil der Welt tun. Sie ist meines Erachtens ein recht angenehmer Ort, doch befinden wir uns auf gefährlichem Kurs. Wir müssen uns positiv entwickeln und wandeln und die Probleme auf andere Weise lösen, als wir es bisher gewohnt waren.»[8]

Für Acton besteht ein unmittelbarer Zusammenhang zwischen Weltraumfahrt und menschlicher Evolution. Er würde gerne seine Erlebnisse dazu nutzen, die gesellschaftliche Evolution auf den Weg stärkerer Kooperation zu führen.

Der Raumtransporter hat auch die Möglichkeit einer engeren Verbindung zwischen Weltraumforschung und gesellschaftlichem Wandel geschaffen, war er doch das Vehikel, das die ersten aktiven Politiker in den Weltraum beförderte.

Eine politische Gesamtschau

Angesichts der Auswirkungen der Politik auf unser Leben war es vielleicht ein bedeutsamer Beitrag des Shuttle, daß er einen Senator und einen Kongreßabgeordneten in den Orbit beförderte, also Leute mit unmittelbarem Einfluß auf die künftige Entwicklung der amerikanischen Gesellschaft.

Der republikanische Senator Edwin Garn aus dem Bundesstaat Utah erlebte im Orbit die Einheit unseres Planeten. «Ganz gewiß gelangt man zu der Einsicht, daß es da unten keine Grenzen gibt. Man sieht nur *eine* Welt und erkennt beim Anblick von zehn Milliarden Sternen in der Milchstraße, unter denen unsere Sonne ein ziemlich kleiner ist, wie unbedeutend der Planet Erde ist.»[9]

Garn erwähnt auch, wie sehr ihn die Erkenntnis der Unvollkommenheit der gesellschaftlichen Systeme auf unserem Planeten betrübe, und fragt nach der Ursache der Ungleichheiten und Feindschaften zwischen den Menschen auf der Erde. Aus dem Orbit betrachtet, sei es nicht die Schuld der Menschen, sondern das Versagen der Regierungen, das Streben einzelner Politiker nach Macht und Herrschaft, das zu den Katastrophen führte. Auf die Frage nach den langfristigen Auswirkungen der Raumfahrt auf die Evolution der Gesellschaft antwortete Garn: «Schnelle Veränderungen erwarte ich nicht. Doch zweifle ich nicht daran, daß man besser begreifen wird, wovon ich spreche, wenn mehr Menschen ins All fliegen.»[10]

Der demokratische Kongreßabgeordnete Bill Nelson flog in einem Shuttle im Januar 1986. Er berichtet, wie der Anblick des Mittleren Ostens aus dem Orbit seine Hoffnung für die Menschheit symbolisiert habe: «Die Ironie dieses Anblicks machte mich betroffen. In meinem Fenster war alles so freundlich und zusammenhängend, während die Wirklichkeit 220 Meilen unter mir alles andere als das war.»[11]

Nelson meint, der Weltraum biete der Menschheit eine unerhörte Chance, und der Blick aus dem Orbit sei heilsam. Der Weltraum sei eine einzigartige Umwelt, in der auch Gegner zusammenarbeiten können.

Der Weltraum ist zu einem Symbol für die Menschheit geworden, die sich Gedanken über ihr künftiges Geschick macht: Krieg oder Frieden, Kooperation oder Rivalität, Liebe oder Haß. Der umfassende Blick von oben besagt im Grunde alles: Wir sind eins; wir leben hier zusammen; Krieg und Streit bringen keine Lösung. Nach seiner Rückkehr zur Erde hat der Astronaut viele Möglichkeiten, seine Botschaft zu vermitteln, und jeder nutzt seine Erfahrung entsprechend den persönlichen Interessen und seinem Platz in der Gesellschaft.

Die Menschen, die im Weltraum gewesen sind, genießen wegen ihrer besonderen kulturellen Rolle einen Grad von Glaubwürdigkeit, den andere nicht vorweisen können. Loren Acton hat mit seiner Ansicht recht, daß der Einfluß der Astronauten, Kosmonauten und sonstigen Weltraumfahrer auf ihre Mitmenschen vielleicht der wichtigste Aspekt der jüngsten Missionen sei.

Ganz gleich, welchen Nutzen das Shuttle-Programm für die Gesellschaft haben mag – es konsolidiert die Wirkung des Overview Effekts und fördert dessen Verbreitung unter der Erdbevölkerung. Der Endeffekt könnte bedeutend sein. Nelson regt ein Gipfeltreffen der Supermächte im Weltraum im nächsten Jahrhundert an. «Das würde positive Auswirkungen auf ihre Entscheidungen über Krieg und Frieden haben.»[12]

7 Individuelle und kulturelle Variationen

> Mir fielen Gagarins Worte ein: «Wir alle sind Tester; jeder tut etwas zum ersten Mal. Ein neues Fahrzeug, neue Ausrüstung, neue Instrumente, ein neues Forschungsprogramm... Jeder macht seinen eigenen ‹Test›; jeder tut etwas zum ersten Mal.»
>
> UdSSR-Kosmonaut Gherman Titow

Individuelle Variationen

Es gibt ebenso viele Raumflugerlebnisse wie Erlebende und in ähnlicher Weise ebenso viele Overview Effekte wie Personen, die in eine Erdumlaufbahn oder auf den Mond geflogen sind. Bis zu einem gewissen Grade «schaffen wir alle unsere eigene Wirklichkeit», ob auf der Erde oder im Weltraum. Deshalb gibt es im Erleben der Wirklichkeit unvermeidliche Variationen, wo immer wir uns befinden. Was einige Menschen tief bewegt, mag anderen bedeutungslos erscheinen. Ein wundervoller Abend für eine bestimmte Person kann für eine andere entsetzlich langweilig sein.

Niemand kann ganz ohne Filter in den Weltraum gehen. Die Frage ist nur, wie empfänglich für Eindrücke der jeweilige Astronaut ist und welche vorgefaßten Meinungen mit dem tatsächlichen Erleben zusammenwirken, um neue Ideen zu erzeugen. Edgar Mitchell sagt: «Für einige von uns war es eine besonders eindrucksvolle Erfahrung, weil wir für alles offen waren, ohne vorab zu urteilen, was es wohl bringen werde.»[1]

Während der Mercury Ära bereitete Scott Carpenter sich auf ein außergewöhnliches Erlebnis vor, und er hatte auch eines. Im Gegensatz zu ihm war Walter Schirra fest entschlossen, sich ganz auf die unmittelbare Aufgabe zu konzentrieren. Er bezog seine Befriedigung einfach daraus, daß er gute Arbeit leistete.

Mitchell, der während des Rückflugs vom Mond ein «Gipfelerlebnis» hatte, war «stets der Philosophie und fundamentalen kosmologischen und theologischen Fragen zugeneigt»[2]. Vieles spricht dafür, daß er vorher Grundlagen geschaffen hatte, während dieser Reise einen bedeutsamen Durchbruch zu erleben, und das geschah ihm dann auch.

Alan Bean verweist darauf, daß der Astronaut im Weltraum sich gedanklich selten mit philosophischen Fragen befaßt; doch ist es klar, daß Beans Malereien eine starke persönliche Äußerung über die Weltraumforschung darstellen sowie über sein besonderes Bemühen, sein Erleben anderen zu vermitteln.

Die Ausdrucksformen des Erlebens sind unterschiedlich, weshalb auch die Weitergabe der Botschaft stark variiert. Die Astronauten und Kosmonauten fügen dem Kern und den Aura-Elementen des Raumflugerlebnisses individuelle und kulturelle Variationen hinzu, während die Gesellschaft als Ganzes noch zusätzliche Elemente liefert. Daraus ergibt sich eine Multiplizierung der Zahl der Raumflugerlebnisse innerhalb der menschlichen Kultur und ein Ansteigen der Wahrscheinlichkeit, daß der Overview Effekt auch weitergegeben wird. Der Multiplikator-Effekt bedeutet, daß das Entsenden einer begrenzten Zahl von Menschen in den Weltraum eine breitangelegte gesellschaftliche Transformation bewirken kann. Die Erlebnisse einiger weniger werden zu neuen Informationen für die Vielen und dienen als Treibstoff für die gesellschaftliche Evolution.

Der spezifische gesellschaftliche Kontext jedes Fluges und auch der Weltraum als gegebene Umwelt sind entscheidend für die Wahrnehmung der Missionen durch die Astronauten wie durch die Öffentlichkeit. Als Charles Lindbergh allein über den Atlantik flog, inspirierte das die Welt, weil hier ein einzelner Mensch den gefährlichen Sprung ins Unbekannte wagte. Gene Cernan sagte, die Leute konnten Lindberghs große Leistung für sich vereinnahmen, weil sie in seiner Aktion den Triumph des menschlichen Geistes erkannten.

Heute denken sich Tausende nichts dabei, über den Atlantik oder den Pazifik zu fliegen, weil das zur Routine geworden ist. Beim Flug über die Erde achten sie kaum noch auf einen Anblick, den viele Generationen der Vergangenheit verzweifelt gerne gehabt hätten. In einzelnen Fällen erleben sie eine Version des Overview Effekts, was dann auch Wirkung auf sie hat.

Als die Shuttleflüge zur «Routine» erklärt wurden, verfielen die Öffentlichkeit und die Medien in gelangweilte Akzeptanz jedes einzelnen Starts. In Wahrheit waren die meisten dieser Flüge von Routine weit entfernt. Die Rogers Commission, die das Challenger-Unglück untersuchte, offenbarte Probleme auch bei vielen vorangegangenen Flügen, von denen einige sehr nahe daran waren, das Leben der Besatzungen zu gefährden.

Hätten die Flüge als gefährlich gegolten, dann hätte man einige der aufgetretenen Probleme anders gewertet, etwa den Ausfall von Triebwerken auf der Abschußrampe, «Fehlstarts» und geplatzte Reifen auf der Landebahn. Tatsächlich hat es seit Gagarins erster Erdumrundung bei jedem Flug Gefahrensituationen gegeben, doch entscheidet die jeweilige Kultur, wie man zu verschiedenen Zeiten unterschiedlich damit umgeht.

In den USA hängt der Grad des öffentlichen Interesses an Amerikas Weltraummissionen davon ab, ob der jeweilige Flug eine «Premiere» darstellt, was stets ein Element von Ungewißheit und Gefahr enthält. Obgleich die Shuttle-Missionen schließlich als normal eingestuft wurden, rief der allererste Flug doch allgemeine Aufregung hervor, weil niemand wußte, ob das neue System funktionieren würde.

Apollo 13 war die dritte Mission zum Mond und fand dennoch weltweites Interesse, weil eine Explosion im Raumschiff die Besatzung zwang, am Mond «vorbeizufliegen» und zur Erde zurückzukehren. Vom Augenblick der Explosion bis zur Landung auf dem Wasser befanden sich die Astronauten in wirklicher Gefahr. Apollo 13 war also ein aufregendes Ereignis, weil amerikanische Astronauten zum ersten Mal mit einem Versagen dieser Größenordnung fertig werden mußten.

Leider konkurrierte die Challenger-Katastrophe hinsichtlich der Aufmerksamkeit, die sie erregte, mit der ersten Mondlandung, weil mit ihr eine ganze Reihe von Premieren verbunden war. Was als Jungfernflug des Space Participant Programm gedacht war, wurde nun zur ersten Erfahrung mit Menschenverlusten bei einem Flug. Wegen der Challenger-Katastrophe dürfte der nächste Shuttleflug mit besonderem Interesse beobachtet werden. Wieder einmal hat das Unbekannte Einlaß ins amerikanische Raumfahrtprogramm gefunden, und das Unbekannte, nicht die Routine, ist für die Menschen das Verlockende an der Raumfahrt.

Premierenflüge sind auch für die Astronauten die ungewöhnlichsten. Erst nach dieser Initiation verschiebt sich dann die Perspektive. Charles Walker sagt, man gewöhne sich zunehmend an die Bedingungen des Raums. «Jeder einzelne paßt sich von Flug zu Flug besser an. Jedesmal fühlt man sich angenehmer, weiß man auch besser, was einen psychologisch erwartet. Man paßt sich leichter der Umwelt an und ist von den Perspektiven und Anblicken weniger verblüfft.»[3]

Kulturelle Variationen

Amerikaner neigen zu dem Gedanken, «das Raumprogramm» sei gleichbedeutend mit dem «amerikanischen» Raumfahrtprogramm. Doch ist diese Betrachtungsweise längst nicht mehr die richtige. Das amerikanische Volk reagiert auf Entdeckermetaphern, und die Erforschung des Weltalls wird oft verglichen mit der Gründung des Staates und der Besiedlung des amerikanischen Westens. Das ist verständlich, weil die Vereinigten Staaten keine physische Grenze mehr haben, so daß das Raumfahrtprogramm einem echten kulturellen Bedürfnis dient. Andere Länder sehen diese Unternehmen ganz anders; jedes betreibt Weltraumforschung auf seine eigene Weise und betrachtet sie durch die eigenen kulturellen Filter.

So planen beispielsweise die Kanadier nicht, eigene Startkapazitäten zu entwickeln. Statt dessen sind sie dabei, sich eine Marktnische zu schaffen, indem sie eine Crew von Nutzlastspezialisten für den Flug im Raumgleiter ausbilden und sich auf Technologien wie beispielsweise den Roboterarm des Shuttle konzentrieren.

Die europäischen Nationen sind recht aktiv in die Raumfahrt eingestiegen. Zusätzlich zu ihren nationalen Programmen schufen sie die Europäische Raumfahrt-Behörde ESA (European Space Agency). Diese entwickelte mit der Rakete Ariane eine Transportkapazität für unbemannte Raumflüge und hat den Auftrag, eine unabhängige europäische Präsenz im Weltraum zu schaffen. Auch Japan hat um seine eigene Flotte von Raketen ein aktives Raumfahrtprogramm aufgebaut. Die Japaner wollen sich ebenso wie die ESA an der ständigen amerikanischen Raumstation beteiligen, und Deutsche sind bereits bei Shuttle-Missionen mitgeflogen.

Die Volksrepublik China repräsentiert eine faszinierende kulturelle Variante. Chinas abrupte Beendigung seines aktiven Handels- und Entdeckerprogramms im 15. Jahrhundert und seine darauf folgende gesellschaftliche Stagnation werden oft als Beispiel dafür zitiert, wie es einer Nation ergeht, die jegliche Forschung einstellt.

Die Volksrepublik hat angekündigt, ihre Auswahl eines Astronautenteams und das Entsenden eines Menschen in den Weltraum sei «nicht mehr fern». In der Ankündigung dieser Pläne heißt es, «China wird den ersten Menschen vielleicht früher ins All entsenden, als viele ausländische Beobachter das für möglich halten»[4].

China verfügt mit seinem unbemannten Raumfahrzeug «Langer Marsch» auch über Satelliten-Startkapazitäten und hat seine Dienste den durch die Shuttle-Situation gelähmten amerikanischen Unternehmen angeboten.[5]

Das im vorrevolutionären Rußland wurzelnde sowjetische Programm ist vielleicht das interessanteste von allen. Es ist eine Synthese zwischen der Mystik von Nikolai Fjodorow, dem Erfindungsreichtum von Konstantin Ziolkowski und der revolutionären Ideologie von Karl Marx, alles das gekoppelt mit dem praktischen politischen Verstand Lenins und seiner Nachfolger.

Fjodorow war um die Mitte des 19. Jahrhunderts Leiter der Moskauer Bibliothek. Er übte großen Einfluß auf russische Intellektuelle und Erneuerer aus, einschließlich Ziolkowski, und entwarf ein breites Bild von der Aufgabe des Menschen im Weltraum, das dem später in diesem Buch vorgetragenen «großen Zweck» ähnelt. Ziolkowski baute auf diesem Fundament auf und nahm dabei viele der praktischen Probleme vorweg, die beim Bau von Raketen und Raumstationen zu überwinden sind.

Der Marxismus fügte diesen Visionen ein Geschichtsbild hinzu, das sich als These/Antithese/Synthese entfaltet, wobei er sich selbst als dialektischer Materialismus manifestiert, der in einer Weltrevolution kulminiert. Der Kommunismus ist eine expansionistische Ideologie, und es ist ganz natürlich, daß diese Expansion auch ins Weltall reicht.

In seiner Anfangszeit (1957–1969) funktionierte das sowjetische Raumfahrtprogramm als mächtige Propagandawaffe in Rivalität mit den Vereinigten Staaten, vor allem im Ringen um die Aufmerksamkeit und Loyalität der Dritten Welt. Alle Weltraumpremieren waren kraftvolle Botschaften, daß das sowjetische System tatsächlich überlegen sein könnte, und katapultierten die USA aus ihrem stillen Glauben an die eigene Vorherrschaft in ein hochgradiges Konkurrenzfieber.

Zwischen 1969 und 1985 starteten (oder versuchten es) die Sowjets zahlreiche Raumflüge, um Saljut-Raumstationen zu bauen, zu erweitern oder zu reparieren. Sie flogen nie zum Mond und entwickelten auch keinen Raumtransporter, sind jedoch den Vereinigten Staaten auf dem Gebiet langdauernder Weltraummissionen weit voraus; die Sowjets sind die führenden Experten für praktisches Leben im Weltraum.[6]

Dementsprechend wirkten sich die späteren Raumflüge anders auf das Bewußtsein der sowjetischen Kosmonauten aus. In ihren detaillierten Berichten über die Nutzung der Zeit während der Saljut-Missionen trifft man auf nachdenkliche Überlegungen, ausgelöst durch den Anblick der Erde vom Weltraum aus. Sie sind oft verbunden mit aktuellen Gedanken über das Auskommen mit den Kameraden der Crew, über die Erledigung der praktischen Aufgaben, die Sehnsucht nach den Familien und die Bekämpfung der Langeweile.[7]

Dennoch gibt es zwischen Astronauten und Kosmonauten viele Gemeinsamkeiten, was sicher angesichts der erwähnten großen Unterschiede besonders bemerkenswert ist. Ihren konkretesten Ausdruck findet diese Gemeinsamkeit wohl in der Gründung der Association of Space Explorers, eines internationalen Raumfahrerverbandes, und in dessen Zielen. Eine Presseverlautbarung anläßlich des Ersten Planetarischen Kongresses im Herbst 1985 definiert diese so:

Die Astronauten und Kosmonauten wünschten diese Begegnung aufgrund der gemeinsamen Vision, die aus ihrem Erleben im Weltraum entstand und sie auf eine Weise vereint, die alle kulturellen Unterschiede verblassen läßt . . . Alle Teilnehmer waren sich darin einig, daß sie wegen ihrer Flüge ganz wesentlich von einem gesteigerten Gewahrsein für die Größe des schöpferischen Potentials auf unserer Erde durchdrungen waren, deren Beschaffenheit andererseits winzig und zerbrechlich erscheint.[8]

Unterschiedliche Reaktionen auf das Raumfahrterlebnis sind durchaus real, haben jedoch ein gemeinsames Thema, wozu auch gehört, daß die Mission der Menschheit auf eine höhere Ebene des Verständnisses gehoben wird. Die vielfältigen Formen der Weitergabe dieser vereinenden Vision bereichern die Botschaft und gestalten sie letzten Endes kraftvoller.

Tabelle 7.1: Das Programm der bemannten Raumfahrt (1961–Mitte 1985)

Gesamtzahl der Missionen	105
Menschen im Weltraum	165
Nationen, deren Bürger flogen	15
Mondlandungen	6
Tage im Weltraum	2069
Raum-Jahre	5.74

Quelle: Tim Furniss, *Space Flight: The Records* (Enfield 1985).

8 Der technologische Overview

> Ich glaube, in naher Zukunft werden die technologischen Auswirkungen wahrscheinlich bedeutsamer sein als die philosophischen. Meines Erachtens ist die Wirkung weltweiter Kommunikationen bereits gewaltig.
>
> Shuttle-Astronaut
> Jeffrey A. Hoffman

Auf dem Wege zu permanenten Raumflügen

Marshall McLuhan schrieb, das Medium sei die Botschaft, und unsere Technologien seien Verlängerungen unserer selbst. Damit wollte er sagen, die Struktur der Kommunikationsmedien sei an sich schon eine Botschaft an die Gesellschaft, und die Technologien erweiterten unsere organischen Sinneskapazitäten. Im Weltraum entstehen permanente Analogien zur menschlichen Erfahrung, die unsere Sinnesorgane bis zum Sonnensystem und darüber hinaus verlängern. Diese Technologien besagen auch, daß künftig kompliziertere Overviews ständig verfügbar sein werden.

Wie die «bemannte» Weltraumforschung umfaßt auch die «unbemannte» ein Spektrum möglicher Erfahrungen mit entsprechenden Wirkungen auf das menschliche Bewußtsein und die gesellschaftliche Evolution.

Um die Vielfalt der Erfahrungen und Nutzanwendungen unbemannter Systeme begreiflicher zu machen, können wir diese Flüge ebenso einstufen wie die bemannten: 1. Flüge, die einen Blick auf die Erde gestatten; 2. Flüge zur Erkundung des Sonnensystems; 3. Flüge, die uns einen Ausblick ins Universum ermöglichen.

Im allgemeinen verstärken Raumflüge, die einen Blick auf die Erde oder eine Kommunikation von einem Punkt der Erde zu jedem beliebigen anderen gestatten, den Overview Effekt. Hierzu gehören Satelliten in einer niedrigen Erdumlaufbahn oder im geosynchronen Orbit.

Raumflüge, die unser Verständnis für das Sonnensystem und unseren Platz darin vergrößern, entsprechen der Kopernikanischen Perspektive. In diesen Bereich gehören Raumsonden, die andere Planeten oder Satelliten umkreisen, Sonden, die an anderen Planeten oder Satelliten «vorbeifliegen», und solche, die auf anderen Planeten oder Satelliten landen.

Bei Raumflügen, die uns zu einem besseren Verständnis des ganzen Universums und damit zu universaler Erkenntnis verhelfen, werden hauptsächlich Teleskope und Monitoren, deren «Augen und Ohren» nach draußen gerichtet sind, in eine Erdumlaufbahn geschossen.

Unbemannte Flüge und der Overview Effekt

Satelliten in einer Erdumlaufbahn bilden eine technologische Parallele zum Overview Effekt, wie er von Astronauten im Orbit erlebt wird, wobei der Satellit ihm eine kontinuierliche Grundlage gibt. Das Erlebnis des Overview ist für den Astronauten eine überwältigende emotionale Erfahrung. Ihn auf Erden bei Betrachtung eines Bildes oder Films zu erleben, ist weniger dramatisch, aber immer noch analog. Sehen Astronauten die Erde aus dem Weltraum, dann begreifen sie deren natürliche Einheit. Satelliten verkörpern die Botschaft, daß der Planet auch zu einer *gesellschaftlichen* Einheit wird.

Ebenso wie der Overview Effekt in eine Vielfalt von Einzelerfahrungen aufgegliedert werden kann, lassen sich Satelliten in der Erdumlaufbahn nach ihren Funktionen einteilen, wodurch die Vielfalt der von unbemannten Flügen gelieferten Erfahrungen deutlicher wird. Satelliten in einer Erdumlaufbahn können für viele Zwecke eingesetzt werden, darunter Wettervorhersagen, Aufspüren von Rohstoffen, Fernmeldeverbindungen, Navigation und militärische Spionage.

Wettervorhersagen

Wettervorhersagen sind ein bekanntes Beispiel dafür, wie der Overview Effekt zu einer Dauereinrichtung werden kann. Jeden Abend sieht der Fernsehzuschauer ein Satellitenfoto der Erde. Der Meteorologe bedient sich der Fotos, um die zukünftigen Wetterverhältnisse auf der Erde vorauszusagen.

Die Aufzeichnung und Vorhersage des Wetters über Satelliten macht die technologische Version des Overview Effekts zu einer irdischen Wirklichkeit. Satelliten im Orbit, die genau «sehen», was die Astronauten sehen, helfen Menschen und Gemeinschaften bei täglichen Entscheidungen. Vor 1957 war kein menschliches Wesen dazu in der Lage. Heute zieht jeder Nutzen aus diesen technischen Möglichkeiten.

Die Fähigkeit zur Vorhersage des Wetters hat auch umfassendere und weiterreichende Folgewirkungen, weil sie auch andere Dimensionen des «Futurismus» beeinflußt. So unterstützen oder unterminieren Wetterstrukturen gesellschaftliche und politische Stabilität. Eine von schlechtem Wetter in der Sowjetunion verursachte schlechte Ernte hat tiefgreifende politische Folgen für die Vereinigten Staaten und andere Regionen unseres Planeten. Leichte Verschiebungen der Wetterstrukturen können im Laufe der Zeit dramatische Auswirkungen auf das politische Geschehen haben.

Viele Menschen sind heute noch am Leben, weil Warnungen aufgrund von Satellitendaten es ihnen ermöglichten, der zerstörenden Gewalt eines Hurrikans oder den Gefahren von Schneestürmen zu entgehen. Das an sich hat bereits eine starke Wirkung auf unser aller Leben.

Aufspüren von Rohstoffen

«Den Schlüssel zur Bedeutung der Beobachtung der Erde aus dem Weltraum liefert der großräumige *Overview*, den man vom Satelliten hat», schreibt Geoffrey K. C. Pardoe, Autor des Buches *The Future of Space Technology*.[1] Satelliten dieser Art ähneln Wettersatelliten, da auch sie auf die Erde hinunterblicken und Informationen über das aussenden, was sie sehen. Der Unterschied besteht nur darin, daß sie sich auf die Ressourcen der Erde konzentrieren, statt auf Wetterstrukturen. Ihre Informationen offenbaren beispielsweise das Vorhandensein ursprünglich unvermuteter Bodenschätze oder Veränderungen in den Farben der Vegetation, die zusammen mit Wetterdaten auf den möglichen Beginn einer Dürreperiode hinweisen.

Wie die Wettersatelliten sind Sensoren zum Aufspüren von Rohstoffen aus großen Entfernungen Katalysatoren für die interdisziplinäre Forschung. Sie sind für eine Vielfalt von Bereichen anwendbar, darunter Landwirtschaft, Archäologie, Tiefbau, Ökologie, Volkswirtschaft, Fischerei, Forstwirtschaft, Geodäsie, Wasserbau, Meteorologie, Bergbau, Ozeanographie, Politik und Soziologie.[2]

Telekommunikationen

Anwendungen im Bereich der Telekommunikationen beherrschen die kommerziell erfolgreichen Aspekte der Weltraumunternehmen im allgemeinen und des Geschäfts mit Satelliten im besonderen. Nach Angaben von Charles Zraket von der Mitre Corporation erbrachte der Fernmeldeverkehr über Satelliten Mitte der achtziger Jahre einen Erlös von etwa vier Milliarden Dollar jährlich. Er hat den internationalen Fernmeldeverkehr «revolutioniert» und «eine explosionsartige Ausweitung in allen möglichen bekannten und noch unbekannten Bereichen bewirkt»[3].

Die Telekommunikationskomponente des unbemannten Raumfahrtprogramms macht die Metapher eines planetarischen Nervensystems zur Realität. Indem es über die Vision von der Erde als einem einheitlichen System noch hinausgeht, liefert das gegenwärtig weltweit entwickelte Telekommunikationssystem die praktische Grundlage für eine Vernetzung der menschlichen gesellschaftlichen Systeme, so daß am Ende jedermann in der Lage sein wird, ohne Rücksicht auf Zeit und Entfernung mit jedem anderen auf der Erde zu kommunizieren.

Von Fernmeldesatelliten geht eine transformierende Wirkung auf die Gesellschaft aus, weil sie diese zwingen, ihre gegenwärtige Organisationsform zu erweitern. Das Geschäft mit dem Satellitenfernmeldewesen hat von Anfang an die Entwicklung internationaler Zusammenarbeit gefördert.

Die Stationierung eines Fernmeldesatelliten im Weltraum, gekoppelt mit seiner Funktion, macht es selbst den nationalistischsten Ländern schwer, die Finanzierung und Verwaltung eines solchen Systems auf rein nationaler Ebene zu bewältigen. Im Bereich der Fernmeldesatelliten hat die internationale Organisation *Intelsat* 110 Mitglieder, die das notwendige Kapital beisteuern und das System gemeinsam nutzen.

Fernmeldesatelliten haben bereits dramatisch auf die internationale Politik eingewirkt. Die Lage in der Republik Südafrika wurde vor allem deshalb zu einem globalen Thema, weil Fernsehbilder über die dortigen Gewalttaten jeden Abend in die Wohnungen der Menschen rund um den Erdball übertragen werden. Auf die Erkenntnis, daß die schnelle Übermittlung dieser Informationen den Druck der Öffentlichkeit auf einen Wandel der Verhältnisse verstärkt, reagierte die südafrikanische Regierung damit, jegliche Übertragung aus den Unruheherden zu unterbinden.

Diese Entwicklungen bedeuten nicht das Ende des Nationalstaates in seiner politischen Form, kündigen jedoch wahrscheinlich sein Abtreten als dominierende Staatsform auf der Erde an. Der Nationalstaat ist eine verhältnismäßig junge Erfindung, und landesweite Kommunikation und Transporte lieferten den technologischen Unterbau für seine politische Form. Zu ihrer Zeit waren die Vorkämpfer für Nationalstaaten Revolutionäre, weil diese Staatsform gegenüber den politischen Formen der damaligen Epoche eine Verbesserung darstellte.

Ende des zwanzigsten Jahrhunderts erhalten nun diejenigen, die den nächsten evolutionären Schritt der Menschheit im Übergang zu einer planetaren und danach solaren Zivilisation sehen, Unterstützung durch die moderne Technologie. Fernmeldesatelliten verursachen nicht zwangsläufig diese Transformation, tragen jedoch dazu bei.

Das Live Aid Konzert (von fast allen TV-Stationen der Welt übertragenes Konzert, bei dem große Stars ohne Gage zugunsten der Hungernden dieser Erde auftraten) ist ein Archetyp dieser Entwicklung. Man kann behaupten, die ersten Bilder der Erde aus dem Weltraum hätten das Bewußtsein geschaffen, globale Probleme so zu behandeln, als seien sie lokale, und die Satelliten lieferten uns die

Fähigkeit, den ganzen Planeten zu verbinden und etwas Gemeinsames zu tun. Dazu sagt der Astronaut Don Lind: «Wir hätten auf die äthiopische Hungersnot wahrscheinlich auch ohne Bilder aus dem Weltraum reagiert... Doch wären Intensität und persönliche Betroffenheit nicht dieselben gewesen.»[4]

Für einen Astronauten im Orbit verändern sich die Empfindungen von Raum und Zeit, und die Fernmeldersatelliten liefern eine Transformation dieser Wahrnehmungen für die Menschen auf der Erde. Wenn er den Bezugsrahmen Erde verläßt, hat der Astronaut eine unterschiedliche Raum/Zeit-Erfahrung. Der Satellit, der dauernd außerhalb des irdischen Bezugsrahmens bleibt, macht diesen Wandel permanent.

Navigation und Ortung

Indem er sich außerhalb des Raum/Zeit-Bezugsrahmens der Erde stellt, vermittelt ein Satellit dem menschlichen Gesellschaftssystem eine neue Erfahrung von Raum und Zeit. Aus der Sicht der Kommunikation wird die ganze Oberfläche des Planeten «eins».

Der nächste Schritt bei diesem Prozeß besteht darin, zurückzublikken und uns selbst innerhalb der Raum/Zeit-Matrix des Planeten zu sehen. Satelliten für Navigation und Ortung durch Anpeilen geben uns diese Möglichkeit. Zu diesen Systemen gehören ein vom Anwender auf der Erde mitgeführtes Gerät, ein Computer zur Verarbeitung der von mehreren Punkten eintreffenden Informationen, und der Satellit selbst.

Einige Systeme funktionieren bereits, finanziert von Regierungen und Streitkräften. Doch werden viele künftige bedeutende Durchbrüche rein kommerzieller Art sein. Beispiele hierfür sind u. a. Ferntransport- und andere Unternehmen, die zu jedem beliebigen Zeitpunkt den genauen Standort jeder einzelnen Transporteinheit ihrer Flotte kennen wollen.[5] Einige Unternehmen rüsten auch private Kraftwagen mit Navigationsgeräten aus.

Wie bei allen Weltraumforschungs- und Entwicklungsbemühungen zielen die Arbeiten am Ortungs- und Navigationssystem nicht darauf ab, das menschliche Bewußtsein oder das Selbstgewahrsein der Gattung Mensch zu steigern. Dennoch wird das wahrscheinlich eine der Nebenwirkungen sein. Mit dem Overview Effekt, wie er ursprünglich definiert wurde, blickt ein Astronaut aus dem Orbit oder vom Mond auf die Erde und sieht sie als ein ganzes System. Der Peil-Satellit blickt auf die Erde hinab und zeigt uns unseren Standort innerhalb dieses Systems.

Militärische Anwendungen

Hinter der Zuteilung nationaler Ressourcen für die Entsendung von Menschen und Maschinen in den Weltraum haben stets auch militärische Vorteile und nationales Konkurrenzdenken gestanden. Für Militärstrategen ist der Weltraum der neue «Sandkasten». In militärischen Angelegenheiten spielen Satelliten dieselbe Rolle wie in anderen Bereichen menschlicher Aktivitäten. Sie liefern eine Perspektive, die den militärischen Planern vorher nicht zur Verfügung stand.

Die Strategic Defense Initiative, abgekürzt als SDI bekannt, reflektiert diese Art von Denken über den Weltraum. Für diejenigen, die daran interessiert sind, den Weltraum als Arena friedlicher Erforschung durch die ganze Menschheit zu sehen, ist SDI ein Anathema, eine «Bewaffnung» des Weltraums.[6]

Nicht alle militärischen Satelliten stellen jedoch eine Bedrohung des Friedens dar. Sie können auch die Wahrscheinlichkeit größerer Konflikte begrenzen, die durch Fehleinschätzungen ausgelöst werden. Dazu sagt Jesco von Puttkamer, der Manager der langfristigen NASA-Planung für Raumflüge: «Die richtige Nutzung des Weltraums kann den Frieden wirklich sichern.»[7] Aus ihrer Position außerhalb des irdischen Bezugsrahmens können Satelliten gegnerische Nationen hinsichtlich Truppenbewegungen, Bau von Raketenbasen, Waffenerprobungen und anderem weit besser kontrollieren.

Als Michael Collins gefragt wurde, ob die Weltraumforschung und -entwicklung zur Einheit der Welt beitrage, konzentrierte er sich in seiner Antwort vor allem auf die militärischen Satelliten und argumentierte: «Der Weltraum ist durch den Einsatz der Spionagesatelliten hilfreich und stabilisierend. Die andere Seite kann keinen einzigen Lastwagen, Güterwagen oder Rakete bewegen, ohne daß wir es erfahren, und umgekehrt.»[8]

Nun spiegelt die gegenseitige Spionage alte menschliche Verhaltensformen wider, doch scheinen Satelliten zweifellos eher zur Verhütung eines Krieges als zu einem Konflikt beitragen zu können. Der Erfolg jeder militärischen Strategie hängt weitgehend vom Überraschungseffekt ab. Wird das ausgeschaltet – was ja der Zweck militärischer Satelliten ist –, dann verringert sich spürbar die Wahrscheinlichkeit eines Angriffserfolges.

Militärische Satelliten tragen auch zur Abschwächung militärischer Spannungen bei, da sie die Möglichkeit unabhängiger Verifizierung von Rüstungskontrollabkommen bieten. In der Zeit vor ihrem Einsatz waren Inspektionen vor Ort der entscheidende Faktor, der Verbote von Kernwaffentests und sonstige Abkommen über Rüstungskontrollen verzögerte. Heute sind diese nicht mehr so wichtig, weil der Satellit praktisch ständig «vor Ort» ist.

Man kann unmöglich wissen, ob alle militärischen Satelliten international eine stabilisierende oder destabilisierende Rolle spielen, weil viele von ihnen im geheimen gestartet wurden und keine Daten über sie verfügbar sind.

Ebenso wie die Militärpiloten in den vergangenen fünfzig Jahren den Himmelsraum dazu benutzt haben, Bomben auf Menschen, Städte und militärische Ziele abzuwerfen, könnte der Overview aus dem Weltraum von den heutigen militärischen Strategen als unentbehrlich betrachtet werden, mit Konsequenzen, die sich nicht so leicht vorhersagen lassen.

Die Wissenschaft von der Erde als Systemwissenschaft

Der Gedanke einer einheitlichen Methode zum Verständnis der Erde und ihrer Beziehungen zur Menschheit ist nicht nur eine Vision. Als Teil des amerikanischen Weltraumprogramms kommt er der Realität sehr nahe. 1983 bildete der Beirat der NASA (Advisory Council of NASA) einen Ausschuß, Earth System Sciences Committee, der die Wissenschaft von der Erde als integrales System zusammenwirkender Komponenten untersuchen, eine Strategie zur praktischen Durchführung globaler Studien über die Erde empfehlen und die Rolle der NASA bei einem solchen Programm definieren sollte.[9]

1986 publizierte er eine Zusammenfassung des von ihm empfohlenen Programms unter dem Titel «Earth System Science: Overview», in dem das folgende Ziel verkündet wurde: «Wissenschaftliches Verständnis des gesamten Erdsystems in globalem Ausmaß, und zwar durch Beschreibung der Evolution seiner einzelnen Komponenten und ihres Zusammenwirkens, ihres Funktionierens und der zu erwartenden weiteren Evolution innerhalb aller Zeitspannen.»[10]

Der technologische Overview Effekt, den uns Satelliten gewähren, erzwingt eine Vereinheitlichung menschlichen Denkens nicht nur bei Regierungen, sondern auch in akademischen Kreisen. So hat beispielsweise die Harvard University eine neue Fakultät für Wissenschaften von der Erde und den Planeten (Department of Earth and Planetary Sciences) errichtet, deren Fakultät und Studierende aus vielen verschiedenen Disziplinen stammen. Damit wird anerkannt, daß die beobachteten Phänomene nur mittels einer interdisziplinären Methode begriffen werden können.

Roboterflüge und die Kopernikanische Perspektive

Kopernikanische Perspektive bedeutet die Einsicht, daß die Erde nicht nur ein ganzheitliches System, sondern auch Teil des Sonnensystems ist. Es bedeutet die Anerkenntnis, daß Kopernikus recht hatte: Die Sonne, nicht die Erde, ist das Zentrum dieses Systems.

Der Overview Effekt liefert die für die Entwicklung einer planetaren Zivilisation entscheidende, die Kopernikanische Perspektive, die für den Aufbau einer solaren Zivilisation erforderliche Erkenntnis. Zum solaren System gehört weit mehr als die Erde. Es besteht aus vielen Teilen, darunter Sonne, Planeten, Monde, Asteroiden, Kometen. Wir besitzen noch kein gutes Modell, das aufzeigt, wie alle diese Teile als ganzheitliches System zusammenwirken oder welche Rolle jeder einzelne Teil darin spielt.

Die menschliche Gemeinschaft hat eben erst begonnen, die Kopernikanische Perspektive zu erleben, wobei unbemannte Raumsonden die entscheidende Rolle spielten. Es gab Flüge unbemannter Sonden am Mond vorbei, Sonden der USA und der Sowjetunion zu Venus und Mars. Ferner gehörten dazu das amerikanische Raumschiff Voyager, das auf spektakuläre Weise an Jupiter, Saturn und Uranus und deren Monden vorbeiflog, nicht zu vergessen die multinationalen Expeditionen zum Kometen Halley.

Alle diese Missionen erbrachten neue Erkenntnisse über die Natur des Sonnensystems, viele Überraschungen und viele neue Informationen. Obwohl, abgesehen vom Mond, bisher noch kein Mensch einen anderen Himmelskörper tatsächlich betreten hat, macht die fortlaufende Übertragung von Fernsehbildern in unsere Wohnungen die Kopernikanische Perspektive ebenso zu einem festen Bestandteil unseres Alltags, wie Satelliten das mit dem Overview Effekt tun.

Außergewöhnliche Wirkung auf das menschliche Bewußtsein hatten die Roboter-Missionen zum Mars. Das Studium der den ganzen Planeten Mars verdunkelnden Staubstürme im Jahre 1970 bildete die Grundlage für die Hypothese des «nuklearen Winters», die unsere Anschauungen über die Möglichkeit des Überlebens eines mit Kernwaffen geführten Krieges fundamental verändert hat. Die Gaia-Hypothese konzentriert sich auf die Beschreibung der Natur des Lebens auf der Erde. Sie wurde von James Lovelock entwickelt, der die NASA bei ihren Experimenten zur Suche nach Leben auf dem Mars (Viking Mission) beriet.[11]

Unbemannte Weltraum-Missionen und die universale Erkenntnis

Die universale Erkenntnis bedeutet nicht nur die Anerkenntnis, daß die Erde ein ganzheitliches System sowie Teil des Sonnensystems ist, sondern auch, daß wir Teil des Universums sind und in diesem eine wichtige Rolle zu spielen haben. Man hat vorgeschlagen, im Lauf der nächsten Jahrzehnte eine Reihe von «großen Observatorien» im Orbit zu konstruieren, die uns neue Informationen über das Universum als Ganzes und den Platz des Menschen darin liefern sollen.[12]

Studien dieser Art werden weit über akademische Interessen hinausgehen. Weltraumteleskope vom Typ des Infraroten Astronomie-Satelliten (IRAS) haben bereits zahlreiche Sterne mit Wolken von Elementarteilchen entdeckt, die infrarote Strahlen aussenden. Astrophysiker glauben, solche Wolken bildeten das Anfangsstadium beim Entstehen von Planeten, was der erste beobachtbare Hinweis auf andere Sonnensysteme ist.[13]

Der äußere Weltraum und das innere Selbst

Innerhalb der Gemeinschaft der Weltraumforscher streitet man seit vielen Jahren über den relativen Wert bemannter oder unbemannter Weltraumerkundung. Beide Methoden haben positiven Einfluß auf das menschliche Bewußtsein und die gesellschaftliche Evolution, wie in diesem und im vorigen Kapitel aufgezeigt.

In seiner Reaktion auf einige Gedanken in diesem Kapitel hat Dr. Paul Blanchard, Berater der NASA für den Bericht des «Ausschusses für die Wissenschaft von der Erde als System», auf einige bedeutsame Fakten der Beziehungen zwischen bemannter und unbemannter Weltraumforschung hingewiesen. Er erwähnt die Forscher und Entdecker der Vergangenheit und sagt dann:

> In jener Zeit *mußten* Entdeckungen durch Menschen unternommen werden. Es gab keine Möglichkeit, sie zu automatisieren. Eines der unterschwelligen Probleme hier ist, daß wir jetzt zum ersten Mal in der Geschichte in der Lage sind, sehr extensive und ergebnisreiche Entdeckungsreisen ohne menschliche Teilnehmer in Gang zu bringen, was uns der Notwendigkeit enthebt, einen Führer oder Helden zu haben.[14]

Ich äußerte gegenüber Blanchard, der Hauptgrund für den Drang des Menschen in den Weltraum sei die positive Auswirkung auf das menschliche Bewußtsein. Er stimmte dem zu und meinte, was die bemannte Raumfahrt anbetreffe, so werde diese uns mehr über uns selbst als über den Weltraum erzählen.

Letzten Endes müssen Programme für bemannte und unbemannte Raumfahrt nicht als rivalisierende Prioritäten angesehen werden, sondern als wesentliche Elemente desselben Prozesses. Beides sind Formen des Entdeckens, die uns sowohl über den Weltraum wie über uns selbst belehren. Aus diesem Grunde darf man ohne weiteres sagen: Je weiter die Menschen ins All blicken, desto tiefer blicken sie in ihr eigenes Innere.

9 Die Verbreitung des Overview

Einer der Gründe, warum ich so viele Vorträge halte, ist der Versuch, anderen Menschen das Weltraumprogramm so gut ich es kann vor Augen zu führen und ihnen ein Gefühl unmittelbarer Verbindung mit dem Programm zu vermitteln.

Nutzlastspezialist Byron K. Lichtenberg

Wirkungsebenen

Das Erleben der Erde als einheitliches Ganzes ist für die Astronauten und Kosmonauten äußerst eindrucksvoll. Es ist eine Botschaft aus dem Universum, und zwar nicht nur für die Raumfahrer, sondern für die gesamte Menschheit. Jetzt stellt sich die Frage: Wie viele Menschen können diese Botschaft empfangen?

Es gibt zwei grundlegende Arten, diese Frage zu beantworten. Die eine besteht in der transportorientierten Methode, einfach mehr Leute in den Weltraum zu bringen. Das gedenken die nationalen Weltraumprogramme und die noch im embryonalen Stadium befindliche Raumtourismus-Industrie zu tun. Die andere Methode ist kommunikationsorientiert: Sie will das Erleben in verschiedenen Formen wiederholen und rund um den Planeten verbreiten.

Innerhalb des nächsten Jahrzehnts liegt die einzige Hoffnung, eine größere Anzahl von Menschen in den Orbit zu bringen, beim Raumtourismus, etwa beim Society Expeditions Project Space Voyage. Dieses Unternehmen hat sich zum Ziel gesetzt, im November 1992 Raumflüge auf speziell dafür entworfenen Raumschiffen zu starten. Bis zur Mitte des Jahres 1986 hatten sich etwa 250 Personen für einen Flug in die untere Erdumlaufbahn registrieren lassen.[1]

Ob das Unternehmen seine ehrgeizigen Ziele verwirklichen kann, muß sich erst noch zeigen. Doch selbst wenn es Erfolg haben sollte, wird die primär transportorientierte Verbreitung des Overview Effekts in naher Zukunft durch nationale Raumfahrtprogramme erfolgen, die Astro- und Kosmonauten in den Raum hinaussenden und ihre Erlebnisse dann der Bevölkerung übermitteln.

Wird diese Methode zu einer fundamentalen Veränderung des Bewußtseins auf planetarer Ebene beitragen? In seinem Buch *Carrying the Fire* schreibt Apollo-11-Astronaut Michael Collins: «Der britische Astronom Fred Hoyle hat bereits 1948 behauptet, das erste Bild der ganzen Erde werde eine Flut neuer Ideen auslösen.»[2] Doch hat er anschließend auch gesagt, einfach Bilder von der ganzen Erde zu sehen, sei nicht genug, um die volle Wirkung zu erzielen. Man müsse vielmehr persönlich da draußen sein, 100 000 Meilen weit im Weltraum, um die vollen Implikationen dieses Erlebnisses zu erfassen.

Dennoch ist es vielleicht nicht notwendig, daß die gesamte Menschheit die volle Auswirkung im Sinne einer Bewußtseinsveränderung erfährt. Die Raumfahrer sind Repräsentanten der Spezies Mensch. Sie bilden einen winzigen Bruchteil der gesamten Erdbevölkerung, dem die eindrucksvollen Erlebnisse der Reise ins All vermittelt werden. Die Wirkung ihrer Beschreibungen mag unbedeutend erscheinen – «wie ein Tropfen Farbstoff im Ozean», sagte Skylab-Astronaut Ed Gibson. Doch verändert dieser sich ausbreitende Farbstoff Zusammensetzung und Farbe des Wassers. Die Botschaften der Astronauten an uns wirken vielleicht ähnlich und verändern im Laufe der Zeit unsere Perspektive.

Tatsächlich ist Ausbreitung ein guter Begriff für die Art, wie neue Ideen in Gemeinschaften verbreitet werden. Kommunikationsforscher haben festgestellt, daß neue Ideen und Praktiken nach einem ganz bestimmten Muster von einer Gemeinschaft angenommen werden. Dieses Muster ist in gleicher Weise auf andere Themen anwendbar, von der Übernahme von Rauchergewohnheiten bis zur Abschaffung der Sklaverei.

Gemäß dieser Theorie über «die Ausbreitung von Innovationen» lassen sich die Menschen hinsichtlich der Übernahme neuer Ideen oder Praktiken in fünf Hauptgruppen einteilen. In Prozentzahlen der

Gesamtbevölkerung gerechnet gibt es Innovatoren (2,5), schnelle Übernehmer (13,5), frühe Mehrheit (34), späte Mehrheit (34) und späte Übernehmer (16).

Neue Informationen, die in ein menschliches Gesellschaftssystem Eingang finden, werden in der oben genannten Reihenfolge verarbeitet, beginnend mit den Erneuerern und endend mit den späten Übernehmern. Nicht jeder befaßt sich auf dieselbe Weise mit neuen Ideen, und nicht jeder übernimmt sie sofort.

Die Erneuerer greifen als erste die neue Idee auf – und geben sie dann an die schnellen Übernehmer weiter. Sobald diese beiden Gruppen sich eine Idee zu eigen gemacht haben, ist diese schon auf dem Weg, Teil eines gedanklichen Hauptstroms zu werden. Niemand, nicht einmal der Erneuerer, übernimmt etwas Unbekanntes sofort, etwa mit einem unmittelbaren Sprung zur Adoption oder Bestätigungsphase des gesamten Übernahmeprozesses. Die Menschen müssen zuerst von der neuen Idee hören, an ihr Interesse finden, sie für sich bewerten, ausprobieren. Dann erst übernehmen sie diese und ihren Wert.

Die Kurve der Annahme einer Idee steigt zunächst nur langsam an, wenn die Erneuerer und schnellen Übernehmer den geschilderten Prozeß durchlaufen. Sie beschleunigt sich dann schnell, bis die Hälfte der Bevölkerung die Idee übernommen hat, und steigt wieder langsamer, wenn die späten Übernehmer an Bord kommen. Sobald etwa zwanzig Prozent der Bevölkerung die Innovation aufgegriffen haben, läßt sich die ansteigende Kurve praktisch nicht mehr stoppen.[3]

Die wichtigsten Auditorien sind die Erneuerer, die schnellen Übernehmer und die frühe Mehrheit, da ihre Aufnahme der Botschaft diese in die Phase des «Abhebens» bringt.

Die Astronauten sind die Super-Erneuerer des Raumzeitalters. Andere Erneuerer sind die Mitarbeiter an nationalen Raumfahrtprogrammen, Gruppen, die an der Raumfahrt allgemein interessiert sind sowie sonstigen Aktivitäten im Dienste der Raumfahrt. Was den Overview Effekt und andere hier erörterte Ideen betrifft, so treten die schnellen Übernehmer und die frühe Mehrheit eben erst in Erscheinung.

Dieser Diffusionsprozeß formt das Erlebnis des Raumflugs zu einer Idee, die eine mächtige Wirkung auf die Gesellschaft ausübt, je mehr Menschen von ihm erreicht werden. Ebenso wie Menschen, die noch nie einen Sklaven gesehen hatten, die Idee der Abschaffung der Sklaverei aufgriffen, können auch Menschen, die nie im Weltraum gewesen sind, ein wirkungsvolles Raumforschungsprogramm unterstützen.

Man hört den Vortrag eines Astronauten, sieht einen Film oder betrachtet ein Plakat mit dem Foto der im All schwebenden Erde: Damit beginnt ein Übernahmeprozeß, der dem Auditorium das Gewahrwerden des Overview beschert. Zwar sind diese Erlebnisse nicht so tiefgreifend wie ein direkter Aufenthalt im Weltraum, doch erfaßt die Wirkung breitere Schichten, da ein Film oder ein Plakat leichter und billiger reproduziert werden kann als das Erlebnis selbst.

In gewissen Fällen erleben die Menschen, denen man den Overview Effekt nahebringt, Umwandlungen ihrer selbst, die genau so stark sind wie die der Astronauten, und zwar auf nicht vorhersagbare Weise. Ich bezeichne Menschen, die das Gewahrsein von Astronauten erlangt haben, ohne im Weltraum gewesen zu sein, als Terranauten. Da ist beispielsweise der Fall des Ray Bright, des Erfinders des «bioflight». Dabei handelt es sich um einen Weg zu Gymnastik, Raumfahrt und Leben für jemanden, der begreift, was es bedeutet, in dreidimensionaler Wirklichkeit zu leben. Im Jahre 1979 war Bright Gymnastiklehrer am Chicago State College in San Francisco. Er erkannte, daß wir jedesmal, wenn wir in die Höhe springen, und seien es nur dreißig Zentimeter über dem Erdboden, gewissermaßen *fliegen*: Mit der richtigen inneren Haltung und etwas besserer Ausrüstung, etwa einem Trampolin, können wir sogar noch besser fliegen. Im Weltraum, nun . . .

Bright hatte bereits mehrere grundlegende Ideen seines «bioflight» ausgearbeitet, doch ist die Art, wie der letzte Baustein an die richtige Stelle gelangte, ein ausgezeichnetes Beispiel für die Verbreitung des Overview Effekts.

In einem Artikel der Zeitschrift *Air and Space* heißt es:

Er (Bright) beschreibt das Erleben als dem *satori* ähnlich, dem Erleuchtungszustand beim Zen. «Ich betrachtete das berühmte NASA-Foto der im All schwebenden Erde. Man hatte es auf eine Gratulations-Postkarte montiert, und das Wort ‹Heimat› war in den

Teil des Fotos gedruckt, der nichts als schwarzer Raum war. Natürlich steckte dahinter der Gedanke, daß ‹Heimat› unsere Erde bedeute. Urplötzlich jedoch erkannte ich den *Weltraum* als Heimat, weil im Weltraum alles das möglich sein würde, was ich mein Leben lang im Zusammenhang mit Bewegung versucht hatte. Im Weltraum würde Gymnastik nicht mehr Gymnastik sein – sondern Fliegen. Menschliches Fliegen. Fliegen in höchster Form. Biofliegen.»[4]

Brights Methode wird nicht nur benutzt, um Leuten grundlegende Techniken der Gymnastik beizubringen. Sie gilt auch als potentiell nützliche Trainingsmethode und Technik zur Vorbeugung gegen Raumkrankheit für Astronauten, die in den Weltraum fliegen wollen.[5]

Zu den Terranauten gehört auch der Unternehmensberater Martin Rutte in Toronto. Er berichtet, welche Veränderung ein Vortrag von Edgar Mitchell bei ihm bewirkte:

> Es waren etwa zwei- oder dreitausend Zuhörer da, und er stand alleine auf dem Podium ... Hinter ihm auf einer großen Projektorleinwand das Bild, das er während seiner Rückkehr vom Mond von der vollkommen in Schwarz umhüllten Erde sah. Er sprach vom Erleben dieses Anblicks, während ich mich von dem Bild nicht losreißen konnte. Als er vom Rückflug erzählte und von den Gefühlen, die ihn bei diesem Anblick bewegten, wie sie sein Leben für immer veränderten, von seiner Erkenntnis, daß wir alle auf ein und demselben Planeten leben und ein Universum bilden – da machte es auf einmal so etwas wie «Klick» in mir, und plötzlich war mir alles klar. Ich wußte genau, wovon er sprach. Ich glaube, damals hatte ich zum ersten Mal diese unmittelbare Form von globalem Bewußtsein.[6]

Rutte berichtete, diese Erkenntnis sei tief in sein Bewußtsein gedrungen und beeinflusse seither seine Tätigkeit als Berater von Topmanagern, die danach streben, für ihre Organisation eine Vision und einen Daseinszweck zu finden.

Später äußerte er sich zu meinem Artikel «Space Exploration and Human Evolution» mit der Bemerkung: «Da stand alles drin, und ich wußte genau, wovon Sie sprachen. Es war einfach ein großes ‹bang›, eine Explosion in mir.»[7]

Gegenwärtig integriert er die Idee vom Overview Effekt, von der Kopernikanischen Perspektive und der universalen Erkenntnis in ein Trainingsprogramm für seine Klienten. Erneut zeigt sich, wie Erkenntnisse, die exklusives Eigentum von Astronauten und Kosmonauten waren, sich in der Gesellschaft ganz allgemein auszubreiten beginnen.[8]

Ich berichtete auch Gary Emerson, einem Unternehmensberater in San Francisco, von meiner Arbeit am Overview Effekt und wie mein ursprüngliches Gewahrwerden dafür während eines Fluges über Land entstanden war. Emerson sagte mir, er habe ein ähnliches Erwachen erlebt. Später schickte er mir die Notizen, die er während seines Erlebens gemacht hatte, sowie eine Beschreibung seiner persönlichen Meditationsübung auf der Grundlage des Overview Effekts.

Die Notizen über Emersons Überlandflug bezeugen ein Erleben, das dem meinen sehr ähnlich war.

> Bei einer «übernatürlichen» Anschauung unseres Lebens und unserer Erde ist eine der stärksten Empfindungen, die wir haben können, das Fliegen in einem Passagierflugzeug. Beim Blick aus dem Fenster sieht man ewig blauen Himmel – immer am Horizont und darüber, ganz gleich, was darunter sein mag ...
> Aus einer «höheren Ebene» sehen wir die Welt unter uns aus einer wahrhaftigeren Perspektive als auf der uns vertrauten Ebene der Erde. Das ist allerdings noch nicht die «höhere» Ebene, die der Astronaut aus dem Orbit oder in größerer Entfernung auf einem Flug zum Mond sieht.
> Zu dieser «kommerziellen höheren Ebene» finden wir am leichtesten Zugang, weil sie nicht zu hoch ist, um uns unsere *normale* Perspektive zu nehmen, aber doch hoch genug, um die richtige Perspektive vom «Land unserer irdischen Plackerei» in Relation zum Universum zu verschaffen.

Emerson hat herausgefunden, daß er als Ergebnis seines Handelns aus einer höheren Perspektive seinen Klienten besser helfen kann, kühnere Pläne zu schmieden und in zahlreichen praktischen Bereichen aktiv zu werden, die überhaupt nichts mit dem Weltraum zu tun haben.

Diese Beispiele lassen folgendes erkennen: Es ist zwar nicht möglich, den Overview Effekt voll und ganz nachzuvollziehen, ohne selbst in den Weltraum zu fliegen, doch sind ähnliche Erfahrungen uns allen möglich. Sie können als Grundlage für persönliches Wachstum und persönlichen Wandel genutzt werden. Dieser Gedanke wird in verschiedenen Kreisen aufgegriffen. So arbeitet gegenwärtig eine Gruppe in Kalifornien an Projekten für das Wohnen im Weltraum, darunter einem Simulator, der Besuchern eine Version des Raumflugerlebens vermittelt.

Ähnliche Projekte sind das Space Camp und die United States Space Academy in Huntsville, Alabama. Sie bieten Studierenden des Overview Effekts beträchtliche Forschungsmöglichkeiten. Simulierte Raumflugerlebnisse bilden eine Brücke zwischen dem tatsächlichen Erleben und dem passiven Betrachten von Filmen oder dem Anhören von Vorträgen.

Der Overview Effekt und das Symbol Ganze Erde

Wenn man den Overview Effekt als Botschaft werten darf, dann sollte es auch möglich sein, die Verbreitung der Overview-Erfahrung als Hilfe für eine friedlichere, stärker sich selbst wahrnehmende und ökologisch behutsamere Spezies Mensch zu nutzen. Das Bindeglied zwischen dieser Art gesellschaftlicher Wandlung und Weltraumforschung bleibt mehr oder weniger zufällig; doch gibt es gute Beweise für seine Existenz. Beispielsweise kehren viele Astronauten mit einem intensiven Interesse für Ökologie aus dem All zurück. Im Weltraum fällt es ihnen leicht, die Fragilität und Interdependenz der Umwelt unserer Erde und ebenfalls die große Gefahr für die Menschheit zu erkennen, falls irgendwelche Geschehnisse den Planeten unbewohnbar machen würden.

Die Ökologiebewegung, die in den sechziger Jahren begann, erreichte 1970 mit dem «Tag der Erde» einen Höhepunkt öffentlichen Interesses. Das geschah anderthalb Jahre nach der Übertragung der dramatischen Fernsehbilder von der Erde aus dem Weltraum durch

Apollo 8 und weniger als ein Jahr nach der Apollo-11-Landung auf dem Mond. Durch Verwendung des Bildes der Ganzen Erde als Symbol bekam die Bewegung Auftrieb und erlangte in den siebziger Jahren ihre größte Wirkung. In den Vereinigten Staaten wurden Gesetze zum Schutz der Umwelt erlassen und eine permanente Umweltschutzorganisation gegründet.

Es gibt viele andere Beispiele für die Symbolkraft des Bildes von der Ganzen Erde. Der Psychologe Peter Russell, Verfasser des Buches *The Global Brain*, schrieb:

> Der tiefe Eindruck des Anblicks unserer Erde hat bewirkt, daß dieses Bild in fast jedem Bereich menschlicher Aktivität Eingang gefunden hat. Es schmückt die Wände von Büros und Wohnzimmern: Man sieht es auf Postkarten, T-Shirts, auf Auto-Aufklebern. Ökologie-Bewegungen und planetare Institutionen benutzen es für ihre Logos, desgleichen Bildungseinrichtungen und Geschäftsunternehmen. Es hat Zeiten gegeben, da nutzte man das Bild, um für alles und jedes zu werben – für Autos, Waschmaschinen und Schuhe, für Buchklubs, Banken und Versicherungsgesellschaften. Trotz dieser übermäßigen Zurschaustellung läßt das Bild bei uns tief im Inneren immer noch eine Saite anklingen, und es hat noch nichts von seiner Großartigkeit verloren.[9]

Die Friedensbewegung hat das Symbol Ganze Erde in ihre Tätigkeit einbezogen. Die *Beyond War*-Bewegung nutzt das Symbol in ihrem Logo und auf Briefköpfen, Postkarten und einer Anstecknadel, die von ihren Anhängern getragen wird. Eine zur Anstecknadel gehörige Karte verkündet die Ansicht der Organisation, daß Kernwaffen den Krieg obsolet gemacht haben und daß wir «eine Welt jenseits aller Kriege» aufbauen müssen. In der Botschaft auf dieser Karte heißt es: «Wir leben auf einem Planeten, mit nur einem System zur Unterstützung des Lebens. Das Überleben der Menschheit, das ganze Leben ist völlig interdependent ... Diese Anstecknadel symbolisiert die Erde, die uns allen gehört, umgeben von einem Geist guten Willens.»

In der ersten Stunde der Vortragsveranstaltungen der Beyond-War-Bewegung werden die Teilnehmer mit den Gefahren der Kernwaffen für das Überleben der Menschheit vertraut gemacht. Dann wird das Konzept «Wir alle sind eins» durch den Film *No Frames, No Boundaries* (Keine Beschränkungen, keine Grenzen) vorgestellt, einschließlich des Kommentars von Schweickart und Bildern eines Astronauten während einer EVA.

Peter Russell weist darauf hin, daß das Symbol Ganze Erde nicht auf ökologische und Friedensbewegungen beschränkt ist. Es hat in die allgemeine Denkart der amerikanischen Gesellschaft Eingang gefunden. Typisch für diesen Trend ist die Unternehmensberatungsfirma Innovation Associates in Framingham, Massachusetts, die das Bild von der Ganzen Erde nutzt, um ihre Fortbildungsarbeit an Wirtschaftsmanagern zu symbolisieren. Das Unternehmen bietet ein Programm für Topmanager unter dem Namen Leadership and Mastery an. Es konzentriert sich darauf, eine organisatorische Vision durch Integration von Systemdenken und intuitiver Erkenntnis zu schaffen.

In der Beschreibung des Organisationsmodells, an dem der Lehrgang Erfolge mißt, heißt es in der Broschüre:

> Wir haben uns entschieden, solche Organisationen *metanoische* Organisationen zu nennen, abgeleitet vom griechischen Wort *metanoia* (Sinnesänderung), was eine fundamentale Sinnesänderung bedeutet . . . In einer solchen Organisation wird der einzelne Mensch unauflöslich mit einem höheren Zweck verknüpft, der allen ihren Angehörigen gemeinsam ist. Dies verleiht der Organisation die Hingabe und Energie, die notwendig sind, um eine Vision von einer besseren Welt kollektiv zu verwirklichen.[10]

Planetares Management

Der Anblick der Erde aus dem Weltraum kann viele Botschaften verkünden. Eine davon wäre eine Aufforderung zu planetarem Management, das Eingeständnis, wenn man das Ganze überblicken könne, dann könne es auch im Zentrum praktischen wie theoretischen Interesses stehen. Ich möchte jedoch von vornherein festhalten, daß planetarisches Management nicht planetare Manipulation bedeutet. Man sollte es vielmehr aus der Perspektive eines Hausverwalters und als partizipierendes Management auf höchster Ebene sehen.

Die eindeutige Botschaft des Overview Effekts ist: Die Erde ist ein ganzheitliches System und die Menschheit eine von vielen voneinander abhängigen Arten, die den Planeten als ihre Heimat betrachten. Die Rücksichtnahme auf alles Lebendige als etwas Geheiligtes wird zu einer praktischen wie moralischen Haltung, wenn wir der entscheidenden Rolle eingedenk sind, die alles Leben zur Aufrechterhaltung des Systems spielt.

Soll der nächste Schritt in der menschlichen gesellschaftlichen Evolution darin bestehen, eine planetare Zivilisation aufzubauen, dann wird am dringendsten die Fähigkeit benötigt, die Probleme und Chancen auf planetarer Ebene zu sehen und anzupacken. Dazu gehört auch die Fähigkeit, den Planeten als Ganzheit nicht nur zu sehen, sondern auch wahrhaft mit ihm zu kommunizieren. Diese Botschaft ist bereits im Symbol der Ganzen Erde enthalten.

Für Millionen Christen überall auf der Erde ist das Kreuz ein Zeichen der Einheit, trotz tiefer Spaltung in Rassen, Sprachen und politischen Ideologien. Symbole wirken oft unbeachtet vom bewußten Geist. Deshalb ist durchaus vorstellbar, daß dieses neue Symbol ebenfalls eine stille und doch spürbare Wirkung als vereinigende Kraft haben könnte.

Die Autorität der Astronauten

Die Idee von der Erde als einem ganzheitlichen System ist das Fundament für die Entwicklung einer neuen Zivilisation, in der unsere Erde Teil und Ganzes zugleich ist. Und das Bild von der Erde ist ihr Symbol. Doch sind vor der Vollendung dieses nächsten Schrittes der menschlichen Evolution noch viele Hürden zu überwinden.

Julian Jaynes, Autor des Buches *The Origin of Consciousness in the Breakdown of the Bicameral Mind* (dt. Die Götter schweigen. Der Ursprung des menschlichen Bewußtseins), behauptet, frühe Zivilisationen, beispielsweise die griechische, hätten Götter «halluziniert», die den Menschen sagten, was sie tun sollten, wenn sie in Schwierigkeiten waren und um Rat und Hilfe baten. Als schließlich die Situationen, mit denen sich diese mit zwei Gehirnhemisphären ausgestatteten Gesellschaften konfrontiert sahen, zunehmend komplexer wurden, waren die halluzinierten Götter nicht mehr in der Lage, Antworten zu geben, weshalb der rationale oder aus nur einer Hemisphäre funktionierende Geist sich herausbildete und sie ersetzte. Im späten zwanzigsten Jahrhundert ist die Gesellschaft in eine weitere Sackgasse geraten, aus der der rationale Verstand nicht heraus kann – die Bedrohung des Überlebens der Menschheit durch Kernwaffen. Bisher hat man uns noch nicht den Weg aus dieser Sackgasse zeigen können.

Nutzlastspezialist Loren Acton gibt zu, daß er einen besonderen Status hat und daß seine Ideen über den Frieden wegen seines Aufenthalts im Weltraum bereitwilliger akzeptiert werden. Der Kongreßabgeordnete Bill Nelson sagte, sein Weltraumflug habe ihn in seiner Ansicht bestätigt, daß der Weltraum der Ort sei, an dem Gegner zusammenarbeiten könnten. Seine Erfahrung verleihe seinem Eintreten dafür größere Glaubwürdigkeit. Marc Garneau betont, er und andere Astronauten seien zu Persönlichkeiten des öffentlichen Lebens geworden, die man im Besitz spezieller Fähigkeiten glaube. In einer Zeit, in der fast jede andere Autorität auf Erden in Frage gestellt wird, gewährt man dem winzigen Kader von Astronauten und Kosmonauten sogar noch größere Glaubwürdigkeit.

Shuttle-Astronaut Jeff Hoffman meint, man brauche sich nicht in den äußeren Weltraum zu begeben, um die nächsten evolutionären Schritte der Menschheit zu kennen. Auch Menschen, die auf der Erde bleiben, könnten solche Erkenntnisse gewinnen, wenn sie wollten. Indem die Gesellschaft jedoch Astronauten und Kosmonauten den Status von Halbgöttern verleiht, erhalten deren Worte eine transzendente, transnationale Autorität, die eine bedeutsame Rolle spielen kann, wenn die Gesellschaft sich daran macht, den Weg aus der gegenwärtigen Sackgasse zu suchen. Bedeutet die den Astronauten und Kosmonauten eingeräumte große Aufmerksamkeit ein Bemühen, die alten Götter in neuer Gewandung wiederauferstehen zu lassen? Die Antwort lautet: Nein. Auf der Ebene des kollektiven Unterbewußtseins kann es sich dabei jedoch um einen strategischen Schachzug der Menschheit handeln, ihr eigenes Überleben zu sichern.

Bei der Betrachtung der Weiterverbreitung des Overview Effekts könnten wir uns fragen: Ist es reiner Zufall, daß eine unserer vier größeren Aktivitäten in der Raumfahrt nach Merkur benannt wurde, dem griechischen Gott der Kommunikation, und eine andere nach Apollo, dem Gott der Weisheit?

10 Overview Systeme

> Gerade diese Verlagerung der Anschauung und ihre Folgen für die Fähigkeiten des Menschen und unsere Sicht des Universums machen sie so kraftvoll.
>
> Apollo-14-Astronaut
> Edgar D. Mitchell

Die Bedeutung der Erfahrungen der Astronauten

Wären wir dabei gewesen, als der erste «Kundschafter-Fisch» an Land zappelte, hätten wir nur festgestellt, daß ein einzelner Vertreter einer Spezies sich auf ein neuartiges Verhalten einließ. Wir hätten nicht die Milliarden Jahre evolutionärer Schritte beobachten können, die zu diesem Augenblick führten, noch hätten wir damals die Tragweite dieses Geschehens wirklich erkannt. Die ersten Bewegungen der Menschheit im Weltraum vollziehen sich ebenfalls vor dem Hintergrund von Milliarden Jahren der Evolution, in denen nacheinander die physikalischen, lebendigen, menschlichen und technischen Systeme entstanden, die benötigt werden, um ein paar hundert Individuen aus dem Bereich der Schwerkraft in eine ganz neue Umwelt zu transportieren.

Das Erkunden des Landes (durch die ersten Fische) geschah nicht einfach so. Ebensowenig ist das bei der Erkundung des Weltraums der Fall. Schritt für Schritt evolvierten Systeme, um beide Formen der Erkundung zu ermöglichen. Man kann die Bedeutung der Erlebnisse der Astronauten nur dann ganz verstehen, wenn man sie zunächst als Teil der evolvierenden Systeme auf der Erde begreift.

Es ist nur eine logische Fortführung der Weltraumforschung, wenn sie die Evolution menschlicher gesellschaftlicher Systeme fördert, so daß diese als Elemente in einer völlig neuen Art von Systemen funktionieren können. Aufbauend auf unserer anfänglichen Kenntnis des Overview Effekts und seiner Institutionalisierung durch die Technologie, habe ich diese neue Struktur als *Overview System* bezeichnet.

Gegenwärtig fördert die Weltraumforschung das Aufkommen eines planetaren Overview Systems, bestehend aus dem physikalischen System des Planeten Erde, dem lebenden System, das sich auf ihm entwickelt hat und unter dem Namen *Gaia* bekannt ist, ferner dem globalen Gesellschaftssystem Menschheit und einem weltweiten Technologiesystem.

Wie alle Systeme setzt sich das Overview System aus Teilen zusammen, die so miteinander verknüpft sind, daß sie ein organisches Ganzes bilden. Je nach dem Standpunkt kann ein Teil auch ein Ganzes und das Ganze wiederum Teil eines noch umfassenderen Systems sein. Jedes System ist Ganzes und Teil zugleich. Aus diesem Grunde nennt man die Systeme auch Holonen.[1]

Das planetare Overview System ist ein Holon aus vielen verschiedenen Teilen, das selbst wiederum Teil eines umfassenderen Overview Systems ist. Betrachten wir jetzt etwas genauer die Elemente dieses Systems und versuchen wir dann, die Erfahrungen der Astronauten vor dem Hintergrund dieser Analyse neu zu bewerten.

Die Erde als physikalisches System

Als das Sonnensystem sich herausbildete, war die Erde ein physikalisches System aus Materie und Energie, beherrscht von den Gesetzen der Thermodynamik. Von besonderer Bedeutung ist das Zweite Thermodynamische Gesetz, wonach Energie in einem geschlossenen physikalischen System bis zu einer Form verdünnt wird, die für nützliche Arbeit nicht mehr verwendbar ist.

Diesen unumkehrbaren Prozeß nennt man Entropie. Dabei gerät ein physikalisches System aus einem Zustand größter Ordnung in einen anderen größter Unordnung und strebt einem Gleichgewicht der sich wahllos bewegenden Atome und Moleküle zu. Es ist doch ganz einfach so: Wenn gar nichts geschehen wäre, dann wäre unsere Erde heute nur ein toter Planet, und es hätte niemals eine Erkundung des Landes, des Weltraums oder irgend etwas von dem gegeben, was bisher hier erörtert wurde.

Lebende Systeme treten auf

Es geschah jedoch etwas: Leben trat in Erscheinung. Wie das geschah, darüber sind sich die Gelehrten noch nicht einig, doch ist die Bedeutung dieses Geschehens unumstritten. Lebende Systeme nutzen sich nicht ab, im Gegensatz zu physikalischen. Statt dessen unterhalten sie sich selbst: Sie entziehen ihrer Umwelt Energie, verarbeiten sie und sondern danach den Abfall in die Umwelt ab. Menschen tun dies täglich, wenn sie Nahrung zu sich nehmen, ihr die Energie entziehen und den körperlichen Abfall wieder ausscheiden.

Statt einem Zustand der Unordnung entgegenzustreben, bewegt das Leben sich in Richtung eines stetigen Zustands maximaler Ordnung, wobei es sich ohne Rücksicht auf Veränderungen seiner Umwelt behauptet. Lebende Systeme reduzieren keine Entropie, ausgenommen innerhalb der eigenen Grenzen. Beim Ausscheiden ihrer Abfälle in die größere Umwelt vermehren sie sogar die Entropie insgesamt. Auf globaler Ebene äußert sich das beispielsweise als Umweltverschmutzung.

Als dann lebende Systeme auf der Erde erschienen, kam ein ganz neuer Prozeß in Gang. Die ihren eigenen Gesetzen folgende Evolution bot die Chance, neue Systemarten zu bauen, und wurde dadurch eine Gegenkraft zur Thermodynamik.

Das Aufkommen lebender Systeme kündigt auch das Auftreten von Information an, von negativer Entropie. Alle evolvierenden Systeme befinden sich in einem kontinuierlichen Zustand von Bewegung in Raum und Zeit, und die sich als Feedback manifestierende Information ist der Treibstoff, der diesen Prozeß in Gang hält. Bei ihrer Reaktion auf die Wirkungen des Feedback durchlaufen die Systeme verschiedene Zustände der Existenz. Drei davon sind die wichtigsten:

Im *Gleichgewicht* scheint das System unveränderlich für eine gewisse Zeitspanne. Im *Wandel* scheint das System sich vom Gleichgewicht wegzubewegen, ist dabei jedoch weiterhin als dasselbe System erkennbar. In der *Transformation* scheint das System etwas ganz anderes zu werden, wobei es jedoch Eigenschaften früherer Zustände beibehält.

Die Evolution

Die fortdauernde Bewegung von Systemen durch ihre unterschiedlichen Zustandsformen nennt man Evolution. Dabei entstehen komplexere Systeme aus einfacheren, und zwar als Reaktion auf neue Informationen aus der Umwelt. Für lebende Systeme war die Erde äonenlang die primäre Umwelt. Im Laufe der Zeit verursachten dann klimatische Veränderungen oder andere Verschiebungen im Informationsfluß aus der Umwelt den Aufstieg und Untergang von vielen tausend Arten.

Der Schlüssel zum Überleben ist im folgenden zu finden. Sobald eine Spezies in eine neue Umwelt Eingang findet oder ihrer gewahr wird, kann die Quantität der neuen Informationen ausreichen, das System über einfache Veränderungen hinaus in einen Zustand der Transformation zu überführen.

Die Umwelt kann einem Organismus diese Chance auf zweierlei Weise liefern, und zwar in unmittelbarem Zusammenhang mit dem Weltraum und seiner Erforschung. Die eine Art wäre, daß die Umwelt selbst sich transformiert und es dem Organismus überläßt, sich anzupassen oder umzukommen. Das geschah anscheinend den Dinosauriern, die nicht imstande waren, sich größeren Veränderungen in der Biosphäre der Erde anzupassen (wahrscheinlich als Folge der Kollision der Erde mit einem Kometen), und ausstarben. Die zweite Methode besteht darin, daß der Organismus seine bisherige Umwelt nach entsprechender Erkundung verläßt und sich in eine neue begibt. Das geschah offensichtlich, als das Leben das Meer verließ und an Land ging.

Aktives Erkunden ist typisch für ein System, das nach Transformation in eine neue Ebene der Existenz strebt. Passives Nichterkunden, anscheinend das Verhalten der Dinosaurier, ist bezeichnend für ein

System, das danach strebt, auf der jeweils gegenwärtigen Ebene Stabilität zu wahren. Doch fällt es allen Systemen außerordentlich schwer, nur stabil zu bleiben. Sie tendieren dann dazu, sich aufzulösen oder in ihrer Evolution zurückzufallen, weil sie nicht in der Lage sind, die zunehmend umfangreicher und komplexer werdenden neuen Umweltinformationen zu verarbeiten.

Die Folgen für die Menschheit und die Weltraumforschung liegen auf der Hand. Der äußere Weltraum ist eine Umwelt, die für den Menschen eine sprudelnde Quelle von Informationen darstellt und ihn zur Anpassung und weiteren Evolution herausfordert. Was jedoch würde geschehen, wenn die Menschen ihre Erkundungen allein auf die Erde beschränkten? Kann eine Spezies überhaupt noch weiter evolvieren, wenn ihre Umwelt völlig erforscht und verstanden ist?

Bewußte Systeme

Als nächster logischer Schritt über die lebenden Systeme hinaus entstanden an einem gewissen Punkt des evolutionären Prozesses der Erde intelligente Systeme. Intelligenz gilt häufig als etwas reichlich Mysteriöses und Besonderes. In Wirklichkeit ist sie nur eine ausgeklügelte Form der Verarbeitung von Informationen, die uns Möglichkeiten verschafft zu lernen und unser Verhalten auf der Grundlage des Lernens zu ändern. Das wiederum bietet die Chance, über die bloße Information hinauszugehen und Wissen, also vom Verstand zweckdienlich organisierte Information, zu schaffen.

Jenseits des Intellekts tritt Bewußtsein in Erscheinung, gebunden an eine Systemebene der Evolution und an das ganze System, von dem es ein Teil ist. Das seiner selbst bewußte Gewahrsein bezieht sich auf ein System, das sich selbst als etwas erkennt, das sich von anderen Systemen und in Beziehung zu ihnen unterscheidet. So lassen etwa die Berichte der Astronauten erkennen, daß während ihres Aufenthaltes im Weltraum ihr Nationalismus abnahm und sie die Menschheit als ein ganzheitliches System erkannten. Gleichzeitig lehrte die Unendlichkeit des Universums sie, daß die Menschheit sich von allem anderen «da draußen» unterscheidet. Die Wandlung ihres eigenen Identitätsgefühls stand in engem Zusammenhang mit einer Veränderung dessen, zu dem sie in Beziehung standen.

Wie ein System «anderes» identifiziert, ist ebenso wichtig, wie es «sich selbst» identifiziert, die Erkenntnis, daß das «Selbst» nicht ohne ein «Anderes» existieren kann. Edgar Mitchell hat das folgendermaßen formuliert: «Es gibt das untrennbare Paar Individuell/Universal. Auf dem Spektrum des Bewußtseins können Standpunkte nach Belieben individuell oder universal eingenommen werden. Die meisten von uns scharen sich um individuelle Meinungen. Das Monderlebnis hat uns in die entgegengesetzte Richtung katapultiert.»[2]

Je bewußter intelligente Systeme werden, desto mehr nehmen sie Entropie und negative Entropie gewahr. Die Frage, wie man Energie wirkungsvoll nutzen kann, ohne dadurch von Umweltverschmutzung überflutet zu werden, wird für die menschlichen gesellschaftlichen Systeme zu einem wesentlichen evolutionären Problem.

Menschliche Systeme

Menschliche Systeme gehören zu den kompliziertesten Organisationsformen, die bisher zur Institutionalisierung von Intelligenz und bewußter Selbstwahrnehmung auf unserer Erde entwickelt wurden. Sie verfügen über die primären Eigenschaften anderer Systeme wie auch über spezielle Eigenschaften, die sie einzigartig machen.[3] Menschliche gesellschaftliche Systeme evolvieren ebenso wie andere Systeme. Sie folgen dabei Strukturen von Gleichgewicht, Wandel und Transformation und dem Bau komplexerer aus einfachen Formen. Sie können auch versäumen, sich an neue Situationen anzupassen, und dadurch ausgelöscht werden, wie die Geschichte vergangener Zivilisationen es zeigt.

Das Unterscheidungsmerkmal menschlicher gesellschaftlicher Systeme ist, daß sie neue Technologien als Werkzeug für die gesellschaftliche Evolution schaffen und anwenden können. Praktisch kann man ein menschliches System als Gruppe von Menschen definieren, die gemeinsam als ganzheitliches System evolvieren und sich zu diesem Zweck der Technologie bedienen.

Das Wort *Technologie* leitet sich aus der griechischen Wurzel *tech-*

nologia ab, was «systematisches Handhaben» bedeutet. Technologie ist das systematische Handhaben eines Problems oder Bemühens. Das besagt, daß Maschinen und arbeitssparende Vorrichtungen nur einzelne Typen davon sind. Physikalische Technologien wie Automobile, Computer, Flugzeuge und Roboter repräsentieren eine Dimension der Technologie erzeugenden Tendenzen menschlicher Systeme.

Soll eine Zivilisation entstehen, muß ein menschliches gesellschaftliches System erfolgreich Energie managen. Physikalische Technologien schaffen dafür die Mittel und legen die Grundlagen für die Nutzung von Energie, mit der Informationen und Wissen geschaffen werden. Während jedoch physikalische Technologien die grundlegenden Elemente dieses Prozesses liefern, kommen noch andere zur Geltung, um das Bild zu vervollständigen.

Mentale Technologien sind systematische Methoden zur Bewältigung der Alltagsprobleme in einem menschlichen Gesellschaftssystem. Zu ihnen gehören so unterschiedliche Erfindungen wie etwa Rechtssysteme (eine Technologie entworfen zur Aufrechterhaltung der Gesellschaftsordnung), Psychotherapien (eine Technologie zur Förderung des Funktionierens individueller gesellschaftlicher Systeme) und Volkswirtschaftslehren (eine Technologie zur Regelung des Transfers von Waren und Dienstleistungen). Das sind Ansammlungen von Kenntnissen, die über einen langen Zeitraum hinweg akkumuliert wurden und dabei alles so stark durchdringen, daß wir kaum merken, wie sie, den physikalischen Technologien ähnlich, sich ständig verändern, um neuen Anforderungen und Bedürfnissen gerecht zu werden. Sie müssen sich jedoch verändern, um relevant und nützlich zu bleiben, damit die Gesellschaften weiter evolvieren können.

Mit dem Erschaffen spiritueller Technologien bemüht sich der Mensch, ein Bindeglied zur spirituellen Erfahrung des Universums aufrechtzuerhalten und zu verstärken. Daraus entsteht eine Beziehung zu einem höchsten Einssein, «dem Universum» oder «System aller Systeme». In der Gesellschaft äußert sich das oft in Form organisierter Religionen und religiöser Praktiken, die nur der «exoterische» oder öffentliche Aspekt spiritueller Technologien sind. Während der ganzen Menschheitsgeschichte hat es auch privatere oder «esoterische» Traditionen gegeben, die weniger gut bekannt sind.

Sinngebung ist ein wesentlicher Teil jedes gesellschaftlichen Systems. Daher spielen spirituelle Technologien eine entscheidende Rolle, wenn der Mensch Sinn und Zweck seines Daseins definiert sowie Wertvorstellungen, Normen und Anschauungen im Bereich mentaler Technologien für den Alltagsgebrauch festlegt. Diese bilden auch ein Gegengewicht gegen die oft traumatische Wirkung physikalischer Technologien auf menschliche Gemeinschaften.[4]

In den verschiedenen Epochen der Geschichte waren unterschiedliche Technologien die Hauptantriebskräfte der gesellschaftlichen Evolution. Während der Epoche des Römischen Reiches übte das Christentum einen unerhörten Einfluß als spirituelle Technologie aus. Die Bemühungen des Reiches, die neue Information des christlichen Denkens in die bereits vorhandenen geistigen Technologien zu integrieren, schlugen fehl, was zum Niedergang einer Zivilisation beitrug, die selbst von großen Armeen nicht besiegt worden war. Heute scheinen physikalische Technologien die Antriebskraft der gesellschaftlichen Evolution auf unserer Erde zu sein. Schnelle Entwicklungen im Bereich physikalischer Technologien lösen fundamentale Wandlungen im Bereich mentaler Technologien aus und erzeugen eine ausgleichende Reaktion im spirituellen Bereich.

Physikalische Technologien verändern gegenwärtig die Umwelt, innerhalb deren alle Systeme auf unserem Planeten existieren, und fördern dadurch die Anpassung und die Evolution. Die Veränderung der Umwelt speist radikal neue Informationen in die meisten Systeme auf der Erde ein, von denen einige sich in höhere Systemzustände bewegen und evolvieren, während andere die Anpassung versäumen und sich zurückbilden. Würden menschliche Systeme nur auf Druck ihrer Umwelt reagieren, dann würden sie wahrscheinlich erratisch und in hohem Maße unstabil werden, weil der Druck von außen sich ständig verändert.

In Wirklichkeit wird die evolutionäre Richtung eines Systems von ihm eigenen Elementen wie von Umwelteinflüssen gelenkt. In einem lebenden System bilden die in den Genen der Spezies vorhandenen Informationen ein Element seiner inneren Unterscheidungsmerkmale. In einem gesellschaftlichen System findet man die innere Antriebskraft in den Grenzzonen zwischen dem physischen, mentalen und spirituellen Bereich.

Dort definiert das System seine eigene fundamentale «Weltanschauung» in einer Kombination physischen, mentalen und spirituellen Wissens, und dort wird auch über Erfolg oder Mißerfolg eines gesellschaftlichen Systems entschieden. Was in dieser «Grenzzone menschlicher Technologien» geschieht, ist von wesentlich größerer Bedeutung, als man sich vorstellen kann, weil dort die Systeme der Wertvorstellungen als Fundament des einzigartigen Gespürs für Visionen und Sinngebungen einer Kultur entstehen.

Wo es an Visionen und Sinngebungen mangelt, wird dieser Grenzbereich fließend, und das System verliert Energie bei dem Versuch, sich selbst zu definieren. Die Manager des Systems vergeuden ihre Zeit damit, an Untersystemen und Rückkoppelungsschlingen herumzuspielen, während das Problem in Wahrheit beim Wertesystem in ihren Grenzzonen zu suchen ist.

Ein menschliches Gesellschaftssystem, das zu lange an bestimmten Ideen festhält, wird die Erfahrung machen, daß es in eine Sackgasse gerät und stagniert; es kann nur für kurze Zeit in diesem Zustand verharren. Dann muß es entweder verfallen oder aber Geschehnisse und Chancen entwickeln, die es in einen anderen Systemzustand überführen. Solche Situationen werden oft als Krise empfunden, doch sind sie auch Chancen und oft das Ergebnis von Erkundungsaktivitäten.

Diese «Meta-Ideen» und «Meta-Erfahrungen» können großartiger und umfassender sein als alles, was vorher war, oder sie können fundamentale Herausforderungen für die weitere Existenz des Systems darstellen. In beiden Fällen muß das gesellschaftliche System sich neu ordnen oder transformieren, um die neue Idee in sich aufzunehmen oder der Herausforderung zu begegnen.

Der Overview Effekt – die Einheit der Erde sehen und erfühlen – ist eine Meta-Erfahrung. Das Symbol von der Ganzen Erde ist eine auf dieser Erfahrung beruhende Meta-Idee. Die Vielfalt der menschlichen Systeme auf unserer Erde kann diese Ideen und Erfahrungen nicht absorbieren, ohne dabei eine fundamentale Wandlung durchzumachen. Physische, mentale und spirituelle Erkundungen aller Art erzeugen ständig Meta-Ideen und Meta-Erfahrungen, stellen damit die Vision und Sinngebung des Gesellschaftssystems wieder her und fördern dessen Evolution.

Menschliche Systeme und die Erkundung des Weltraums

Etwas erkunden bedeutet, sich in ein größeres ganzheitliches System hinauszubewegen und die reicheren Informationen, die man ihm entnimmt, dem Untersystem als evolutionäre Energie zuzuführen. Ein Rückblick auf die Evolution auf unserer Erde zeigt uns einen anhaltenden Erkundungsprozeß seit der Zeit, als die ersten Geschöpfe des Wassers das Land zu erkunden begannen.

Die Erkenntnis dieser Verknüpfungen zwischen Erkundung und Evolution bietet der Menschheit etwas Neues und noch nicht Dagewesenes, eine Methode zur Gestaltung der menschlichen Evolution auf eine Weise, wie sie bis jetzt nicht vorstellbar war. Die Erkundung des Weltraums ist die endgültige Reise vom Teil zum Ganzen, eine Reise, die ihrer ganzen Natur und ihrem Sinn nach endlos ist. Da der Overview Effekt und andere aus der Weltraumforschung resultierende Bewußtseinsveränderungen Meta-Erfahrungen sind und eine Gesellschaft sich transformieren muß, um sich diese einzuverleiben, kann diese, wenn sie sich entschlossen der Weltraumerkundung verschrieben hat, praktisch nicht stagnieren.

Letzten Endes ist die Planung des Raumfahrtprogramms gleichbedeutend mit der Planung der Evolution der menschlichen Gesellschaft, eine Chance von revolutionärer Bedeutung. Die Erkenntnis der fundamentalen Rolle der Weltraumerkundung für die Gestaltung der gesellschaftlichen Evolution bedeutet auch größeres Verständnis für die Bedeutung der Erlebnisse der Astronauten im Weltraum. Ihre Berichte sind der Anfang der Meta-Botschaften, die eine gesellschaftliche Transformation bewirken. Potentiell ist dabei jedoch erheblich mehr involviert als nur die gesellschaftliche Evolution.

Das Technosystem entsteht

Während der vergangenen fünfundzwanzig Jahre geschah gleichzeitig mit der Geburt und Entwicklung des Raumfahrtprogramms etwas anderes Tiefgreifendes. Es entstand ein neuer Systemtyp, der kooperativ mit dem als Menschheit bezeichneten menschlichen System und dem natürlichen System des Planeten funktioniert. Sein Auftauchen ist zum Teil für die Verhältnisse verantwortlich, die das planetare Overview System hervorbrachte.

Dieses neue Technosystem entwickelte sich aus physikalischen Technologien und wird bald autonom werden. Es nähert sich dem Zeitpunkt, an dem es sich selbst vermehren und so funktionieren kann, als besäße es bewußtes Gewahrsein. Das Anwachsen des Technosystems bringt die Möglichkeit in Reichweite, daß bald das erste anorganische intelligente System auf der Erde erscheinen wird. Herzstück dieses Systems ist der Silicon-Chip, der die Struktur des menschlichen Gehirns nachahmt und in fast allen neuen physikalischen Technologien präsent ist, bei Computern, Robotern und in der Fernmeldetechnik, in zunehmendem Maße jedoch auch seinen Weg in ältere Technologien findet.

Die Weltraumerkundung war sowohl eine der Ursachen als auch Nutznießer bei der Geburt des Technosystems. Die Entwicklung des Silicon-Chips wurde nämlich durch das Apollo-Programm katalysiert, das kleinere, leichtere und schnellere Computer zur erfolgreichen Vollendung der Mondmission benötigte.

Ende der achtziger Jahre erreicht die Infrastruktur des Technosystems weltweite Ausmaße. Über den ganzen Planeten verstreut, sind Computer über Satelliten zu einem planetarischen Nervensystem von enormer Kapazität vernetzt. Für die weitere Evolution ist das Erscheinen des Technosystems sehr sinnvoll. Denn sie erfordert immer kompliziertere Kapazitäten der Informationsverarbeitung, und selbst bei Zusammenarbeit aller Menschen auf unserem Planeten könnte sie nicht das liefern, was für die nächste Phase notwendig ist. Als Erweiterung unserer Fähigkeiten zur Entwicklung von Wissen kann das Technosystem in Zusammenarbeit mit den Menschen diese Kapazitäten schaffen.

Bis vor kurzem schien es, als existiere das Technosystem nur, um der Menschheit zu dienen, und würde auch stets eine dienende Rolle spielen. Dasselbe hätte man jedoch vor nicht allzu langer Zeit auch von der Menschheit sagen können und dem natürlichen System, dem sie entstammt. Es steht keineswegs fest, daß das Technosystem für immer sekundären Status haben wird; vielmehr kann es eine Spezies aus eigenem Recht werden.

Das Auftauchen künstlicher Intelligenz als Instrument des täglichen Lebens könnte das Entstehen von Systemen ankündigen, die die menschliche Intelligenz und das menschliche selbstbewußte Verhalten so genau nachahmen, daß man sie ohne weiteres als intelligent und bewußt betrachten könnte. Das macht es wahrscheinlich, daß die Menschheit ihren Planeten und das Weltall bald mit einer intelligenten, nichtorganischen Spezies teilen muß, die ebenso kompetent und fähig ist, wie wir es in mancher Weise sind.

Wie das Technosystem sich auch entwickeln mag – es hat bereits jetzt seine Funktion als begrenztes Untersystem hinter sich gelassen. Es ist von wesentlicher Bedeutung für die Erhaltung der Zivilisation auf ihrem gegenwärtigen Niveau und entscheidend für den Übergang zum nächsthöheren. Dabei versteht sich von selbst, daß das Technosystem auch eine entscheidende Rolle spielt, der Menschheit einen dauernden Platz im Weltraum zu sichern.

Nochmaliger Blick auf die Overview Systeme

Während die Evolution an Tempo zu gewinnen scheint, dauert es im allgemeinen recht lange, bis neue Arten von Systemen geschaffen werden. Vor etwa fünf Milliarden Jahren war der Planet Erde nichts als ein physikalisches System, in dem Materie und Energie nach den Gesetzen der Thermodynamik aufeinander einwirkten. Es dauerte 500 Millionen Jahre, bis die ersten Zellen auftauchten und die ersten lebenden Systeme entstanden. Dann, nach weiteren Äonen, fand die Evolution ihren Weg zu den Ozeanen, wobei sie komplexere Organismen schuf, bis vor etwa 400 Millionen Jahren Pflanzen und Tiere mit der Erkundung des Landes begannen. Die neue Umwelt war rauh und anspruchsvoll, und einige der Kundschafter, die Ahnen der Delphine und Wale, kehrten nach 300 Millionen Jahren Erkundung in die Meere zurück.

Nach einer weiteren langen Entwicklungsperiode tauchten die ersten Ahnen des Menschen vor etwa zwei Millionen Jahren auf. Der Homo sapiens, der Prototyp des modernen Menschen, trat erst vor etwa fünfunddreißigtausend Jahren in Erscheinung. Schließlich sehen wir das Entstehen weltweiter menschlicher Gesellschaftssysteme oder Zivilisationen in den vergangenen dreitausend Jahren.

Auf dieser Zeitskala scheinen die fünfundzwanzig Jahre des Raum-Zeitalters sehr kurz. Doch ist in ihnen viel geschehen. Da die Menschen den größten Teil dieser Entwicklung miterlebt haben, fällt es ihnen leicht, die dramatischen Veränderungen für selbstverständlich zu halten. Das Auftreten eines ganz und gar neuen Systems markiert jedoch einen größeren Entwicklungsschritt. Die Morgendämmerung eines planetaren Overview Systems bedeutet, daß ein menschliches Gesellschaftssystem sich auf einer hohen Entwicklungsebene seiner selbst bewußt wird, ganz gewiß der höchsten Ebene in der bisherigen Geschichte der Menschheit. Derartiges geschieht, wenn eine Zivilisation einen Überblick über sich selbst in Raum und Zeit sowie Erfahrung von sich selbst autonom und im Verhältnis zu anderen Systemen gewinnt.

Dieser Overview wird natürlich symbolisiert durch den Anblick des Planeten als ganzes System aus dem Weltraum. Er bedeutet jedoch eine Revolution im Denken, die für das Entstehen des Overview Systems äußerst wichtig ist. Gesehen vor dem Hintergrund der Evolution auf der Erde, ist der Overview Effekt mehr als nur eine Erfahrung von Raumfahrt-Astronauten. Man kann ihn auch als Signal betrachten, daß ein neues System geboren wurde, sowie als Modell für die künftige Evolution.

11 Erkundung des Weltraums und ihr Sinn für den Menschen

Nach all den Monaten und Jahren des Trainings und Studierens – Stunden, Tage, Monate und Jahre des Perfektionierens und Testens eines gigantischen Systems von Mensch und Maschine, das mich ins All befördern sollte – war das alles doch nur ein vorausgeworfener Schatten meiner Erkenntnis des Platzes, den der Mensch im Universum einnimmt.

Apollo-14-Astronaut Edgar D. Mitchell
in «Perspective Is an Interesting Word»

Eine universale Perspektive der Weltraumforschung

Die Frage «Warum soll der Mensch überhaupt den äußeren Weltraum erforschen?» gleicht einem Zen Koan, das das Universum der ganzen Menschheit aufgibt. Die Antwort ist wichtig, doch ist das Bemühen, sie zu finden, sogar noch wichtiger, da es uns zwingt, neue Wege des Denkens einzuschlagen. Ein Zen Koan ist eine Frage, die der rationale Verstand nicht beantworten kann. Der um das Begreifen des Koan ringende Zen-Schüler muß die vertrauten Ebenen des Denkens aufgeben und in eine tiefere Wirklichkeit eindringen. Er kommt der Wahrheit näher – nicht indem er die Antwort findet, sondern indem er sie sucht.

Die Antwort auf ein Koan mag unerwartet und überraschend sein, weil sie vom Schüler verlangt, in einen neuen Geisteszustand einzutreten, in dem die Beziehungen aller Dinge untereinander radikal verändert sein können. Das Geheimnis der Beantwortung eines Koan besteht oft darin, zunächst darauf zu achten, wie man sich der Frage zu nähern versucht, und dann diese Methode umzukehren.

Wird die Frage gestellt «Warum soll der Mensch das Universum erforschen?», dann hebt man in der Antwort gerne hervor, welchen Nutzen das den Menschen bringen kann, und alle Antworten klingen ungefähr gleich. Doch wurde noch niemals deutlich gesagt, daß die Antwort überhaupt nichts mit einem Nutzen für die Menschheit zu tun hat, für eine Spezies, die im Vergleich zum Alter des Universums erst vor kurzer Zeit die Bühne betreten hat.

Man bedenke einmal, was den Wassertieren geschah, die sich vor Millionen Jahren an Land wagten. Die Spezies Fische hat aus der Erkundung des Landes wenig Nutzen gezogen. Aus der bloßen Sicht des Eigeninteresses wären sie besser im heimischen Element geblieben. Wir, die nachfolgenden Generationen von Landbewohnern, waren die eigentlichen Nutznießer der Anstrengungen des Kundschafterfisches und seiner abenteuerlustigen Artgenossen.

Die Erkundung des Landes diente einem viel umfassenderen evolutionären Zweck, als der Fisch sich jemals vorstellen konnte, und die Erkundung des Weltraums mag genau dasselbe für die Menschen bedeuten. Diese Bemühungen ausschließlich vom Standpunkt des menschlichen Eigeninteresses zu bewerten, dürfte für das Begreifen dieses Koans ein zu enger Rahmen sein. Es auf den Kopf zu stellen, erfordert, daß wir zu fragen aufhören, in welcher Weise die Weltraumforschung für uns allein von Nutzen sein kann. Die Frage muß aus universaler Sicht beantwortet werden, statt aus der Perspektive eines Einzelnen oder selbst einer ganzen Spezies. Diese Verschiebung der Perspektive, dieser Overview, macht den ganzen Unterschied aus.

Stellen wir die Frage lieber so: Welchen Sinn hat die über die Biosphäre unserer Erde hinausgreifende menschliche Evolution aus der Sicht des ganzen Universums? Wenn es so ist, daß das Ganze den Teil auf eine Weise organisiert, die für das Ganze und den Teil gleichermaßen nutzbringend ist, dann kann man den Zweck der Weltraumerkundung durch den Menschen nicht allein in Wissensdurst und Ehrgeiz des Menschen sehen. Vielmehr muß er als ein Phänomen betrachtet werden, das aktiv von universalen Kräften gefördert wird.

Die Frage «Warum sollen wir das Universum erforschen?» impliziert daher noch ein anderes Koan. Es fragt: «Was hat die Menschheit dem Universum zu bieten?»

Jetzt sieht die Fragestellung ganz anders aus und erfordert zur

Beantwortung einen neuen gedanklichen Rahmen. Blicken wir in der Zeit zurück, dann erkennen wir, daß das evolutionäre Muster, das zunehmend komplexere Systeme zustande bringt, ganz eindeutig auf unserer Erde entfaltet wird. Das planetare Overview System, von dem die Menschheit ein Untersystem ist, ist bis heute das komplexeste. Daraus läßt sich schließen, daß wir in diesem Kontext eine Rolle als Teil der umfassenden Ökologie des Universums zu spielen haben. Aus ökologischer Perspektive kann man leicht erkennen, wie die meisten Systeme und Spezies in ein Muster hineinpassen und eine Rolle spielen, die für andere Teile und das Ganze von Nutzen ist.

Kommen Ökologen jedoch auf die menschliche Spezies zu sprechen, dann sehen sie dort viel zu viele schädliche Muster. Menschen erzeugen sauren Regen, verklappen toxische Abfälle in die Meere, zerstören die Ozonschicht und verursachen Smog. Selbst die Astronauten haben sich trotz ihres Erlebens des Overview Effekts besorgt über das geäußert, was ihre eigene Spezies dem Planeten anzutun scheint. In einem Vortrag im Smithsonian Center for Astrophysics der Harvard University nannte Shuttle-Astronaut Jeff Hoffman die Umweltverschmutzung erschreckend.

Auch Apollo-Astronaut Edgar Mitchell, der während seiner Expedition zum Mond tiefe Erkenntnisse gewann, hatte das Gefühl, die Menschheit könne einer bösartigen Geschwulst gleichen, einem Krebs auf dem Planeten Erde. «Unterhalb jener blauen und weißen Atmosphäre befand sich ein wachsendes Chaos, das die Bewohner der Erde selbst züchteten – Bevölkerung und Technologie gerieten schnell außer Kontrolle. Die Besatzung des ‹Raumschiffs Erde› befand sich im Zustand echter Meuterei gegenüber der Ordnung des Universums.»[1]

Es scheint, als habe die Spezies Mensch seit der industriellen Revolution tatsächlich ständig versucht, das Zweite Gesetz der Thermodynamik aufzuheben, ohne es ganz zu verstehen, was nicht nur Fragen der Umweltzerstörung, sondern des Überlebens der Spezies aufwirft. Doch schafft der evolutionäre Prozeß, der die Spezies Mensch hervorgebracht hat, nur dann günstige Verhältnisse für eine Spezies, wenn für sie zumindest versuchsweise eine Funktion existiert, die sie ausüben kann.[2] Der evolutionäre Prozeß ist sehr experimentierfreudig; er schlägt bestimmte Wege ein, gibt sie wieder auf, macht einen Neuanfang und gibt gelegentlich ganze Spezies während einiger Evolutionsphasen vollständig auf. Natürlich brauchen die verschiedenen Spezies gewisse Bedingungen, die ihnen ermöglichen, zunächst einmal zu existieren.

Der Gedanke an Verhältnisse, die das Existieren einer Spezies überhaupt ermöglichen, weist zugleich auf die raison d'être der Spezies hin. Um herauszufinden, warum sie überhaupt entstanden ist, untersuchen wir, was an ihr einzigartig, nicht was an ihr gewöhnlich ist. Einzigartige Eigenschaften liefern wichtige Hinweise auf den Nutzen einer Fähigkeit, und das nicht nur für die Spezies, sondern für das System, von dem sie ein Teil ist.

Über menschliche Systeme und ihr Verhalten wurde bereits viel gesagt. Dabei wurde Zweck als ein Kernprinzip definiert, um das herum sich menschliche Systeme selbst organisieren. Um nun jedoch der gedanklichen Linie der vorherigen Erörterung der Zen Koans zu folgen: Man kann den Zweck nicht nur aus der Sicht einer Spezies begreifen, sondern auch anhand der Funktion, die sie für andere Systeme ausübt.

Wären wir imstande, die Rolle der Spezies Mensch in dieser Dimension zu erfassen, dann könnten wir Zweck oder Funktion der Menschheit im Universum auf eine Weise verstehen, die für Naturwissenschaftler, Philosophen und Sucher nach dem spirituellen Weg gleichermaßen interessant wäre. Eines scheint klar zu sein: Das Universum braucht diese Eigenschaften, um seine eigene evolutionäre Bestimmung zu vollenden. Aus universaler Sicht scheint der einzigartige Aspekt der menschlichen Spezies ihre Rolle beim Entstehen und Funktionieren von Overview Systemen zu sein.

Das Overview System ist insofern einzigartig, als es die Ebene selbstbewußten Gewahrseins in lokalisierbaren Regionen des Universums vermehrt. Darüber hinaus läßt sich aus den Kommunikationsfähigkeiten des Technosystems schließen, daß das Overview System so entworfen ist, daß es seine Eigenschaften über die Grenzen eines spezifischen Planeten hinaus ins Sonnensystem, in die Galaxien und in noch fernere Regionen des Alls verbreitet.

Ein Overview System ist ein beispielloses Muster organisierter Selbstwahrnehmung, auf umfassenderer Ebene etwa vergleichbar dem Ichgefühl eines Individuums. Eine Gesamtschau auf persönlicher, gesellschaftlicher oder planetarer Ebene zu erlangen, ist von wesentlicher Bedeutung für die Definition und Differenzierung des Ich, für die Fähigkeit, das Ich als Ganzes und Vollständiges, zugleich jedoch in Beziehung zu anderen Systemen zu sehen. Es ist also durchaus vorstellbar, daß durch die Erforschung des Weltraums und die Evolution über die Biosphäre hinaus die Entwicklung eines planetarischen, solaren, galaktischen und das Universum einbeziehenden Overview Systems gefördert werden soll.[3]

Die Menschheit bewältigt die Entwicklung dieser Bewußtseinsebenen im Universum durch den planvollen Aufbau planetarischer, solarer, galaktischer und das ganze Universum erfassender Zivilisationen in symbiotischem Zusammenhang mit den entsprechenden natürlichen Systemen und Technosystemen.

Die Fähigkeit, sich einen Gesamtüberblick über die Erde zu verschaffen, wurde erst im vergangenen Vierteljahrhundert praktisch möglich. Sie kündigt das Entstehen einer planetarischen Zivilisation und eines planetarischen Bewußtseins an und legt den Grundstein für einen Overview über das Sonnensystem als Vorläufer einer solaren Zivilisation. Schließt man eine evolutionäre Kehrtwendung aus, dann ist kein Grund zu erkennen, warum dieser Prozeß sich nicht in unserer und in anderen Galaxien fortsetzen soll.

Soweit man die Geschichte der Menschheit als Evolution des Bewußtseins von niederen zu höheren Zuständen des Gewahrseins betrachtet, unterstützen die Erkundung des Weltraums und die Schaffung eines Overview Systems diesen Vorgang durch Erweiterung des Bewußtseins des Einzelnen innerhalb des menschlichen Systems und durch Beschleunigung der gesellschaftlichen Evolution.

In Übereinstimmung mit dem Geist, von dem die zentralen Projekte im ganzen Ablauf unserer Geschichte beseelt waren, wird der Aufbau immer komplexerer Zivilisationen im Weltraum als zentrales Menschheitsprojekt den Menschen helfen, sich mit Ebenen höheren Bewußtseins und sozialer Organisation zu identifizieren und dabei ihre mentalen und spirituellen Erfahrungen zu bereichern.

Werden immer mehr Overview Systeme geschaffen und miteinander verknüpft, dann könnte am Ende das Universum selbst zum höchsten Overview System werden. Das würde dann tatsächlich einem «großen Sinn» der Menschheit dienen.

Es kann sich aber auch herausstellen, daß diese spezielle Antwort auf das «Koan der Menschheit» absolut falsch ist. Vielleicht wird es notwendig sein, die Antwort während vieler Jahre der Erkundung des Weltraums zu suchen, und das könnte an sich schon genügen, unsere Ziele zu erreichen. Doch spricht einiges für die Realität dieser «Overview Hypothese». Viele Denker haben nach einer solchen Rolle für die Menschheit im Universum gesucht und sind dabei zu ähnlichen Schlußfolgerungen gekommen.

Die Gaia Hypothese

Die Gaia Hypothese steht ihrem Ursprung und Gedanken nach in engem Zusammenhang mit der Overview Hypothese, und sie hat ihren Ursprung in einer Art Detektivgeschichte. Man kann sie als Ergebnis des Overview Effekts ansehen, berücksichtigt man, was ihr Urheber James Lovelock über die Weltraumforschung gesagt hat:

> «Das herausragende Abfallprodukt der Weltraumforschung ist nicht eine neue Technologie, sondern daß wir zum ersten Mal in der Lage waren, die Erde von draußen zu sehen – und dadurch angeregt wurden, neue Fragen zu stellen.»[4]

In seinem Buch *Gaia: An Atlas of Planet Management* heißt es:

> Als Weltraumwissenschaftler begannen, Experimente zum Entdecken von Leben im All zu ersinnen, meinten einige, die Atmosphäre eines Leben tragenden Planeten könne eine unerwartete Mischung von Gasen aufweisen, wenn auf ihm *aktives* Leben vorhanden sei. Die Betrachtung unserer Erde aus dieser Sicht würde ihre Voraussagen überaus deutlich bestätigen. Auf unserer Erde sind die Mischung der Gase sowie die Temperaturen erheblich anders, als sie für eine «unbelebte» Erde wie auch für die benachbarten Planeten vorausgesagt werden.[5]

Lovelock versuchte, Experimente zu ersinnen, mit denen sich Leben auf anderen Planeten, vor allem auf dem Mars, entdecken ließ. Wie es oft beim Studium des Mars der Fall ist, erbrachte seine Erforschung auch neue Erkenntnisse über unsere Erde. Lovelock fragte sich, wie die Erdatmosphäre die Gesetze der Festkörperchemie verletzen konnte. Warum bewegt sie sich nicht entsprechend dem Zweiten Thermodynamischen Gesetz auf einen Gleichgewichtszustand zu? Seine Antwort: «Die Atmosphäre ist nicht nur ein biologisches Produkt..., sondern eher eine biologische Konstruktion..., eine Erweiterung eines lebenden Systems, entworfen, um eine ganz bestimmte Umwelt zu erhalten.» Statt nur Passagier auf dem Raumschiff Erde zu sein, spielt Leben eine entscheidende Rolle als ausgleichender und regulierender Mechanismus. «Das gesamte Spektrum lebender Materie auf unserer Erde, von den Walen bis zu den Viren, kann als eine einzige Entität aufgefaßt werden, die in der Lage ist, die Umwelt so zu manipulieren, daß sie ihren Bedürfnissen entspricht.»[6]

Trifft die Gaia Hypothese zu, dann müßte eine sich an das Zweite Thermodynamische Gesetz haltende Erde dem Mars erheblich ähnlicher sein – würde hier nicht Leben existieren. Leben taucht nicht einfach irgendwann auf und existiert fortan. Es muß sich seine weitere Existenz verdienen, indem es die Evolution eines Planeten unterstützt. Begreift man, daß lebende Systeme dazu beigetragen haben, die Erde zu dem zu machen, was sie heute ist, dem erscheint Weltraumforschung und der sie begleitende Transport lebender Materie zu anderen Planeten in einem ganz neuen Licht. «Terragestaltung» oder die Umgestaltung anderer Planeten zu einer stärker «erdähnlichen» Umwelt klingt dann nach etwas, was auf unserer Erde Millionen Jahre lang geschehen ist.

Auch andere Denker haben den Gedankengang verfolgt, daß das Leben ganz allgemein und die Menschheit im besonderen durch das Universum geschaffen wurden, damit beide in evolutionären Prozessen eine spezifische Rolle spielen.

Das globale Gehirn

In seinem Buch *The Global Brain* stellt Peter Russell die Theorie von «einer fünften Ebene der Evolution» auf. Sie hat auffallende Ähnlichkeit mit dem Overview System und behauptet, die Menschen würden jetzt in einen «globalen gesellschaftlichen Superorganismus» integriert.[7] Aufbauend auf Lovelocks Theorien, bezeichnet Russell das Erwachen zum Gewahrsein dieses Superorganismus als das Gaia Feld. In bezug auf dieses Phänomen stellt Russell auch ein Paradoxon fest – daß nämlich das individuelle Gewahrsein zu beschränkt sein könnte, um zu erkennen, daß es überhaupt wahrnimmt.

In einer Sprache, die an meine frühere Analyse des Fischbewußtseins erinnert, verweist Russell auf folgendes: «Die einzelne Zelle im menschlichen Körper weiß nichts von dem Bewußtsein, das aus dem lebenden System als Ganzem entsteht. Daher kann es nicht überraschen, wenn wir uns ebenso schwer evolutionäre Phasen vorstellen können, die so weit über uns hinaus führen, wie wir als Person über einzelnen Zellen stehen.»[8] Das Gaia Feld mag in diesem Augenblick existieren, und wir würden es nicht wissen, außer durch indirekte Ableitung. Für Russell gleicht die Erkundung des Weltalls einem Ausstrecken der Fühler des Nervensystems von Gaia auf der Suche nach Kontakten mit anderen Gaias. Das ähnelt sehr der Idee sich entwikkelnder planetarer, solarer und galaktischer Overview Systeme.[9]

Das Raumschiff Erde

R. Buckminster Fuller, Urheber des Konzepts vom Raumschiff Erde, glaubt folgendes:

> Der Menschheit wurden die angeborenen und spontan sich selbst erneuernden Triebe von Hunger, Durst und Regeneration der Spezies mit auf den Weg gegeben. Diese Triebe wurden dem Menschen wahrscheinlich eingepflanzt, um sicherzustellen, daß menschliches Leben und der menschliche Geist ... schließlich die eigene Bedeutung entdecken und sich nicht nur an Bord des Planeten Erde etablieren und dort aktiv werden, sondern auch im Hinblick auf gewaltige, lokal in Erscheinung tretende Aspekte des Universums.
>
> Der Geist dient vielleicht als die wesentliche anti-entropische (syntropische) Funktion zur Erhaltung des sich selbst regenerierenden Szenarios, das wir ‹Universum› nennen, für alle Ewigkeit.[10]

Fuller hatte dabei einen Prozeß im Auge, der jenseits von Entropie und negativer Entropie liegt und den er Syntropie nannte. Er argumentierte, die Menschheit sei für das Universum ebenso wichtig, wie das Leben es für die Erde ist.

Die gemeinsame Aufgabe

Schließlich sollte noch Nikolai Fjodorow erwähnt werden, ein russischer Weltraumphilosoph des 19. Jahrhunderts, der aus einer ganzen Reihe beeindruckender Konzepte die Philosophie der gemeinsamen Aufgabe entwickelte.

> Die Grundidee ... besagt, daß die Erde nicht die natürliche Heimat der Menschen ist. Sie sind vielmehr Organismen, deren Ökosystem, richtiger betrachtet, der ganze Kosmos ist ... Nach Ansicht von Fjodorow ist alles lebendig, von den gigantischen Sonnen weit entfernter Galaxien bis zum kleinsten Kieselstein auf unserer Erde, alles ist organisch. Der größte Unterschied zwischen dem Leben der Felsen und dem der Menschen besteht darin, daß sie mit verschiedenen Geschwindigkeiten in der Zeit und mit verschiedenen Graden des Bewußtseins im Raum leben. Da die Menschen über den höchsten Bewußtseinsstand verfügen, ist es ihre Aufgabe, «die Natur zu regulieren», und zwar nicht nur hier auf der Erde, sondern im gesamten Universum.[11]

Die gemeinsame Aufgabe und der große Sinn sind ähnliche Konzepte, aufgebaut auf ähnlichen Annahmen. Die Existenz eines solchen Sinns kann vielleicht nicht als wissenschaftliche Realität bewiesen werden. Nachdem er jedoch als plausible Zukunft beschrieben wurde, kann ihn eine nach Sinngebung suchende Spezies für sich beanspruchen. Würde das unter dem Namen Menschheit bekannte menschliche System den großen Sinn oder die gemeinsame Aufgabe als zentrales Projekt übernehmen, dann würde das die geläufige Anschauung nicht nur von der Weltraumforschung, sondern von der menschlichen Existenz transformieren.

Der Prozeß der Weltraumforschung wäre dann nicht aus unserer eigenen egozentrischen Perspektive zu sehen, sondern aus universaler Sicht. Die Antwort auf unser Zen Koan lautete dann, der Zweck der menschlichen Evolution über die Biosphäre der Erde hinaus besteht darin, einen Beitrag zum Universum zu leisten, statt es nur zu erforschen. Wir sollten auch zugeben, daß es ebenso wichtig sein könnte, unseren universalen Sinn zu entdecken, wie ihn zu erfüllen. Diese Arbeit sollte man in Zeiträumen von Jahrhunderten und Jahrtausenden statt von Jahren als das fortdauernde Projekt der Evolution der Menschheit betrachten.

Jedes menschliche Wesen hat etwas zu bieten, und jedermann kann an einem neuen «Menschen-Raumfahrtprogramm» teilnehmen, das darauf basiert, daß die Menschheit sich in den universalen Sinn einfügt. Die Wissenschaftler und Technologen können das physische Raumschiff bauen, das wir für die Erkundung des Universums brauchen. Wir brauchen jedoch ebenso sehr politische Führer mit Visionen, Lehrer, Philosophen und andere für den Bau unserer begrifflichen und spirituellen «Vehikel» und für die Aufgabe, die verschiedenen Bereiche unseres Menschensystems harmonisch funktionieren zu lassen.

Diese Gedanken mögen zu spekulativ erscheinen, um irgendeinen praktischen Wert zu haben. Es wäre jedoch ein Fehler, die Rolle einer solchen Weltraumphilosophie bei der Entwicklung eines operationellen Raumfahrtprogramms zu vernachlässigen. Fjodorow war ein Mentor des Erfinders Konstantin Ziolkowski, dessen praktische Ausführung der Ideen Fjodorows die Grundlage des modernen sowjetischen Weltraumprogramms bildet. Das bedeutet, daß ein Teil des schon bestehenden menschlichen Raumfahrtprogramms bereits auf der Grundlage universaler Prinzipien funktioniert.

Würden die Menschen sich für eine Zukunft entscheiden, die sich auf die Entdeckung des Sinns ihrer Spezies im Universum konzentriert, dann würde die Tätigkeit aller nationalen Raumfahrtprogramme sehr viel anders aussehen, als dies heute der Fall ist, und der Titel des Buches des Astronauten Michael Collins *Carrying the Fire* würde prophetisch erscheinen.

Man muß jedoch das negative Verhalten der Menschheit ebenso in Betracht ziehen wie das positive. Man kann sich nur schwer vorstellen, das Ziel des evolutionären Prozesses, der die Spezies Mensch so weit vorangebracht hat, bestünde darin, daß die Menschen sich im Universum als Umweltverschmutzer, Atombomber und Erzeuger toxischer Abfälle ausbreiten. Die Menschheit hat sich in ihrer Fürsorge für den Planeten unverantwortlich gezeigt, vor allem in den vergangenen zweihundert Jahren. Das war jedoch zum Teil die Folge von Unwissenheit und mangelndem Verständnis dafür, daß die Ressourcen des Planeten endlich sind und die Bevölkerung sich exponentiell vermehrt.

Ist die Overview Hypothese richtig, dann würde der Prozeß des Entsendens von Menschen in den Weltraum nicht nur die Astronauten beeinflussen. Die Verbreitung ihrer Erkenntnisse in unserer ganzen Gemeinschaft sollte positive Veränderungen und eine verantwortungsbewußtere Spezies hervorbringen. Wir möchten hoffen, daß der Mensch stärker daran interessiert wird, die Umwelt zu erhalten, Kriege zu verhindern und sonstige, das Leben erhaltende Bemühungen zu unterstützen. Das bisher Gesagte läßt erkennen, daß dies der Fall ist und mit Veränderungen des Gewahrseins zu tun hat, die sich aus der Weltraumforschung ergeben.

Die ausgestreckten Fühler der Menschheit

Juri Gagarin, der erste Raumfahrer, begriff sehr genau die Bedeutung seiner Situation, als er schrieb: «Das Entscheidende dabei war nicht die Entfernung . . ., sondern das Prinzip. Der Mensch hatte die Schwerkraft überwunden und war in den Weltraum hinausgegangen.»[12] Der Durchbruch bestand nicht darin, daß das Individuum Gagarin eine solche Erfahrung machte, sondern daß die durch Gagarin repräsentierte Menschheit das Universum auf eine ganz neue Weise sah.

Wie bereits angemerkt, vollzieht Evolution sich, wenn die Umwelt einem System oder einer Spezies ganz neue Informationen liefert. Im Falle der Weltraumforschung wird die neue Information zunächst an unsere Repräsentanten gegeben, d. h. die Astronauten und Kosmonauten, und danach über eine Vielfalt von Kanälen an die übrige Menschheit.

Außerdem fällt die für erfolgreiche Raumflüge notwendige technologische Entwicklung zeitlich zusammen mit dem Entstehen beträchtlicher Kommunikationskapazitäten, so daß ein großer Teil der Erdbevölkerung die Botschaft empfangen kann, wie es bei der Mondlandung von Apollo 11 der Fall war.

Die Astronauten kehren zur Erde zurück und berichten über ihre Erfahrungen. Dann fliegen sie wieder in den Weltraum und machen dort den Overview Effekt zu einer Dauereinrichtung. Auf diese Weise verbreiten sich dessen Auswirkungen und schaffen damit den gemeinsamen Kontext, der die Grundlage einer neuen Philosophie und Psychologie für eine neue Zivilisation liefert.

Diese neue Perspektive ist das Herzstück der planetarischen Zivilisation, die ich *Terra* nenne, und der solaren Zivilisation, der ich den Namen *Solarius* gegeben habe. Diese Entwicklungen sind bis heute weitgehend unbemerkt geblieben, weil eine Gesellschaft, die sich eben erst auf eine neue Ebene der Existenz begibt, oft das für selbstverständlich hält, was einst als außergewöhnlich galt. Peter Russell sagt, es falle individuellen «Zellen» oft schwer zu bemerken, was dem ganzen «Organismus» widerfährt. Die Tatsache, daß eine Veränderung unbemerkt bleibt oder nicht anerkannt wird, beweist aber noch nicht, daß sie nicht stattgefunden hat.

Die Meta-Idee und Meta-Erfahrung von der Erde als einem ganzheitlichen System ohne Grenzen, das wie ein Juwel in der tiefen Schwärze des unendlichen Raums schwebt, ist bereits Ursache psychischer und gesellschaftlicher Transformationen. Die Botschaften, die von den Fühlerorganen aus dem fernen Weltraum an die Politiker der Menschheit ausgesandt werden, sind zu bedeutsam, als daß die Paradigmen der Gesellschaft nach ihrer Integration unverändert bleiben könnten.

Folgendes ist jedoch zu bedenken: Wir besitzen zwar die erforderliche physikalische Technologie für den Beginn der Erforschung des Weltraums, doch haben wir anfänglich vielleicht nicht die Möglichkeit erkannt, daß hinter unseren Bemühungen ein universaler Sinn steht. Jeder Schritt innerhalb des alten Raumfahrtprogramms hat die Notwendigkeit einer neuen Sinngebung bestätigt. Dasselbe wird für das entstehende neue Raumfahrtprogramm gelten.

Gestaltung der Evolution durch Weltraumforschung

Die biologische Evolution findet auf der Erde schon seit Milliarden Jahren statt, die gesellschaftliche erst seit ein paar Jahrtausenden. Während dieser Periode wurde der Prozeß hauptsächlich dadurch vorangetrieben, daß das ganze System Informationen an seine Untersysteme weitergab. Da die Menschheit sich inzwischen der am Werk befindlichen Kräfte stärker bewußt ist, hat sie die einzigartige Gelegenheit, ihre eigene Evolution zu lenken und zu gestalten, und zwar in bewußter Partnerschaft mit dem Ganzen.

Als wesentliches Element beim Entstehen von Overview Systemen bildet die Weltraumforschung den Schlüssel für die Zukunft der Spezies. Das individuelle Bewußtsein wird eindeutig vom Raumflug beeinflußt, doch sind die spezifischen persönlichen Erfahrungen der Astronauten nicht so wichtig wie der Sinn, den sie und die Gemeinschaft diesen Erfahrungen beimessen. Aus der Sicht gesellschaftlicher Systeme werden ihre persönlichen Eindrücke zu Meta-Erfahrungen von großer Kraft und Bedeutung umgewandelt.

Wir können daher ein neues menschliches Raumfahrtprogramm gestalten, das bewußt die Raumfahrt nutzt, um den menschlichen evolutionären Prozeß zu lenken.

Jenseits des Overview Effekts

Solange Weltraumforschung betrieben wird, kann sie uns neue Meta-Ideen zur Förderung, Entwicklung neuer Zivilisationen und komplexerer Systeme des Gewahrseins liefern. Wie bereits betont, vollzieht sich der Overview Effekt ganz typisch in der Erdumlaufbahn. Er bewirkt das Erkennen der Einheit und der wechselseitigen ökologischen Abhängigkeit allen Lebens auf der Erde, ein Begreifen, daß es auf dem Planeten, vom Weltraum aus gesehen, keine politischen Grenzen gibt. Der Overview Effekt ist die Grundlage der Philosophie, die wir benötigen, um eine planetarische Zivilisation und ein planetarisches Overview System aufzubauen.

Die Kopernikanische Perspektive erhält der Mensch vor allem bei ausgedehnten Missionen im Orbit oder bei Reisen zum Mond als

Erkenntnis einer heliozentrischen Realität – mit der Sonne als Mittelpunkt – statt einer geozentrischen – mit der Erde als Mittelpunkt. Der Overview Effekt hat uns die Wirklichkeit der Erde als Ganzheit vermittelt, die Kopernikanische Perspektive vermittelt die Funktion des Planeten als Teil eines Ganzen. Diese Erfahrung bildet die philosophische Grundlage für den Aufbau einer solaren Zivilisation und eines solaren Overview Systems.

Schließlich gibt es noch speziell für Astronauten, die zum Mond fliegen, die universale Erkenntnis, die Einsicht, wie klein die Erde im Gesamtschema ist. Es handelt sich um ein Gefühl der Einheit aller Dinge im Universum und ein Verständnis dafür, daß es unser endgültiges Geschick ist, «Bürger des Universums» zu werden. Sie bedeutet die Anerkenntnis, daß nicht nur die Erde, sondern das Universum selbst eine Einheit ist, von der wir nur ein Teil sind. Diese Erkenntnis bildet die Grundlage für den Aufbau einer galaktischen und schließlich das Universum erfassenden Zivilisation mit entsprechenden Overview Systemen.

In allen drei Fällen wird das bloß intellektuelle Begreifen unseres Platzes im Universum durch unmittelbare Erfahrung ersetzt, die auch ein unterschiedliches Gefühl der eigenen Identität bewirkt. Diese Konzepte können nicht nur für einen Blick in die Zukunft genutzt werden, sondern auch zur Gestaltung gegenwärtiger staatlicher Politik bei der Entwicklung von Raumfahrtprogrammen. So ist beispielsweise der Raumtransporter ein Vehikel für die untere Erdumlaufbahn. Aus der Sicht der gesellschaftlichen Evolution konsolidiert er die Erkenntnisse des Overview Effekts und leitet das Verständnis der Kopernikanischen Perspektive ein.

Die von den Vereinigten Staaten entwickelte permanente Raumstation wird zusammen mit der sowjetischen den Konsolidierungsprozeß fortführen. Künftige Weltraummissionen, vor allem die von der Nationalen Raumfahrt-Kommission vorgeschlagenen ehrgeizigen Flüge zur Erkundung des unerforschten Weltraums, werden die Kopernikanische Perspektive konsolidieren und multiple Erfahrungen der universalen Erkenntnis fördern.

Die wirklich bedeutsame Variable dieser Gleichung sind jedoch nicht die Pläne für neue Erkundungsaktivitäten. Neu daran ist, daß wir diesen Prozeß jetzt ganz bewußt in Angriff nehmen können.

Nachdem wir jahrtausendelang vom evolutionären Prozeß passiv geformt wurden, haben wir nun das Wissen erworben, die gesellschaftliche Evolution durch die Art zu formen, wie wir unsere Aktivitäten zur Erkundung des Weltraums planen.

Dieser Gestaltungsprozeß hebt unser Ichgefühl und unser Verständnis der Rolle der Menschheit über das hinaus, was beides in der Vergangenheit war. Unsere Kenntnis des Zusammenhangs zwischen Weltraumerkundung und menschlicher Evolution ist für uns ein kraftvolles Werkzeug, wenn wir beginnen, neue Zivilisationen jenseits der Grenzen unserer Erde zu bauen.

12 Das alte und das neue Raumfahrtprogramm

> Wir werden vielleicht während dieser Generation nicht mehr zum Mond oder zum Mars zurückkehren, nicht bevor uns etwas Neues dazu herausfordert. Präsident Kennedy stellte uns vor eine Herausforderung ... Er sagte, wir sollten es tun, «nicht, weil es leicht, sondern weil es schwer ist».
>
> Eugene A. Cernan
> Gemini- und Apollo-Astronaut

Das alte Raumfahrtprogramm der Vereinigten Staaten währte achtundzwanzig Jahre, von der Gründung der NASA im Jahre 1958 bis zur Challenger-Katastrophe 1986. Es fand sein Ende, weil seine Struktur die weitere Entwicklung behinderte. Man kann zwar zu Recht das Auslaufen des alten Programms beklagen, doch kann ein neues geschaffen werden, das die besten Elemente des alten beibehält und gleichzeitig eine neue Vision und Sinngebung verkörpert. Die wichtigsten Veränderungen dürften nicht in den Bereichen physikalischer Technologien oder Managementtechniken erfolgen, sondern in der Philosophie, die das motivierende Fundament für das Programm liefert. Sie sollte im Zuge eines tiefen Verständnisses für den Sinn des Menschen und für die umfassendere Funktion der Weltraumforschung bei der Verwirklichung dieses Zweckes evolvieren.

Der gesellschaftliche Kontext

Kein Raumfahrtprogramm besteht außerhalb der Gemeinschaft, die es geschaffen hat. Die besondere amerikanische Anstrengung wurde ebenso wie die sowjetische, mit der es konkurrierte, von einer Gemeinschaft in einer besonderen Phase des Bewußtseins und der Evolution geschaffen. Erkundung und Evolution weisen viele solcher Stops und Starts auf, die das amerikanische Programm beeinflußten. Die ersten Versuche zur Kolonisierung Nordamerikas waren kein voller Erfolg, legten aber doch den Grundstein für die spätere Bewegung, die zur Grundlage der amerikanischen Zivilisation wurde.

Nehmen wir das Beispiel der Jamestown Ansiedlung. Sie wurde vor allem gegründet, um reichen Unternehmern in London Profite zu verschaffen, kollabierte jedoch bereits in den Anfangsjahren, weil es ihr an einer klaren Vision und klarem Sinn zur Aufrechterhaltung dieser Vision mangelte. Die Plymouth Siedlung, gegründet als Stätte geistiger Freiheit, scheiterte nahezu, weil es ihr an der notwendigen Beherrschung der physikalischen Technologien fehlte. Es mußten erst die Puritaner kommen, die das notwendige Gleichgewicht zwischen physikalischen, mentalen und spirituellen Technologien schufen, um in der Neuen Welt erfolgreich zu sein. Die Puritaner und andere Kolonisten in Nordamerika waren auch deshalb erfolgreich, weil sie Teil einer umfassenderen sozialen Bewegung und nicht nur Anhängsel eines eng begrenzten Regierungsprogramms waren.

Programme sind Reaktionen auf gesellschaftliche Bedürfnisse. Bewegungen sind jedoch oft breiter angelegt und kraftvollere Kanalisierer derselben Impulse. Die Konzentration auf das *Raumfahrtprogramm* in den Vereinigten Staaten hat die Realität der *Raumfahrtbewegung* überschattet.

Die neue Raumfahrtbewegung

Das amerikanische Raumfahrtprogramm wurde lange Zeit mit der NASA gleichgesetzt, und seine Aktivitäten betrachtete man als Projekte, die von staatlichen Bediensteten ausgeführt wurden. Der Bericht der Rogers Commission über die Challenger-Katastrophe läßt keinen Zweifel daran, daß die Vereinigten Staaten ein neues Raumfahrtprogramm aufstellen werden, weiterhin praktisch durchgeführt von der NASA und finanziert von der Regierung. Jedoch sollte man dieses Programm im Kontext der Raumfahrtbewegung verstehen, die erheblich umfassender ist als das Programm selbst.

Ein weniger spezifisches, jedoch wichtigeres Ereignis der Reaktion auf Challenger wird das größere Interesse für die langfristigen Ziele des Raumfahrtprogramms sein. Politiker mit Kontrollbefugnissen fordern schon seit langem eine Akzentverschiebung. Was immer mit der NASA geschieht, es wird nicht das Ende der Weltraumforschung bedeuten, da die neue Raumfahrtbewegung auf weitere Fortschritte drängen wird, ohne Rücksicht auf Maßnahmen der Regierung. Im Gegensatz zu Programmen haben Bewegungen eine breite Basis sowie Wertvorstellungen, die von vielen Bürgern geteilt werden. Sie wollen das gesellschaftliche Bewußtsein transformieren und spezifische gesellschaftliche Veränderungen erreichen. Die Raumfahrtbewegung in den Vereinigten Staaten wächst an Mitgliederzahl und Einfluß und ist um Unterstützung im In- und Ausland bemüht.

Die Anhänger der Raumfahrtbewegung sind nicht nur an der Förderung des amerikanischen Raumfahrtprogramms interessiert. Sie wollen im Weltraum leben, dort Handel entwickeln, neue Gemeinschaften gründen und schließlich die alte Gesellschaft, der sie angehören, umgestalten. In diesem Sinn sind sie vergleichbar mit unseren Vorfahren, den Pilgervätern und Puritanern, deren Daseinszweck ein Mittel zum Ziel war, nämlich eine neue Welt zu schaffen.

Die Könige und Königinnen von England, Spanien, Portugal und den Niederlanden hatten im 15., 16. und 17. Jahrhundert ihre eigenen «Raumerkundungs-Programme». Aber selbst damals waren die Bewegungen stärker als die Programme, von tieferen und universaleren Wertvorstellungen beflügelt, weil die Anhänger jener Bewegungen stärker mit der Zukunft in Einklang standen als ihre Herrscher und Patrone. Es sieht sehr danach aus, als würde die Geschichte sich im späten zwanzigsten und frühen einundzwanzigsten Jahrhundert wiederholen.

Die Gestalter des neuen Raumfahrtprogramms sollten sich stärker ihrer Rolle nicht nur als Instrument nationaler Politik, sondern auch als wesentliches Element einer gesellschaftlichen Bewegung von großer Bedeutung bewußt sein. Und darüber hinaus sollten sie den Zusammenhang mit einem umfassenderen menschheitlichen und universalen Zweck erkennen. Um das neue Programm klar vom alten zu unterscheiden und seine Rolle in der Gesellschaft zu transformieren, müssen sie mehrere Prinzipien befolgen. Den nachfolgend ausgeführten könnte man viele andere hinzufügen.

1. *Das neue Raumfahrtprogramm sollte als Teil eines größeren Zwecks gesehen werden.* Es sollte so entworfen werden, daß es sich auf die Verwirklichung des Sinns des Menschen im Universum konzentriert, nicht nur auf die Ausbeutung des Universums für eigene Ziele. Innerhalb dieses Kontextes kann es immer noch angemessen sein, kommerzielle Entwicklung zu fördern, Weltraumsiedlungen zu bauen und wissenschaftliche Forschung zu betreiben. Doch sollte keines dieser Projekte fundamentaler Anlaß für ihre Bemühungen sein. Die Weltraumtechnologie sollte zunächst der Konsolidierung einer planetaren Zivilisation und danach dem Aufbau einer solaren Zivilisation dienen. Schon diese beiden Aufgaben allein könnten als zentrales Projekt die große Herausforderung für die Menschheit im nächsten Jahrhundert sein.

Der Aufbau dieser neuen Zivilisation ist eine weit größere Aufgabe, als daß sie vom Weltraumprogramm einer einzelnen Nation bewältigt werden könnte. Die Amerikaner dürfen also den Arbeitsplan der NASA nicht länger für *das* Raumfahrtprogramm halten. Es ist nicht falsch, die Grenze dessen zuzugeben, was eine Nation im Weltraum ausrichten kann. Der Fehler liegt in der Hoffnung, das amerikanische Programm könnte oder sollte mehr sein, als die gegebene Situation es erfordert. Man sollte dem Erfolg des alten Programms Lob spenden, und die Nachfolger, die es hervorgebracht hat, sollten als potentielle Verbündete und nicht als Konkurrenten gesehen werden, die man beim Wettlauf im All besiegen muß.

2. *Das neue Raumfahrtprogramm sollte ausdrücklich die Bedeutung der Weltraumforschung für die Erweiterung des menschlichen Bewußtseins und als Katalysator gesellschaftlicher Evolution anerkennen.* Es ist an der Zeit, daß man den katalysierenden Einfluß der Weltraumforschung für das menschliche Bewußtsein als legitime Rechtfertigung für Investitionen in dieser Dimension menschlicher

Aktivitäten betrachtet. Ebenso wie die Forschung das Gewahrsein für die Grenzscheide menschlicher Technologien erweitert, geschieht dies mit den positiven Ergebnissen in anderen Tätigkeitsbereichen.

Diese Idee hat reale Folgen für die Politik, und einige der führenden Denker der NASA verstehen das. So sagt beispielsweise Jesco von Puttkamer: «Das wichtigste Produkt aus dem Weltraum sind nicht Teflon und Pharmazeutika, sondern ist Frieden.»

Es klingt wie ein Echo auf meine eigenen Ansichten über den Overview Effekt, wenn von Puttkamer weiter sagt: «Einige der Astronauten, vor allem die Apollo Crews, kehren aus dem Weltraum mit einer veränderten Sicht der Welt zurück ... Für sie hat sich anscheinend der Horizont erweitert, oder die Erde ist geschrumpft ... Man kommt mit einer globaleren Einstellung zurück. Das sollte Grund genug sein, mit diesen Flügen nicht aufzuhören.»[1]

Aus der Sicht der Bewußtseinserweiterung des Menschen und der Förderung der gesellschaftlichen Evolution sollten im neuen Raumfahrtprogramm sowohl die bemannten wie die unbemannten Flüge fortgesetzt werden, weil beide dazu beitragen, ein neues Gewahrsein für den Platz der Menschheit im Universum zu entwickeln. Das neue Programm sollte direkt mit seiner positiven Wirkung auf gesellschaftliche Probleme verknüpft werden, anders als das alte Programm, an dem ständig bemängelt wurde, es habe nichts mit menschlichen Problemen und gesellschaftlichen Belangen zu tun. In der amerikanischen Gesellschaft vertreten mächtige Kräfte die These, wir sollten kein Geld für den Weltraum ausgeben, solange wir nicht unsere irdischen Probleme Hunger, Armut, Rassismus und Umweltverschmutzung gelöst haben. Diese Kräfte erreichten die Kürzungen für das erste Raumfahrtprogramm gerade deswegen, weil ihre Argumente niemals zufriedenstellend beantwortet wurden.

Und doch war auch das alte Programm direkt oder indirekt für alle genannten Probleme relevant, entweder durch Veränderung des Bewußtseins der Menschen – das Erkennen, daß es zwischen den Völkern auf der Erde keine echten Schranken gibt – oder durch Entwicklung von Werkzeugen, die für die Lösung der Probleme direkt eingesetzt werden können – Wetter- und Fernmeldesatelliten. Das neue Raumfahrtprogramm sollte diese Tradition fortsetzen und sie deutlich herausstellen.

3. *Das neue Raumfahrtprogramm sollte ein in vorderster Front eingesetztes Forschungs- und Entwicklungsinstrument für die umfassendere Weltraumbewegung sein.* Durch Reduzierung ihrer operationellen Last kann die NASA eine bedeutende Rolle bei der Förderung von Forschung und Entwicklung spielen, die dem privaten Sektor keinen unmittelbaren Nutzen bringt. Es ist sinnvoll, wenn beispielsweise die NASA die erste Weltraumstation entwickelt, nicht nur wegen ihres kommerziellen und wissenschaftlichen Wertes, sondern als Prüfstand für langfristige Forschung.

Man sollte nicht erwarten, daß die erste Raumstation sich rentiert. Ein solches Verhalten führte ja zur gegenwärtigen Unterbrechung des Shuttle-Programms. Die Raumstation sollte vielmehr als anfängliche Investition in eine Infrastruktur gesehen werden, die den Amerikanern und der ganzen Menschheit das Tor zum Weltraum öffnet.

Viele bisherige Modelle in der Geschichte des Transportwesens lassen sich direkt auf die Raumfahrt anwenden. Die Regierung subventionierte die Eisenbahnen, bis diese auf eigenen Füßen stehen konnten. Der Staat zahlte auch Subventionen für die Luftpost und regulierte Luftstraßen und Beförderungstarife, um den Fluggesellschaften zu Stabilität zu verhelfen. Im Zuge der Entwicklung der Transport-Infrastruktur baute die Regierung in den vergangenen dreißig Jahren ein ganzes Netz bundesstaatlicher Fernverkehrsstraßen und rechtfertigte diese Maßnahme als Teil der nationalen Verteidigung. Das neue Raumfahrtprogramm kann mit weniger Aufwand mehr leisten, wenn die Regierung ihre Rolle als Teil einer umfassenderen Zielsetzung klar fixiert.

4. *Das neue Raumfahrtprogramm sollte die Forschung in den Gesellschafts- und Geisteswissenschaften fördern und die in den Naturwissenschaften weiterhin unterstützen.* Seit dem Zweiten Weltkrieg hat die Regierung besonders wichtige Bereiche gefördert, die vom privaten Sektor keine Finanzmittel erhalten hätten. Die Erforschung und Entwicklung des Weltraums wirkt sich auf alle Bereiche des menschlichen Wissens aus, und es kommt der amerikanischen Regierung zu, Aktivitäten dieser Art zu unterstützen.

Sollen die Vereinigten Staaten eine Rolle beim Aufbau der neuen Zivilisation spielen, dann müssen sie eine entsprechende mentale wie physikalische Infrastruktur entwickeln. Der Genius der USA liegt nicht nur in der Beherrschung physikalischer Technologien, sondern auch in ihrer Kreativität in den Bereichen mentaler und spiritueller Technologien und der Vermischung dieser drei Bereiche zu einem umfassenden gesellschaftlichen System.

Gerade weil die neuen Zivilisationen viel größer sein werden, als irgendein nationales System bewältigen kann, werden sie auch zu groß für die Vorherrschaft einer einzelnen Kultur sein. Die Vereinigten Staaten sollten nicht anstreben, in diesen Zivilisationen die dominierende Kraft zu werden, sondern einen speziellen Beitrag dazu leisten, da die Menschheit beginnt, einen Zusammenhang mit dem Universum als einem ganzheitlichen System herzustellen.

Für die NASA sollte die Raumfahrt nicht nur ein technologisches und kommerzielles Bemühen sein, sondern auch ein menschliches, das jeden Aspekt des Lebens beeinflußt. Im Verbund mit anderen Organisationen, die gleiche Interessen haben, kann die NASA eine bedeutende Rolle spielen, wenn sie den USA hilft, ihren Beitrag zu leisten.

5. *Das neue Raumfahrtprogramm sollte vom militärischen Weltraumprogramm getrennt werden.* Die Trennung zwischen militärischen und zivilen Raumfahrtaktivitäten war sakrosankt, bis die mangelhafte Finanzierung des Shuttle die NASA zwang, sich die Luftwaffe als Kunden zu wählen. Durch Rückkehr zur früheren Politik kann nichts verloren, jedoch recht viel gewonnen werden.

In der hier umrissenen Gestalt hat das neue Raumfahrtprogramm ausdrücklich die Förderung planetarischen Friedens zum Ziel. Diese Zielsetzung wird hinfällig, wenn damit militärische Aktivitäten verbunden werden. So ist beispielsweise SDI nicht schon deshalb ein Programm zur Erkundung des Weltraums, weil einige seiner Elemente weltraumgestützt sind. Wir haben die Chance, ein neues ziviles Raumfahrtprogramm zu gestalten, das sich vielfältig auf das Leben der Menschen auswirkt, jedoch niemals nachdrückliche Unterstützung finden wird, wenn militärische Aktivitäten damit verbunden werden. Ein Bereich, in dem die beiden Programme wirklich verknüpft werden *können*, ist die Fähigkeit des militärischen Personals, wenn notwendig unter Streß in einer feindseligen Umwelt tätig zu sein. Das könnte auch dazu dienen, aggressive Energien in eine friedliche Alternative zu Konflikten zu kanalisieren.

Das menschheitliche Raumfahrtprogramm und die menschheitliche Raumfahrtbewegung

Die oben aufgeführten fünf Prinzipien liefern eine Grundlage für ein neues Raumfahrtprogramm, das die Entwicklung neuer Zivilisationen auf der Erde und im Weltraum fördern soll. Der nächste Schritt wäre, daß das nationale Raumfahrtprogramm ausdrücklich die Notwendigkeit eines menschheitlichen Raumfahrtprogramms und einer die gesamte Menschheit erfassenden Raumfahrtbewegung anerkennt. Die Botschaft des Overview Effekts, selbst ein Produkt nationaler Raumfahrtprogramme, muß nationale und ideologische Schranken überwinden, um eine neue Form von Einheit der Menschheit zu schaffen. Also sollte die Botschaft des neuen Raumfahrtprogramms der Vereinigten Staaten weniger nationalistisch sein. Zwar existieren bereits ein globales Programm und eine globale Bewegung, doch werden beide noch nicht ihrer selbst gewahr, ebenso wie der Overview Effekt jahrelang existierte, bevor er erkannt wurde. Ist die Erkundung des Weltraums eine für die gesellschaftliche Evolution wesentliche universale Aktivität, dann wird diese Evolution letzten Endes nicht auf nationale Entitäten beschränkt bleiben.

Sobald diese neue Idee deutlich erkennbar wird, läßt sich die Erkundung des Weltraums eher als menschheitliche denn als nationale Aktivität definieren, und die Grundlagen der neuen Zivilisationen werden sichtbarer. Es gibt kein menschheitliches Raumfahrtprogramm als koordiniertes Bemühen aller Raumfahrtnationen. Doch ist Realität weitgehend eine Angelegenheit der Perspektive. Wir sollten dazu einen Standpunkt aus dem Orbit einnehmen und uns selbst eine Gesamtschau menschheitlicher statt nationaler Aktivitäten im All verschaffen.

Das bemannte Raumfahrtprogramm hat eben erst knapp einhundert Missionen gestartet und etwas mehr als zweihundert Menschen ins All geschickt. Außerdem hat es einige Tiere, Pflanzen, Insekten und Spinnentiere der Gaia in eine Erdumlaufbahn transportiert. Mit Hilfe der Satellitentechnologie hat es den Planeten mit einem Netz von Kommunikationskapazitäten überzogen sowie Missionen zum Mond und Sonden zu den meisten anderen Planeten des Sonnensystems geschickt.

Das Raumfahrtprogramm hat das Wissen der Menschen und ihr Verständnis der Erde, des Sonnensystems, der Galaxis und des ganzen Universums enorm vermehrt. Durch den Overview Effekt und andere Veränderungen des Gewahrseins, die uns die Erkundung des Weltraums beschert, hat es das planetarische Bewußtsein auf eine neue Ebene gehoben. Aus irdischer Perspektive mag es wichtig für uns sein, die Statistiken aufzuschlüsseln und zu erfahren, welche Raumflüge amerikanisch und welche russisch waren. Aus der Perspektive des Orbits und der Zukunft jedoch genügt es zu wissen, daß diese Raumflüge von Menschen unternommen wurden.

Es gibt auch eine von Menschen aller Völker unseres Planeten getragene Weltraumbewegung. Die Zahl der Teilnehmer ist wegen nationaler Varianten schwer zu schätzen. So nimmt man beispielsweise an, daß in den Vereinigten Staaten etwa 300 000 Personen als «Weltraumaktivisten» gelten können, als Angehörige von Gruppen, die in irgendeiner Weise an der Raumfahrt interessiert oder mit ihr verbunden sind.[2] In anderen Ländern mag ihre Zahl niedriger sein, selbst wenn es dort starke nationale Raumfahrtprogramme gibt. Todd Hawley von der Space Generation Foundation vertritt die Ansicht, als Reaktion auf rückläufige nationale Raumfahrtbemühungen könnte sich der private Raumfahrtaktivismus steigern.

Man sollte sich darum bemühen, den Umfang der Raumfahrtbewegung weltweit festzustellen. Doch reichen schon ein paar Millionen Menschen für den Bau der neuen Zivilisationen aus, weil diese Individuen Innovatoren sind, wenn sie die neue Idee von der Bestimmung der Menschheit als Bürger des Universums aufgreifen. Ihr Einfluß wächst in dem Maß, in dem sie sich durch die vom Raumfahrtprogramm ermöglichte Satellitentechnologie kennenlernen und miteinander kommunizieren.

Ein Raumfahrtprogramm der Menschheit wirkt für jedermann als befreiende Idee. Ray Bright, Erfinder des Biofluges, sagte: «Es wäre eine Illusion anzunehmen, Fortschritte im Raumfahrtprogramm könnten sich nur aus dem ‹Programm› ergeben ... Du und ich – wir sind das Raumfahrtprogramm. Wir können ebenso an der Verwirklichung der Zukunft mithelfen, wie jemand, der in Washington oder in Houston lebt.»[3]

13 Visionen der neuen Zivilisationen

Der Anblick der Erde aus weiter Ferne hat auch meine Ansicht über das Sonnensystem geändert. Seit die Theorie des Kopernikus weithin anerkannt wurde, haben die Menschen sie als unwiderlegliche Wahrheit betrachtet. Doch behaupte ich, daß wir gefühlsmäßig immer noch der vorkopernikanischen oder sogar ptolemäischen Vorstellung verhaftet sind, daß unsere Erde der Mittelpunkt aller Dinge sei.

Michael Collins, Apollo-11-Astronaut
in seinem Buch *Carrying the Fire*

Im Jahre 1983 legte ich dem Space Studies Institute in Princeton eine Studie über «Weltraumsiedlungen als menschliche Systeme» vor. Darin regte ich an, als nächsten Schritt der Weltraumbewegung mit der Arbeit an einer «Erklärung über eine Vision» oder «Erklärung über Sinn und Zweck» der Raumfahrt zu beginnen. Dieses Dokument sollte das Gleichgewicht zwischen den verschiedenen Dimensionen des Lebens in einem menschlichen System hervorheben und die Zielsetzungen unserer Bemühungen so deutlich machen, daß wir künftig daran unsere Erfolge messen könnten.[1]

An den beiden darauffolgenden Abenden setzte sich eine Gruppe zusammen, um eine derartige Erklärung zu entwerfen. Wir konzentrierten uns darauf, eine kollektive Vision zu beschreiben, unter Berücksichtigung der persönlichen Vision jedes einzelnen von der Zukunft der Menschheit im Weltraum. Dabei wurden Ideen vorgetragen, die vom einwöchigen Aufenthalt in einem «Hotel im Orbit» bis zu dem Wunsch reichten, den «Zündfunken» zu erleben, von dem ab die Expansion des Menschen in den Weltraum unumkehrbar wird.

Bei dieser Diskussion kam mir eine Erkenntnis ähnlich der meines Overview Effekts sechs Jahre zuvor. Zunächst hatte ein Gremium von Raumfahrtjuristen das Thema erörtert, daß gegenwärtig alle Menschen an die Gesetze der Nation gebunden sind, deren Bürger sie sind, verantwortlich für alles, was sie im Sonnensystem tun. Das fand ich zwar sinnvoll für den Fall, daß eine in Texas gestartete Rakete durch einen Fehler in Venezuela landet und dort privates Eigentum zerstört. Dann sollten die Vereinigten Staaten für die Handlungen des Unternehmens verantwortlich sein, das die Rakete gestartet hatte, und sollten die Schadensansprüche der Venezolaner begleichen.

Im Hinblick auf die Zukunft fragte ich mich jedoch, was geschehen würde, sollte ein Amerikaner ein Verbrechen auf dem Mars begehen, weit weg von jedem amerikanischen Polizeirevier oder Militärgericht. Das Sonnensystem hat einen gewaltigen Umfang, und die Beachtung der Gesetze ist nur so wirksam wie die Fähigkeit, sie auch durchzusetzen. Wir haben erdgebundene Gesetze in den äußeren Weltraum ausgedehnt, und irgendwann wird dieses «mentale Gummiband» reißen. Und was dann? Es schien an der Zeit, einen neuen begrifflichen Rahmen evolvieren zu lassen. Für mich bestand dieses neue Rahmenwerk in der Entwicklung einer heliozentrischen Zivilisation als nächstem Schritt jenseits unserer geozentrischen Zivilisation. Als Name für die neue Zivilisation drängt sich von selbst das Wort *Solarius* auf.

Seither habe ich an verschiedenen Zusammenkünften zum Thema Zukunftsvision mit Leuten teilgenommen, die an der Erkundung des Weltraums interessiert sind. Alle diese Sitzungen waren inspirierend und erbrachten neue Erkenntnisse. Individuen sind recht schöpferisch beim Ersinnen von Visionen über die Zukunft im Weltraum. Regierungen sind das oft nicht, was einer der Gründe für die Frustration der heutigen Weltraumbewegung ist.

Die grundlegende Vision der menschlichen Zukunft im Weltraum ist seit den Tagen von Fjodorow und Ziolkowski bemerkenswert beständig geblieben. Mit wenigen Variationen hat sie das Territorium des «Neulandes» von der Erde bis zum Mars ausgeweitet. Zu seiner Infrastruktur gehören Weltraumtransporter und permanente Raumstationen im Erdorbit mit dem Mond als Ausgangsbasis für Erkundung und Entwicklung. Später kamen dann noch hinzu die Idee von Arthur C. Clarke über Satelliten im geosynchronen Orbit und Gerard K. O'Neills Konzept von Raumsiedlungen, die im freien Raum aus nichtterrestrischem Material gebaut werden. Die Vision ist also bereits vorhanden, durch die Evolution programmiert. Sie wartet nur noch darauf, durch Einwirken der entsprechenden Umwelt oder geeignete Umstände aktiviert zu werden. Zwar scheint es oft so, als bewegten die Weltraumaktivisten sich am äußersten Rand des Denkbaren. Doch sind sie die wahren Erneuerer, Exponenten einer Idee, deren Zeit fast schon gekommen ist.

Wenn uns das Studium der Geschichte der Entdeckungen etwas über die Zukunft im Weltraum lehren kann, dann dies, daß nicht die Regierungen sie verwirklichen werden, sondern Menschen. Nicht Spanien hat seinerzeit beschlossen, die Neue Welt zu entdecken – Kolumbus tat es. Nicht entschied England, Nordamerika zu besiegen – das taten die Pilgerväter und die Puritaner. Aus diesem Grunde wäre die Weltraumbewegung gut beraten, ihre Energie dafür zu nutzen, den eigenen Sinn und Zweck zu verstehen und nach Verbündeten zu suchen, die ihre Vision teilen – statt nationale Regierungen zu drängen, auf diesem Wege voranzugehen.

Weltraumaktivisten vergessen manchmal, daß ihre Vision nicht nur nach draußen in den Weltraum gerichtet ist; die Erde gehört ebenfalls dazu. Wie der römische Gott Janus hat die Weltraumforschung zwei Gesichter, von denen das eine nach innen, das andere nach draußen blickt. Einerseits macht sie uns die Erde, unsere Heimat, bewußter. Andererseits öffnet sie unseren Geist für das ganze System, von dem die Erde nur ein Teil ist.

Als Michael Collins bei einer Sitzung beider Häuser des Kongresses die Gefühle der Apollo-11-Astronauten auf dem Weg zum Mond schilderte, sagte er: «Wir konnten zum Mond, zum Mars, in unsere Zukunft im Weltraum blicken. Oder aber wir konnten rückwärts zur Erde, unserer Heimat, schauen, mit all den Problemen, die dort während einiger tausend Jahre der Besetzung durch den Menschen geschaffen wurden.»[2] Tatsache ist, daß wir beides tun müssen. Mir scheint klar, daß Solarius als neue solare Zivilisation entstehen wird. Doch ist unwahrscheinlich, daß diese Zivilisation ohne ein starkes planetares Fundament ein stabiles System sein kann.

Das wahrscheinlichste Szenario ist, daß die Menschheit von der heutigen vorplanetarischen, um Nationalstaaten als primäre politische Einheit organisierten Zivilisation in eine planetarische übergeht, die ihr auf der Erde eine gewisse Einheit verleiht. Von da aus wäre Solarius der nächste Schritt. Galaxia, die galaktische Zivilisation, folgt auf Solarius, und jenseits von Galaxia muß es eine Zivilisation des Universums geben.

Das menschheitliche Raumfahrtprogramm ist ein wesentlicher Schritt zum Aufbau dieser Zivilisationen. Aus der Sicht dessen, was möglich ist, haben wir kaum die Oberfläche angekratzt, doch haben unsere anfänglichen Bemühungen bereits substantielle Ergebnisse gebracht. Nach fünfundzwanzig Jahren ist die Menschheit jetzt dabei, eine permanente Anwesenheit im Weltraum einzurichten, und unsere anfänglichen Erkundungen haben bereits eine beträchtliche Veränderung im menschlichen Bewußtsein bewirkt.

Sobald einmal mehr Menschen außerhalb der Erde leben, arbeiten und forschen, wird sich das Interesse auf die Zusammensetzung und Verwaltung der neuen Zivilisationen konzentrieren. Um diese Arbeit gut erledigen zu können, müssen wir die Reihenfolge der dazu notwendigen Schritte auf intelligentere Weise begreifen lernen und sie in einen inneren Zusammenhang mit dem höheren Zweck der Menschheit bringen.

14 Terra, Solarius und Galaxia

> Im Verlauf von Jahrzehnten wirkte die Erkundung der Erdoberfläche als starke Unterströmung des Wandels der erdgebundenen Gesellschaft. Veränderungen der Perspektive werden umfassende Gesellschaftsstrukturen beeinflussen.
>
> Nutzlastspezialist
> Charles D. Walker

Christoph Kolumbus' Glaube, die Erde sei rund und man könne Indien auch beim Segeln nach Westen erreichen, war zu seiner Zeit sehr umstritten. Seine Vorstellung implizierte eine weltanschauliche Revolution und wurde dadurch zu einer Meta-Idee. Denn wenn sie zutraf, dann mußte die Gesellschaft sich wandeln, um sie verarbeiten zu können. Kolumbus wußte nicht, daß ihn eine noch stärkere revolutionäre Enthüllung erwartete, nämlich die Existenz einer «Neuen Welt» im Westen.

Der Overview Effekt erweitert die Erkenntnis des Kolumbus und enthält ein ebenso dramatisches Potential zur Wandlung der Gesellschaft. Heute erleben viele Menschen die Erde immer noch als geschlossenes System mit wenig oder gar keiner Beziehung zum Sonnensystem, zur Galaxis oder zum Universum, von dem sie ein Teil ist. Vielmehr finden sie ihre Identität und persönlichen Belange in lokalen oder nationalen Einheiten, nicht auf dem Planeten oder darüber hinaus im Universum. Ihre Psyche ist entsprechend begrenzt.

Doch hätte die Vision einer Bewußtseinsveränderung alleine Kolumbus nicht die Unterstützung Spaniens für seine Reisen verschafft. Er mußte andere Argumente vorbringen, darunter nationales Prestige und wirtschaftliche Vorteile für Spanien sowie die Ausbreitung des Christentums rund um die Welt. Kolumbus hatte recht, daß die Erde rund ist, in fast allem anderen jedoch unrecht. Nach vier Reisen in die Neue Welt starb er, seiner Leistung nicht sicher und mit dem Gefühl, versagt zu haben.

Trotz seiner Vision hätte Kolumbus sich wahrscheinlich nicht im entferntesten vorstellen können, welche Zivilisationen als Ergebnis seiner Taten eines Tages auf dem nord- und südamerikanischen Kontinent entstehen würden – außergewöhnliche Kreuzungen zwischen Altem und Neuem, eine Mischung von Sprachen, Kulturen und Ideologien. Wie seinerzeit der Kundschafterfisch diente Kolumbus einem evolutionären Zweck, den er selbst gar nicht erkannte.

Derselbe Prozeß setzt sich nun fort, mit Stoßrichtung über die Neue Welt hinaus zu den Neuen Zivilisationen. Wie werden diese aussehen? Wie in der Frühzeit der Entdeckungen werden auch sie vielleicht nicht alle unsere phantastischen Vorstellungen über die künftige Entwicklung unserer Gesellschaft verwirklichen, sondern ganz anders sein als alles, was wir kennen. Aber sie werden unser nächster Schritt in die Zukunft sein.

Fast jede Vorhersage wird in Einzelheiten vermutlich irren. Doch haben wir, wie Kolumbus, eines richtig erkannt: daß die Erde im Weltraum schwebt, daß auch wir selbst uns im Weltraum befinden, und daß die Zukunft der Menschheit gleichbedeutend mit der Zukunft im Weltraum ist. Das, was wir Raumfahrtprogramm nennen, war in Wirklichkeit die Fähigkeit, die Erde zu verlassen, auf unser natürliches Raumschiff zurückzublicken und zu sehen, wo wir als Spezies uns befinden. Von möglichen Katastrophen abgesehen, wird dieser Prozeß in der vorhersehbaren Zukunft weitergehen, und der Prozeß als solcher ist es, worauf es ankommt. Sobald wir das begreifen, können wir lernen, an ihm zu arbeiten und ihn zu formen.

Visionen und ihre Gründe

Die meisten Gründe, die seinerzeit den Herrschern Europas und Englands zugunsten der Erkundung unseres Planeten vorgetragen wurden, erwiesen sich langfristig als ziemlich unwichtig. Um Geldmittel locker zu machen, mußten die Entdeckungsreisenden jedoch

Konzepte vorbringen, die ihre Zuhörer begreifen konnten. Leider befinden die heutigen Entdecker sich in ähnlicher Lage. Sie selbst wissen zwar, daß die Erkundung des Weltraums sich irgendwann als berechtigt erweisen wird, fühlen sich aber immer noch genötigt, dafür sehr irdische Rechtfertigungen ins Feld zu führen.

Kapitel 2 hat dargestellt, daß diese Methode ein Trugschluß ist. Sobald wir uns nicht mehr fragen, was die Weltraumerkundung dem Menschen nutzen kann, sondern was sie für das größere Ganze bedeutet, erhalten wir ganz andere Antworten. Dann haben wir die Chance zu sehen, was wir geben, aber auch, was wir empfangen können. Aus der Sicht des Universums ist diese Haltung viel angemessener, weil wir dabei beginnen, unseren Daseinszweck zu erkennen. Schon aus dem Orbit fällt es schwer, Beweise menschlicher Existenz auf dem Planeten wahrzunehmen. Aus noch weiterer Entfernung ist das fast unmöglich. Betrachtet man die Erde als Ganzes, kann man menschliches Wirken nicht entdecken. Bei allem Stolz auf unsere Leistungen: Aus der Perspektive des Universums sind wir ebenso unsichtbar wie Mikroorganismen in einem Tropfen Wasser.

Die Betrachtung unserer Evolution aus dieser Perspektive soll uns nicht über die Taten der Menschheit betrübt stimmen. Vielmehr soll sie uns ein ausgewogeneres Verständnis für den Zeitrahmen verschaffen, in dem sich alles abspielt, und dafür, welch weiten Weg wir noch vor uns haben. Der erste Schritt ist der Aufbau einer stabilen planetarischen Zivilisation als Fundament für eine stetige, progressive Expansion ins Sonnensystem und darüber hinaus.

Die Gründung der Zivilisationen

Betrachten wir die künftige Evolution aus der Sicht der Overview Systemtheorie, dann treten Einzelheiten der neuen Zivilisationen nicht ohne weiteres in Erscheinung, ebensowenig wie man aus dem Orbit Einzelheiten menschlicher Aktivitäten erkennen kann. Erkennbar wird jedoch die Gesamtstruktur dieser neuen Zivilisationen, vor allem der Augenblick, in dem sie vermutlich ihren Overview erlangen, das heißt, sich ihrer selbst bewußt werden.

Man kann jetzt die allgemeinen Muster der künftigen Entwicklung aufzeigen, und zwar beginnend mit dem entstehenden Overview System. Die erste Ebene ist ein planetarisches Overview System, das sich zu entwickeln begann, als gegen Ende der sechziger Jahre das erste Bild von der Erde aus dem Weltraum aufgenommen wurde.

Dieses System wird seiner selbst als Ganzheit und des übrigen Sonnensystems als des primär «Anderen» gewahr. Die neue Struktur hat sich nach und nach entwickelt als:

Erde: das physikalische System;

Erde + Leben = *Gaia*, ein physikalisches lebendes System;

Erde + Leben + Homo sapiens + Technos = *Terra*, ein planetarisches Overview System, das sich als planetare Zivilisation manifestiert, mit einer Präsenz in der Erdumlaufbahn, institutionalisierter Wahrnehmung des Planeten als Ganzheit und planetarem Management als einer primären Wissenschaft.

Ich habe für diese Zivilisation die Bezeichnung Terra gewählt, weil sie, wie der Name Gaia, eine ehemalige Bezeichnung für die Erde ist und weil Verfasser von Science fiction-Büchern sie seit Jahren als Name für eine auf die Erde fixierte Raumfahrtzivilisation benutzen.

Die Anschauung von James Lovelock von der modernen Gaia ist meinem Bild von Terra nicht unähnlich. Er sieht die Möglichkeiten voraus, daß die Menschheit mit ihren komplexen Technologien eine natürliche Evolution von Gaia selbst sein könnte.

Wie Lovelock betont, teilen wir Gefühle, Empfindungen und die Fähigkeit zu bewußtem Denken mit Gaia («Das Leben selbst ist es, das diese Erfahrungen gehabt hat!»). Er meint, die Menschheit «wird gezähmt werden, so daß die wilden, zerstörerischen und habgierigen Kräfte der Stammesherrschaft und des Nationalismus zu dem zwingenden Verlangen verschmolzen werden, zu der Gemeinschaft der Lebewesen zu gehören, die zusammen Gaia bilden»[1].

Hier beginnen nun die Overview und die Gaia Hypothese auseinanderzulaufen. Zwar gründet Lovelocks These durchaus auf dem Raumfahrtprogramm, doch werden die möglichen Auswirkungen einer umfassenden Auswanderung der Menschen in den Weltraum in seinem Buch kaum erwähnt.

Lovelocks These, daß die Menschheit eines Tages «gezähmt» und ein Teil der Gaia werden würde, ist sicher nicht abwegig, doch ist seine Vision unvollständig. Wahrscheinlich wird ein *Teil* der Menschheit diesen Weg wählen, wird zu Verwaltern von Gaia, zu Gärtnern der Erde werden, zu planetarischen Managern innerhalb der komplexen Struktur von Terra. Mit der ersten Auswandererwelle in die Neue Welt hat jedoch nicht jedermann England verlassen, und nicht jeder Europäer ist danach in die Vereinigten Staaten ausgewandert. Für einige Menschen ist eine homöostatische Gesellschaft die Umwelt, in der sie sich am wohlsten fühlen.

Die neue Weltraumbewegung pflegt jedoch ein anderes System von Wertvorstellungen. Ihr erscheint eine Zukunft, mit einer durch Grenzen des Wachstums definierten Anschauung von der Erde auf Dauer nicht mehr erstrebenswert. Diese Haltung kommt in einem Artikel der Zeitschrift *Omni* so zum Ausdruck: «Die Schwachen sollen die Erde erben. Wir anderen werden zu den Sternen reisen.»

Auf einer bestimmten Ebene muß die Menschheit in Gaia integriert werden, andernfalls kann sie nicht mehr lange überleben. Doch steht die erfolgreiche Integration eines großen Teils der Menschheit in Gaia und die Verwirklichung von Terra als dem ersten Overview System keinesfalls im Widerspruch zum nächsten Schritt, der Entwicklung von Solarius, des solaren Overview Systems und der solaren Zivilisation.

Das ist eine Rolle, die neu zu erkundende Gebiete stets bei der Entwicklung der Gesellschaft gespielt haben. Sie erlauben einer Zivilisation nicht nur, sich in leere Räume auszudehnen, sondern ermöglichen es ihr auch, sich «hinter den vordersten Linien« zu konsolidieren. Jedes Neuland absorbiert die Energien eines Teiles der selbstbewußteren, aggressiven und unkontrollierbaren Angehörigen der Gesellschaft.

Der Aufbau von Terra wird eine andere Art von Energie brauchen, als für die Errichtung von Solarius nötig ist, doch sind beide innerhalb des richtigen Kontextes gültig und nützlich. Ob man es wahrnimmt oder nicht – zwischen Terra und Solarius besteht ein symbolischer Zusammenhang.

Solarius

Eine planetarische Zivilisation ist der nächste Schritt der gesellschaftlichen Evolution über das gegenwärtige vorplanetarische System hinaus. Terra ist ein Untersystem im evolvierenden Gesamtsystem des Solarius, das erst dann voll verwirklicht sein wird, wenn die Menschheit einen Overview über das Sonnensystem erhält, der dem jetzigen über die Erde vergleichbar ist.

Doch unterscheiden sich die Bedingungen des äußeren Weltraums sehr von denen auf der Erde, und ich halte es für unwahrscheinlich, daß wir ohne eine größere Umwandlung der menschlichen Spezies eine reife solare Zivilisation schaffen können.

Die Formel für die Entwicklung von Solarius dürfte daher so lauten: Erde + Leben + Homo sapiens + Technos + Homo spaciens = *Solarius*, ein solares Overview System, das sich als eine solare Zivilisation mit Präsenz im gesamten Sonnensystem manifestiert, beruhend auf dem Gewahrwerden des Sonnensystems als Ganzheit.

Den Wendepunkt in der Evolution von Solarius dürfte wahrscheinlich das Auftreten des *Homo spaciens* bilden, eines neuen Menschentyps, der in hohem Maße der Umwelt des Weltraums angepaßt und damit besser imstande ist, sie zu erkunden und zu besiedeln als der Homo sapiens. Das Entstehen des *Homo spaciens* ist vielleicht die Bedingung für das Erlangen eines Overview über das Sonnensystem.

Galaxia

Es mag in noch sehr ferner Zukunft liegend erscheinen, doch wäre dann der nächste logische Schritt der Beitritt zu oder die Gründung einer galaktischen Zivilisation. Die vielversprechendste Formel für das Erscheinen von Galaxia auf der Bühne ist Erde + Leben + Homo sapiens + Technos + Homo spaciens + außerirdisches Overview System = *Galaxia*, ein galaktisches Overview System, das sich als galaktische Zivilisation manifestiert, beruhend auf dem Gewahrwerden der Galaxis als Ganzheit.

Die Analogie zum Entstehen des Homo spaciens auf der Ebene des Sonnensystems wäre der erste Kontakt zu einer Zivilisation aus einem anderen Sternensystem. Man kann annehmen, daß der Prozeß des Aufbaus eines galaktischen Overview Systems an jenem Punkt beginnen oder mit unserer Beteiligung weitergeführt wird.

Jede Phase der Evolution dieser neuen Systeme impliziert eine Veränderung unseres Verständnisses von «Selbst» und «Anderer», und es wird zwangsläufig eine über Galaxia hinausgehende Entwicklungsphase geben.

Kolumbus und die neuen Zivilisationen

Mögen seine Voraussagen richtig oder falsch gewesen sein – Kolumbus wurde zum Entdecker, weil er einem durchaus menschlichen Trieb folgte. Ich möchte hoffen, daß die Menschheit, selbst wenn sich jedes einzelne Wort dieses Buches als falsch erweisen sollte, in den Weltraum hinausgehen und das Universum erkunden wird, weil dies ein sehr menschliches Tun wäre. Kolumbus wollte nach Indien segeln und fand die Neue Welt. Bei unserer Suche nach den neuen Zivilisationen werden wir zweifellos uns selbst finden.

Teil II Die neuen Zivilisationen

15 Eine Gesamtschau der neuen Zivilisationen

> Bei allen Argumenten pro und kontra den Flug zum Mond war niemand auf die Idee gekommen, wir sollten es tun, um von dort auf die Erde zu blicken. Doch mag sich das als der wichtigste Grund erweisen.
>
> Joseph P. Allen, ehem. Astronaut

Als Grundlage einer planetarischen Zivilisation fügt der Overview Effekt sich selbst ins Gewahrwerden einer globalen Gemeinschaft ein. Nach ihrer vollständigen Integration werden die Auswirkungen der Kopernikanischen Perspektive als Grundlage der solaren Zivilisation spürbar werden. Später dürfte dann die universale Erkenntnis zur psychischen und philosophischen Norm werden.

Kommentare von Astronauten wie Ed Gibson zeigen viel Verständnis für den evolvierenden Platz der Menschheit im Universum. Gibson sprach davon, wie die Erde vom Skylab gesehen aussah, und von der Erkenntnis, daß sie nur einer von unzähligen Sternen ist. Schließlich äußerte er sich frustriert: «Unser Sonnensystem ist zwar wunderbar, doch da draußen existiert noch so viel mehr!»[1]

Während der Mensch sich an den Aufbau neuer Zivilisationen macht, wollen wir hier nach innen und außen blicken, nach vorne und zurück. So, wie wir sie jetzt sehen, gibt es eine Neue Erde. Sie ist für uns nicht mehr «die Welt», sondern nur ein Planet, unsere «Mutter» in einem realen Sinne, und das erfordert, daß wir uns wandeln. Apollo-Astronaut Russell Schweickart sagte: «Während meines Aufenthalts im Mutterleib habe ich meine Mutter ganz anders gesehen als nach meiner Geburt. Danach war ich in der Lage, mehr Verantwortung für sie zu übernehmen.»[2]

Politisch mag der Planet nicht geeint sein, doch sehen wir ihn jetzt vor dem Hintergrund einer unitarischen Vision. Wir kennen vielleicht nicht die Kunst und Wissenschaft planetaren Managements, können es jedoch aus bereits vorhandenen Bereichen wie der Wissenschaft vom System Erde entstehen sehen. Während wir noch an den neuen Zivilisationen bauen, mögen wir der Erde noch nicht völlig entwöhnt sein. Doch können wir erkennen, daß unser Geschick außerhalb ihres Mutterleibes liegt. Die Menschheit hat ihre Unabhängigkeitserklärung noch nicht verkündet, bewegt sich jedoch in diese Richtung.

Wir sind dem Jahre 2000 nahe, und es ergibt einen Sinn, wenn die Spezies Mensch in der Morgendämmerung eines neuen Jahrhunderts und Jahrtausends eine neue Rolle für sich entdeckt. Welch größere Aufgabe könnte der Menschheit im kommenden Jahrtausend erwachsen, als das Universum zu erkunden und unseren Platz darin zu definieren? Am Beginn dieser Aufgabe stellt sich natürlich die Frage, ob die Umrisse des sich nunmehr herauskristallisierenden Overview Systems schon erkennbar sind. Man muß allerdings einsehen, daß meine Theorie zur Beantwortung dieser Frage wenig detaillierte Informationen über die neuen Zivilisationen liefert. Wendet man das Modell auf Zukunftsfragen an, dann erhält man einen Overview, in dem Meilensteine, Wendemarken und nächste Schritte erkennbar werden.

Weiterführende Fortschritte erfordern zusätzliche Forschungsbemühungen, die in den folgenden Kapiteln ausführlicher beschrieben werden. Es scheint jedoch, daß ein einleitender Overview der wertvollste Dienst ist, den diese Arbeit im Augenblick leisten kann. Er bewirkt ein verändertes Gewahrwerden des möglichen Daseinszwecks des Menschen im Universum. Daraus lassen sich spezifische Handlungen ableiten, die der Mensch unternehmen kann, um die Zukunft kreativ zu beeinflussen.

Entscheidend ist die Unterscheidung zwischen dem *Voraussagen* und dem *Erschaffen* der Zukunft. Zur *Vorhersage* der Zukunft der neuen Zivilisation müßten wir unsere eigenen Erwartungen und Wünsche ignorieren und gegenwärtige Trends ins kommende Jahrtausend projizieren. Die Zukunft *schaffen* erlaubt uns, eigene Erwartungen einzubringen und eine Vision von unserem Wunschbild für die Errichtung der Zukunft zu entwerfen.

Letzten Endes sollte es unser Ziel sein, neue Gedanken und Ideen zu stimulieren, statt eine starre neue Ideologie durchzusetzen. So wie die Erkundung des Weltraums an sich, ist es unser Daseinszweck, zu erkunden und nicht zu beurteilen, was wir finden werden. Wer sich auf diese Erkundungsreise begibt, sollte sich selbst als künftigen Bürger der neuen Zivilisationen sehen, als eine Person, die eine die Geschichte verändernde Vision verwirklicht.

Aus der Sicht der Zukunft des Menschen befinden wir uns in der Phase der Aussaat. Geschehnisse, die im Jahre 1989 unbedeutend erscheinen, könnten im Jahre 2050 als entscheidend bewertet werden, während solche, die uns wichtig scheinen, möglicherweise ihre Bedeutung verlieren.

So haben die Medien und die Öffentlichkeit beispielsweise ihre Aufmerksamkeit auf den Bericht der Rogers Commission über den Challenger-Unfall im Jahre 1986 konzentriert. Doch wird wahrscheinlich der Bericht der Paine Commission (Nationaler Ausschuß für Raumfahrt) für die Zukunft erheblich mehr Wirkung haben. Und zwar, weil die Rogers Commission beauftragt war, rückwärts auf das alte Raumfahrtprogramm zu blicken und auf die Ursache, die zu seinem Ende führte. Der Paine-Ausschuß jedoch hatte den Auftrag, nach vorne zu blicken und ein neues Raumfahrtprogramm zu schaffen.

Außerdem ist der in Frage kommende zeitliche Rahmen gewaltig. Unsere Sonne wird in etwa acht Milliarden Jahren zu einem roten Giganten werden und dabei dem Leben auf der Erde, wie wir es kennen, ein Ende bereiten. Nun scheinen acht Milliarden Jahre eine unglaublich lange Zeit, doch sind fünf Milliarden Jahre seit dem Entstehen der Erde als eines physikalischen Systems vergangen, und jetzt erst beginnt sich ein planetarisches Overview System auszubilden. Acht Milliarden Jahre sind nur im Hinblick auf die Arten von Aktivitäten, die wir zu analysieren gewohnt sind, eine lange Zeit. Für das Universum sind sie nur ein Augenblick. Das bedeutet auch, daß spezifische Handlungen von heute während eines langen Zeitraums bedeutsame Verzweigungen haben werden. Zu einer Zeit, in der die Spezies Mensch die Mittel geschaffen hat, sich selbst und den größten Teil des Lebens auf Erden zu vernichten, ist es ein moralischer Imperativ, daß unsere Arbeit sich dem zuwendet, was geschehen wird, sowie der Frage, wie wir das Geschehen in eine positive Richtung lenken können.

Bei unserem Versuch, über Gestaltung oder Vorhersage der Zukunft nachzudenken, ist eine unglaubliche Zahl von Variablen zu berücksichtigen. Selbst diejenigen, die späteren Pionieren den Weg geebnet haben, nehmen für sich nicht in Anspruch, besondere Einsichten in diese Zukunft zu besitzen, sondern nur ein Gespür für ihr gewaltiges Ausmaß. Auf die Frage, wohin die Erkundung des Weltraums führen könnte, antwortete Apollo-11-Astronaut Michael Collins:

> Darüber weiß ich auch nicht mehr als die Autoren von Science fiction. Begibt man sich jedoch an den Rand des Universums und wirft einen Blick zurück in unseren Winkel, dann sieht man eine Menge Sterne, von denen einige von Planeten umkreist werden ... Selbst bei pessimistischster Annahme erblicken wir dabei einige der in die zehnte bis fünfzehnte Potenz erhebbaren Zahl von Planeten mit allen Voraussetzungen für Leben.
>
> Wir haben inzwischen zwar herausbekommen, wie wir unseren Planeten verlassen können, jedoch nicht, wie wir irgendwohin kommen können ... Einstein sagte einmal, es werde lange brauchen, irgendeinen Ort im Universum zu erreichen ... Doch werden Menschen die Neugier besitzen, weit weg zu gehen und zu erkunden, was es da draußen gibt. Wir werden «angenehme Planeten» entdecken und den Wunsch verspüren, sie zu besuchen.[3]

Daß Menschen den Wunsch haben, sich in den Weltraum zu begeben, scheint nahezu gewiß. Es wird geschehen, und strittig sind dabei nur die Klarheit der Vision und die Zielsetzungen. Zugleich sorgen sich viele um folgendes: Gelangen wir nicht bald in den Weltraum, dann könnte ein Katastrophenfall wie etwa ein Krieg mit Kernwaffen die Zivilisation zurückwerfen und alle Bemühungen um die Erkundung des Weltraums zunichte machen.

Krieg und Weltraumerkundung sind alternative Anwendungsmöglichkeiten der selbstbewußten, auf Erkundung ausgerichteten Energien, die für die Menschen so charakteristisch sind. Sie können sich auch gegenseitig ausschließen; denn wenn das eine in massivem

Umfang geschieht, wird das andere wahrscheinlich nie eintreten. Ein Krieg mit Kernwaffen wird entweder die Gattung Mensch auslöschen oder die Zivilisation so weit zurückwerfen, daß es Millionen Jahre dauern würde, bis man wieder an Raumfahrt denken kann. Andererseits könnte ein umfassendes Engagement, Sinn und Zweck der Menschheit durch ein Raumfahrtprogramm zu verwirklichen, die aggressiven menschlichen Energien in andere Kanäle leiten und so eine nukleare Konfrontation vermeiden.

Für den nächsten evolutionären Schritt der Menschheit brauchen wir eine entsprechende Vision. Man sollte jedoch nicht erwarten, daß sie sich ohne weiteres einstellt. Ein echter Pionier wird mit seinen eigenen Grenzen konfrontiert und herausgefordert, gegenüber den größten Hindernissen sein Bestes einzusetzen – was Präsident Kennedy wußte, als er die amerikanische Zielsetzung der Landung auf dem Mond verkündete.

16 Als Pioniere im Weltraum

Ein Weltraumprogramm mit Hand und Fuß wäre für uns sehr wichtig, um den Charakter der Amerikaner als eine Nation von Abenteurern und Entdeckern abzurunden. Wollen wir das in uns steckende Potential voll ausschöpfen, dann müssen wir im Sinne dieser Eigenschaften handeln.

Bill Nelson, Kongreßabgeordneter

Die Ewige Vision

Mitte der achtziger Jahre oblag es der Nationalen Raumfahrt-Kommission, die ewige Vision der Menschheit von der Erkundung und Entwicklung des Weltraums neu zu formulieren. Ihr Report *Pioneering the Space Frontier* ist insofern einzigartig, als er nicht nur ein klares technologisches Szenario beschreibt, sondern auch die Grundwerte formuliert, die das amerikanische Raumfahrtprogramm der Zukunft bestimmen sollen. Vielleicht wird man dieses Dokument eines Tages als Fundament für die Entwicklung der neuen Zivilisationen bezeichnen, das den Übergang vom alten zum neuen Weltraumprogramm markiert und Hinweise auf das zukünftige Raumfahrtprogramm gibt.

Der Report schlägt eine Brücke zwischen geozentrischem und heliozentrischem Denken. Seine Bedeutung liegt nicht nur in dem, was er aussagt, sondern ebenso in dem, was nicht gesagt wird, repräsentiert er doch das evolvierende Bewußtsein der amerikanischen Gesellschaft hinsichtlich der Erkundung und Entwicklung des Weltraums. Es ist nicht das einzige Buch der letzten zehn bis zwanzig

Jahre, in dem sich das von mir beschriebene neue Bewußtsein manifestiert. Auch andere Dokumente besitzen die Glaubwürdigkeit von *Pioneering the Space Frontier.* Der Gedanke, eine Kommission einzuberufen, kam aus dem Abgeordnetenhaus und erhielt beachtliche Unterstützung im Kongreß und von verschiedenen an der Raumfahrt interessierten Gruppen. Zwar war das Weiße Haus an der Arbeit der Kommission nicht besonders beteiligt. Doch wurden ihre Mitglieder vom Präsidenten ernannt.

Die staatlichen Behörden für Luft- und Raumfahrt gewährten ihr technische Unterstützung. Dr. Thomas Paine, ein ehemaliger Verwaltungschef der NASA, leitete die Kommission. Dr. Kathryn Sullivan, eine aktive Astronautin, gehörte ihr ebenso an wie einige hervorragende Bürger aus anderen Lebensbereichen, darunter Brigadegeneral Charles Yeager, der Testpilot, der als Vorbild für Tom Wolfes *The Right Stuff* diente, sowie Neil Armstrong.

Abgesehen vom hohen Ansehen der einzelnen Mitglieder der Kommission, bewirkten öffentliche Forumsdiskussionen in vielen Städten des ganzen Landes die Mitwirkung der breiten Öffentlichkeit am Zustandekommen des Berichts. Die Arbeit der Kommission hielt sich an viele Kriterien, die zuvor für die Entwicklung eines neuen Raumfahrtprogramms aufgestellt worden waren.

Der Bericht *Pioneering the Space Frontier* stellt zunächst einmal die Aktivitäten der NASA in einen Kontext von Vision und Sinngebung und überträgt dem Raumfahrtprogramm der kommenden fünfzig Jahre eine ausdrückliche Mission. Zum Report gehört auch eine Erklärung zu dieser Mission und eine logische Begründung, die mit einer Beschreibung von Vision und Zweck beginnt. Sie verknüpft die Erkundung des Weltraums und seine Entwicklung nicht nur mit den physikalischen Technologien, die benötigt werden, um das innere Sonnensystem zu besiedeln, sondern legt im einleitenden Kapitel auch die Grundlagen für die erforderlichen mentalen Technologien. Diese Einleitung «Erklärung zum Weltraum» beschreibt die menschliche Dimension der Erkundung des Weltraums und die Rolle grundlegender Wertvorstellungen bei diesem Unterfangen.

In einem Brief des Vorsitzenden der Kommission an die Mitarbeiter demonstriert die Kommission, wie sie den Zusammenhang zwischen Vorhersage und praktischer Verwirklichung sieht: «Wir haben eine kühne Vision der nächsten fünfzig Jahre im Weltraum aufgezeigt, möchten jedoch hervorheben, daß wir damit nicht versuchen, die Zukunft vorherzusagen. Wir wollen vielmehr darstellen, was Amerika im Weltraum bewirken kann, wenn wir beschließen, die Menschheit zu neuen Welten zu führen.»[1]

Jetzt sei die Zeit für einen Neuanfang gekommen, betonte die Kommission, ähnlich der Anfangszeit der amerikanischen Republik. Die Formulierung «Erklärung zum Weltraum» soll insbesondere ausdrücken, daß der Tag kommen wird, an dem die Menschen auf der Erde Entscheidungen von einer Tragweite treffen müssen wie Ende des 18. Jahrhunderts die amerikanischen Gründerväter. Angesichts ihres Mandats, bis ins Jahr 2035 zu blicken, konnte die Kommission nicht der Frage ausweichen, ob die Menschheit psychologisch mit Mutter Erde werde brechen müssen, so wie die amerikanischen Patrioten sich seinerzeit von ihrem Mutterland lösten.

Während eines Treffens drückte ein Redner diese Ansicht aus, als er sagte, «die Nabelschnur zur Erde muß abgetrennt oder zumindest stark eingekerbt werden, wenn der Plan der Kommission wirklich kühn und visionär sein soll»[2]. Er sprach von der Notwendigkeit, extraterrestrische Ressourcen zu nutzen, um das Sonnensystem zu erkunden und zu besiedeln, weil es unpraktisch wäre, das erforderliche Rohmaterial von der Erde in den Weltraum zu transportieren.[3] Sobald jedoch die wirtschaftliche Autonomie der Weltraumsiedlungen verwirklicht ist, sind die Fundamente einer weltraumgestützten Zivilisation gelegt, und eine politische Loslösung wird überlegenswert.

Tatsächlich tritt die Kommission *für* den Weltraum als Heimat und Schicksal der Menschheit ein. So wird die Erklärung zum Weltraum zu einer modernen Vision der Unabhängigkeitserklärung, was wichtig ist, da der Zusammenhang zwischen Weltraum und Freiheit im Geist vieler Anhänger der Weltraumbewegung ein kraftvolles Konzept darstellt.[4] Die Beachtung der von den Amerikanern hoch geschätzten Grundwerte in den Schriften der neuen Weltraumbewegung bildet ein weiteres Bindeglied zu den Gründervätern der amerikanischen revolutionären Epoche.

Abgesehen von der Konzentration auf bestimmte Wertvorstellungen, liefert die Kommission einen detaillierten Plan zur Entwicklung der für die Pionierarbeit im Neuland des Weltraums benötigten Infrastruktur. Kritiker haben behauptet, der Plan biete nichts Neues, und Ähnliches sei schon zu Anfang der fünfziger und der siebziger Jahre vorgeschlagen worden.[5] Doch bestätigt diese Kritik nur, daß der Report der Kommission die grundlegende unerfüllte Vision der Menschheit widerspiegelt.

Das Eintreten der Kommission für eine neue heliozentrische Zivilisation ist ein bedeutender Schritt, der dem flüchtigen Leser nicht auffallen mag. Doch wurde auch die Bedeutung der Unabhängigkeitserklärung erst nach dem Revolutionskrieg wirklich erkannt.

Das Wertesystem bei der Pionierarbeit im Neuland Weltraum

Während der vergangenen fünfundzwanzig Jahre galt die Erkundung des Weltraums als ein primär wissenschaftliches und technologisches Bemühen. Der Beitrag der Kommission besteht unter anderem in der Erkenntnis, daß die Erkundung des Weltraums die Technologie transzendiert und universale menschliche Wertvorstellungen einschließt. Ebensowenig wie die Mitglieder der Kommission konnten die Gründer der Vereinigten Staaten die komplexen Probleme voraussagen, die später zu bewältigen waren. Deshalb konzentrierten sie sich auf die Zukunft durch Formulierung grundlegender Prinzipien, die die fundamentalen, für eine unbestimmte Zukunft geltenden Wertvorstellungen der amerikanischen Gesellschaft ausdrückten.[6] In Begriffen der Systemlehre kann man sagen, sie arbeiteten an der «Schnittstelle menschlicher Technologien», wo Vision und Zweck definiert werden und die Interaktion zwischen den Bereichen der physikalischen, mentalen und spirituellen Technologien der Gesellschaft lenken.

Das Ergebnis war eine Sammlung von Dokumenten, die den wesentlichen Gehalt des amerikanischen Wertesystems zum Ausdruck brachten, einschließlich der Unabhängigkeitserklärung, der Verfassung, der Bill of Rights, die insbesondere eine kraftvolle Zusammenfassung der Grundwerte dieses Landes darstellt.

So wie die Unabhängigkeitserklärung zum Fundament der amerikanischen Verfassung wurde, liefert der Kommissionsreport die Grundlagen für die Verfassung einer weltraumgestützten Zivilisation.[7] Die Erklärung zum Weltraum, vor allem ihre logische Begründung, könnte der Beitrag eines amerikanischen Weges zur Verwaltung der neuen Siedlungsregion Weltraum sein. Sie hat auch das Potential, Weltraumpionieren künftiger Generationen in der Tradition der Gründerväter Anleitung und größeres Verständnis zu vermitteln.[8]

Die Erklärung zur Mission im Weltraum

Der Bericht verkündet eindeutig eine Pioniermission für das Amerika des 21. Jahrhunderts: «Die Mission besteht darin, die Erkundung und Entwicklung des Weltraums anzuführen, Wissenschaft, Technologie und Unternehmen zu fördern, sowie Institutionen und Systeme zu errichten, die riesige neue Ressourcen erschließen und menschliche Ansiedlungen jenseits des Erdorbits unterstützen, von den Hochebenen des Mondes bis zu den Ebenen des Mars.»[9]

Das verpflichtet die Vereinigten Staaten, die Erkundung und Entwicklung der neuen Weltraumregionen *anzuführen*, nicht jedoch zwangsläufig, diesen Prozeß zu beherrschen. Die Kommission appelliert an die Vereinigten Staaten, anderen Nationen den Weg in den Weltraum zu weisen, als Herausforderung und Inspiration für die gesamte Menschheit. Diese Philosophie eines nationalen Weltraumprogramms entspricht dem Bedarf an einem Raumfahrtprogramm, das alle nationalen Programme auf dem Planeten einbezieht und gleichzeitig transzendiert.

Im Hinblick auf die Entwicklung neuer Zivilisationen ist vielleicht besonders wichtig das Eintreten der Kommission für die *menschheitliche* Besiedlung des Weltraumes. Ihre Einstellung dazu dokumentiert ihre Rolle als Brücke zwischen der alten und der neuen Denkweise über den Weltraum. Menschliche Ansiedlungen im Weltraum, wesentliches Merkmal der Verlagerung vom geozentrischen zum heliozentrischen Denken, sind Ecksteine des Aufbaus einer solaren Zivilisation.

Schließlich definiert die Kommission die physischen Begrenzungen des Neulandes Weltraum mit den Worten «von den Hochebenen des Mondes bis zu den Ebenen des Mars». Dieser Satz spezifiziert die Zukunftsvision der Kommission. Die menschliche Zivilisation wird sich wahrscheinlich noch weiter in den Weltraum ausdehnen. Während der nächsten fünfzig Jahre muß die an sich umfassendere Vision sich jedoch auf sinnvolle näherliegende Ziele konzentrieren.[10]

Man hat den Mangel an klaren Zielsetzungen als Problem des amerikanischen Raumfahrtprogramms bezeichnet. Die Erklärung der Kommission zur Mission im Weltraum erscheint komplexer als die des Apollo-Programms, kann jedoch ganz einfach zusammengefaßt werden als Ausbreitung der menschlichen Zivilisation im gesamten inneren Sonnensystem im Verlauf der nächsten fünfzig Jahre. Das ist auch der nächste Schritt bei der Schaffung eines solaren Overview Systems oder einer solaren Zivilisation und entspricht dem Zweck der Menschheit, wie wir ihn verstehen.

In ihrem Vorschlag für eine Mission während der nächsten fünfzig Jahre umreißt die Kommission die praktische Durchführung im Rahmen eines Wertesystems oder einer «mentalen Technologie». Diese sind enthalten in den neun Prinzipien der logischen Begründung zur Erklärung zum Weltraum (wiedergegeben in Anhang A).

Die Logische Begründung

Die Logische Begründung ähnelt insofern der Unabhängigkeitserklärung, als auch sie nicht versucht, empirische Beweise einzubringen. Ebenso wie Thomas Jefferson schrieb «Wir halten diese Wahrheiten für selbstverständlich», verkündet die Kommission ihre Prinzipien als selbstverständliche Wahrheiten.

Die Logische Begründung ist ein ganzheitliches System, in dem die neun Prinzipien nur Untersysteme sind; die Prinzipien beziehen sich auch aufeinander. Jedes ist in sich abgeschlossen und könnte Teil der Grundlage der Gesetze werden, die bei Gründung der neuen Zivilisation erlassen werden müssen. Ebenso wie dicke Wälzer über den Sinn der «freien Rede» in spezifischen Fällen geschrieben wurden, mag eines Tages vielleicht viel über die Bedeutung des ersten Prinzips geschrieben werden, in dem es heißt, das Sonnensystem sei die erweiterte Heimat der Menschheit.[11]

Die Logische Begründung formuliert deutlich den Geist, der in den neuen Siedlungsräumen vorherrschen sollte. Ihre Prinzipien beschreiben eine Nation, die fest daran glaubt, daß die Heimat der Menschheit über die Erde hinaus erweitert werden kann, daß Amerika die Menschheit in diese neuen Weltraumregionen führen kann, daß dieses Unternehmen zum Guten der ganzen Menschheit ist, und daß die Erkundung in einer Atmosphäre von Frieden und Freiheit stattfinden kann.

Die Bedeutung der Prinzipien

Wenn die Menschheit eines Tages ihre Aktivitäten bis ins Sonnensystem ausdehnt, könnte die Spezies Mensch sich wesentlich von ihrem heutigen Zustand unterscheiden. Nicht länger nur auf die Erde beschränkt und in einen viel umfassenderen Raum hineinwachsend, wird sie zunehmend unvorhersehbar und unkontrollierbar werden. Die Gründer der Vereinigten Staaten standen vor einer ähnlichen Situation. Zusammengedrängt an der Küste eines riesigen und noch unerforschten Kontinents, im Vorfeld der bevorstehenden Industriellen Revolution, konnten sie die genaue Evolution unserer Gesellschaft nicht voraussehen, so daß sie ihren Nachkommen Grundprinzipien für die Errichtung einer «Neuen Welt» hinterließen.

In den vergangenen fünfundzwanzig Jahren hat man sich bei der Erkundung und Erschließung des Weltraums weitgehend auf die physikalischen Technologien konzentriert, die der Bau eines Brükkenkopfes außerhalb unseres Planeten erfordert. Nach Erreichen dieses Zieles wenden wir unsere Aufmerksamkeit den mentalen und spirituellen Technologien zu, dic uns bei der Gründung einer erfolgreichen planetarischen Zivilisation und danach menschlicher Gemeinwesen jenseits des Erdorbits leiten sollen. Allmählich wird uns klar, daß Weltraumforschung einem tief empfundenen menschlichen Bedürfnis entspricht. Unwissenschaftliche, jedoch sehr menschliche Eigenschaften wie Liebe, Hoffnung und Geist sind wesentliche Bestandteile dieses Bemühens.

Amerikaner haben in dieser Entwicklungsphase viel zu bieten, da sie über Erfahrungen im Aufbau neuer Gesellschaften auf der Grundlage universaler Prinzipien verfügen. Langfristig gesehen, wird es von zweitrangiger Bedeutung sein, ob wir für den Bau unserer Weltraumbasen Raumtransporter, Raumflugzeuge oder aufwendige Raketen benutzen. Die Wertvorstellungen, die unsere entsprechenden Anstrengungen begleiten, werden für uns und unsere Nachkommen weitaus sinnvoller sein.

Die Besiedlung des inneren Sonnensystems

Das Buch *Pioneering the Space Frontier* enthält eine Art Straßenkarte für die Besiedlung des Territoriums des inneren Sonnensystems. Die Kommission entwirft einen zukunftsorientierten zivilen Raumfahrt-Fahrplan mit drei Elementen, die sich gegenseitig stützen: Förderung des Verstehens unseres Planeten, unseres Sonnensystems und des Universums; Erkundung, Prospektion und Besiedlung des Sonnensystems; Anreize zur Gründung von Raumfahrtunternehmen zum unmittelbaren Nutzen für die Erdbevölkerung.

Bei ihrem Bemühen um die Entwicklung der erforderlichen Technologiegrundlage sieht die Kommission eine Chance zum Bau einer «Fernverkehrsstraße» in den Weltraum in der unteren Erdumlaufbahn sowie eine «Brücke zwischen den Welten», die die Erde mit Mond und Mars verbindet.[12]

Die Kommission hält die Erwartung für berechtigt, daß wir im Jahre 2005 einen menschlichen Außenposten auf dem Mond und 2015 auf dem Mars haben werden. Um dieses Programm zu finanzieren möchte sie dem Raumfahrtbudget einen konstanten Anteil am Bruttosozialprodukt zuweisen.[13]

Wenn die Kommission sich auch nicht der Terminologie der Overview Systeme bedient, so hat sie doch ein Szenario entworfen, um das Entstehen von Terra und den Bau der ersten Phase von Solarius festzulegen. Trotz stark amerikanischer Orientierung, kann ihr Bericht doch leicht Teil der grundlegenden Agenda für ein menschliches Raumfahrtprogramm werden. Der Kongreßabgeordnete Bill Nelson erklärte dazu, der Bericht der Nationalen Raumfahrt-Kommission «hätte ebenso in Moskau wie in Washington geschrieben sein können, vor zehn Jahren oder in zehn Jahren von jetzt ab, und würde dennoch im wesentlichen gleich aussehen»[14].

Auf der Grundlage der Arbeit der Kommission können wir auch einige Fragen beantworten, die sie nicht gestellt hat, etwa über die Beziehungen zwischen Erde und den Weltraumsiedlern, Kontakte mit anderem intelligentem Leben und über die Rolle, die jeder von uns beim Aufbau der neuen Zivilisationen spielen kann.

Tabelle 16.1: Meilensteine auf dem Weg in den Lebensraum Weltall

Zeitspanne	*Meilensteine*
1990–2000	Erste Transportmittel für Verkehr zum Orbit
	Erste Raumstation und Raumhafen im Erdorbit
	Frachttransporter zum Erdorbit
	Robotermissionen zum Mond und zurück
2000–2010	Transportmittel für Passagierverkehr zum Erdorbit
	Hochentwickelte Transportmittel für Flugbetrieb im Orbit
	Ausgebauter Raumhafen im Erdorbit
	Kleines Lastverkehrsmittel für Transporte über den Orbit hinaus
	Transportmittel für die Beförderung von Mannschaften zum Mars
	Technische Einrichtungen zur Veränderung der Schwerkraftverhältnisse
2010–2020	Herstellung eines Mondhafens und der Transportfahrzeuge für den Mond
	Große Lasttransporter
	Pendelverkehr Erde–Mars
	Raumflughafen auf dem Mond und Raumflughafen am Rande des Schwerkraftfeldes der Erde
	Roboterfabrik und menschlicher Außenposten auf dem Mars
2020–2035	Vorläufige, später ausgebaute Basis auf dem Mars

17 Meilensteine und Wendemarken

> Ich vermute, es wird so ähnlich sein wie vor fünfhundert Jahren, als Kolumbus sich auf den Weg machte und den Trend der Menschen in Gang setzte, aufzubrechen und die Welt jenseits der Küsten Asiens und Europas zu erforschen... In den kommenden vier- oder fünfhundert Jahren werden wir unser gesamtes Sonnensystem erkunden, jedoch nicht in der Lage sein, darüber hinaus vorzustoßen... Ich halte es zwar für möglich, doch wird es bis dahin noch sehr lange dauern.
>
> Marc Garneau,
> Nutzlast-Spezialist

Mit der Ausarbeitung eines Szenarios für die Besiedlung des Sonnensystems hat die Nationale Raumfahrt-Kommission all denen einen großen Dienst erwiesen, die sich um die Zukunft der Menschheit Gedanken machen. Ihre «Ära der Grundsteinlegung» umfaßt die Zeit von 1986 bis 2035, fünfzig Jahre, in denen die Infrastruktur einer weltraumgestützten Zivilisation geschaffen werden kann, die bis zum Mars reicht.

Der demokratische Senator Spark Matsunaga von Hawaii, ein glühender Verfechter einer gemeinsamen amerikanisch-sowjetischen Mission zum Mars, behauptet in einem Artikel der Zeitschrift *Omni*, die von Wernher von Braun angeführte amerikanische Raumfahrtgemeinschaft habe schon vor dem Apollo-Programm ihre Blicke auf einen Weltraumbereich gerichtet, dessen äußerste Grenze der Mars sei. «Von Anfang an teilten die Planer der NASA die Bestrebungen von Brauns, den Mars zum primären Ziel unseres Raumfahrtprogramms zu machen. Doch brauchte John F. Kennedy im

Frühjahr 1961 einen relativ schnellen und dramatischen Raumfahrterfolg, weshalb er die NASA statt dessen zum Mond schickte.»[1]

Matsunaga erinnerte an Robert Goddard, dessen Arbeiten im Bereich des Raketenbaus die Grundlagen für das amerikanische Raumfahrtprogramm schufen. Als er 1899 in Worcester, Massachusetts, in einem Kirschbaum hockte, hatte er eine Vision «vom Planeten Mars, der in der Dunkelheit des Weltraums rot glühte». Goddard stellte sich ein Transportmittel vor, das ihn zum Mars bringen würde, «und er verbrachte den Rest seines Lebens damit, seine Vision zu verwirklichen». Zur gleichen Zeit entwickelte Konstantin Ziolkowski in Rußland einen aus vierzehn Punkten bestehenden Musterplan für die Besiedlung des Weltraums; sein Endziel war ebenfalls der Mars. Und die Devise seines Nachfolgers Frederick Zander lautete: «Auf zum Mars.»[2]

Bei den Hearings im Kongreß über den Report der Nationalen Raumfahrt-Kommission, erklärte einer der Zeugen, er bezweifle nicht, daß das von der Kommission erarbeitete Szenario verwirklicht werden würde: Es werde Raumflughäfen, Mondbasen und Außenposten auf dem Mars geben. Die einzige Frage werde sein, welche Sprache man dort sprechen wird – Russisch, Englisch oder eine andere?[3]

Mit dieser Vision als Grundlage möchte ich einige damit zusammenhängende menschliche Fragen erörtern.

Eine neue Fassung der Systemzyklen

Während der gesamten Dauer des alten Raumfahrtprogramms funktionierte der Systemzyklus von Gleichgewicht, Wandel und Transformation. Er führte zu neuen Bemühungen der Weltraumerkundung, nach denen Zeiten der Stabilität eintraten, in denen nur kleine Veränderungen und Anpassungen erfolgten, nahm dann an Tempo wieder zu, bis es zu einer weiteren Epoche forschungsbedingter Transformation kam. Während der Gründerzeit der neuen Zivilisationen werden diese Muster sich weiterhin als Erkundung, Aufbruch und Besiedlung manifestieren.

In dem Maß, in dem die Weltraumgrenzen sich öffnen, wird sich wahrscheinlich auch die gesellschaftliche Evolution beschleunigen. Vorstöße in den noch unerforschten Weltraum sind an sich schon eine Meta-Botschaft mit Verkündung von Offenheit und großartigen Möglichkeiten. Doch kann die menschliche Gesellschaft diese Aufgabe in ihrer gegenwärtigen Form nicht wirklich bewältigen. Jeder interessierte Nationalstaat wird sich neu organisieren müssen, um an ihr teilhaben und bei seiner Mitwirkung wettbewerbsfähig bleiben zu können. Je stärker die Beteiligung einer Gesellschaft an der Weltraumforschung ist, desto stärker wird sie selbst sich wandeln.

Mit zunehmender Verbreitung des Overview Effekts werden führende Denker vielleicht die Umrisse des menschheitlichen Raumfahrtprogramms und seiner bedeutsamen Zielsetzung entstehen sehen und die nationale Politik zwecks Anpassung an diese Erkenntnisse beeinflussen, wodurch der Gesamtprozeß beschleunigt wird. Für die Entwicklung der Zukunft wird entscheidend sein, in welchem Ausmaß die Beteiligten die Vision und die dahinterstehende Zielsetzung begreifen. Zur vollen Entfaltung der vorhandenen Chancen und Möglichkeiten müssen drei Meilensteine erreicht werden.

Ein neues Replikationsmodell

Typisches Beispiel für Nachbildung (Replikation) in einem menschlichen Gesellschaftssystem ist Kolonisierung. Sie erfolgt, wenn ein «ursprüngliches System» ein Abbild von sich selbst erzeugt und diese Replikation dann in einen neuen, vom ursprünglichen System getrennten Raum in dem Bemühen projiziert, die eigene Vision und Zielsetzung zu verwirklichen. So wurden beispielsweise während der Perioden der Entdeckungsreisen nationales Prestige und Gewinnstreben als Hauptgründe für die Ankurbelung des Zyklus Entdecken, Aufbruch zu neuen Ufern und Besiedlung genannt. In der modernen Ära gelten für die Sponsornationen materielle Vorteile immer noch als entscheidende Beweggründe. Als die Nationale Raumfahrt-Kommission im Juli 1986 ihren Report dem Kongreß vorlegte, priesen Senatoren und Kongreßabgeordnete die Vision der Kommission, äußerten sich jedoch besorgt über Kosten und Nutzen des Plans.[4]

Leider wird die Evolution der menschlichen Gesellschaftssysteme gewöhnlich aus einer Perspektive betrachtet, die zu eng ist für das Erfassen des wirklichen Geschehens. Spaniens Sicht der Neuen Welt, Englands Erwartungen gegenüber seinen Kolonien und selbst die Vision der Nationalen Kommission vom neuen Siedlungsraum Weltraum sind nur nach außen gerichtete Projektionen aus der Perspektive des Untersystems (Nationalstaat) eines ganzen Systems (Menschheit), das seinerseits ein Subsystem mehrerer großer ganzheitlicher Systeme ist.

Der Definition nach sind die wahrgenommene Vision und die Zielsetzung eines Subsystems weniger universal als die des ganzen Systems, von dem es nur ein Teil ist. Im Fall der Erkundung des Weltraums kann das Entstehen von Overview Systemen im ganzen Universum das große Ziel sein, doch wird ein nationales Raumfahrtprogramm nicht auf einem solchen Beweggrund aufgebaut werden, es sei denn, das ursprüngliche System sehe darin einen besonderen Nutzen. Aus diesem Grund muß das Bewußtsein der Führer dieser Systeme geweckt werden, bevor ein höherer Zweck als Rechtfertigung für die Erkundung erkannt werden kann. Kolonisierung ist ein Beispiel dafür, wie frühere ursprüngliche Systeme versagt haben, ihre selbstgesetzten Ziele der Replikation zu verwirklichen. Das Problem lag nicht im Akt der Replikation, sondern in den Zielen, die gewöhnlich in Begriffen politischer Macht oder wirtschaftlichen Gewinns formuliert wurden.

Aus der Sicht des gesamten menschlichen Systems liefert die Replikation eine Chance zu persönlicher, organisatorischer und gesellschaftlicher Transformation. In jedem beliebigen neuen Siedlungsraum können Individuen, die als Kolonisatoren oder Pioniere wirken wollen, ein neuartiges Leben in einer neuen Gesellschaft gestalten. Innovative Organisationsstrukturen wie etwa die Aktiengesellschaft des 17. Jahrhunderts mußten geschaffen werden, um den Replikationsprozeß in Gang zu bringen. Es ist auch eine ausgezeichnete Gelegenheit, mit neuen Regierungsformen zu experimentieren, wie das amerikanische Beispiel deutlich demonstriert.

Aus der Perspektive der nächsthöheren Systemebene, der des Planeten Erde, hat die Replikation als universale Zielsetzung gedient. Die Ausbreitung der menschlichen Präsenz in der gesamten Biosphäre war ein notwendiger Schritt in Richtung der umfassenderen Vision einer Menschheit, die bewußtes Selbstgewahrsein im gesamten Sonnensystem und darüber hinaus verbreitet. In diesem Sinne ist Replikation eine höchst erfolgreiche evolutionäre Strategie, obwohl sie vielleicht die von ihren Urhebern vorhergesehenen Ergebnisse nicht erreichen mag.

Die Amerikanische Revolution wurde für alle Menschen wichtig, da sie ein neuartiges politisches System schuf und gleichgerichtete revolutionäre Reaktionen in Frankreich und anderen Ländern in Gang setzte. Die Briten, die gehofft hatten, durch Begründung einer starken Präsenz in der Neuen Welt ihre Macht und ihren Einfluß zu verstärken, befanden sich plötzlich in einem aussichtslosen Kampf gegen Leben, Freiheit und Streben nach Glück in Nordamerika, woraufhin sie danach strebten, Freiheit, Gleichheit und Brüderlichkeit auf dem Kontinent einzuschränken. Dieses Muster von Verlusten nach vorherigen Gewinnen hinnehmen zu müssen, wiederholte sich in vielen britischen Kolonien. Sobald die Briten jedoch ihre Grenzen erkannt hatten und dem Empire gestatteten, sich zu einem Commonwealth zu wandeln, entwickelten sie weltweiten Einfluß und Bedeutung aufgrund ihres Wertesystems und Erbes – statt durch Waffengewalt. Insgesamt gesehen, war die Gründung von Demokratien und Republiken in der Alten wie in der Neuen Welt eine positive Entwicklung, wovon schließlich auch die Briten profitierten.

Das Problem liegt darin, daß Imperialismus und Kolonialismus im Gegensatz zur Erkundung die Kolonisierung als ein Mittel ansehen, die Ausdehnung und Macht des Ausgangssystems zu Lasten der Kolonisten und der einheimischen Völker auszuweiten. Schon der Definition nach impliziert dies eine Psychologie der Beherrschung und Ausbeutung, die Aufrechterhaltung des Status quo. Geschieht das, dann büßt das Ausgangssystem den größten Vorteil der Erkundung ein, die gesellschaftliche Evolution. Bei der Erkundung des Weltraums ergibt sich die Frage, welche Schritte unternommen werden müssen, sobald die Periode der Forschung in die des Aufbruchs und der Besiedlung der neuen Gebiete übergeht. Das koloniale Modell ist nur eine von vielen möglichen Methoden, und es ist an der Zeit, andere Antworten auf diese Fragen zu bedenken.

So ist beispielsweise das Staatenmodell aus amerikanischer Sicht das am wenigsten radikale. Außerdem hat es noch den Vorteil, das

Siedlungsmodell der Vergangenheit zu sein. Sollte man ihm folgen, dann könnten amerikanische Staatsbürger neue Weltraumsiedlungen als Territorien der Vereinigten Staaten entwickeln, die dann irgendwann einmal darum ersuchen, als selbständige Staaten anerkannt zu werden. Dieses Staatenmodell füllt eine Anzahl konzeptueller Lükken bei der Besiedlung des Neulandes Weltraum als ein amerikanisches Szenario für Weltraumsiedlungen. Doch könnte dieser Ansatz nach den bestehenden Weltraumgesetzen illegal sein, die es keiner einzelnen Nation gestatten, Territorien im äußeren Weltraum für sich zu beanspruchen.[5]

Das Modell Antarktis ist einzigartig. Viele Nationen unterhalten dort Forschungsstationen, keine jedoch besitzt eigenes Territorium, und es gibt auf diesem Kontinent keine Streitkräfte. Es ist eine Zone relativer Kooperation und des Friedens auf einem von Rivalitäten und Krieg beherrschten Planeten. Die Antarktis bietet andere, unangenehme Analogien zum Weltraum. Sie ist eine feindselige, weit abgelegene Umwelt, die in vieler Hinsicht dem Mars ähnelt, etwa in Temperaturen und Klima. Wie die Umwelt des Weltraums liefert sie einen primären sofortigen Gegenwert im Bereich wissenschaftlicher Forschung. Schließlich bietet sie nur verhältnismäßig wenigen Menschen Lebensraum.

Das Modell Antarktis funktioniert gut, solange es nur um wissenschaftliche Forschung geht, mag jedoch in Perioden des Aufbruchs und der Besiedlung keinen Bestand mehr haben. Sein Zyklus hat sich während der Forschungsära stabilisiert. Doch würde diese Methode möglicherweise nicht mehr anwendbar sein, sobald es praktische Pläne geben sollte, dort gewinnbringende Wirtschaftsunternehmen oder größere menschliche Siedlungen zu errichten. Auf den Weltraum könnte das Modell Antarktis für kurze Zeit anwendbar sein, mit allseitigem Einverständnis, daß es in späteren Jahren einem anderen Modell weichen könnte.

Das Modell einer internationalen Organisation für Weltraumsiedlungen geht von einer anderen Ausgangslage aus. Es setzt voraus, daß in der Anfangszeit Nationalstaaten die vorherrschende politische Form sein werden, und daß diese gegenwärtige Formen des Denkens und Handelns in den neuen Siedlungsraum im Sonnensystem projizieren. Doch gibt es zwischen Nationen nicht nur Konkurrenz um die

Vorherrschaft, sondern auch Kooperation bei bedeutenden wirtschaftlichen und gesellschaftlichen Problemen, wenn das gegenseitige Selbstinteresse das erfordert. Mit zunehmenden Aktivitäten im Weltraum wird sich die Notwendigkeit einer Institution ergeben, die eine vermittelnde Rolle übernimmt und Möglichkeiten für die Evolution nationaler Raumfahrtprogramme und eines umfassenderen Programms der Menschheit bietet.

Das vierte Modell wäre eine Form menschlicher Patenschaft. Das wird zwar innerhalb von Familien gut verstanden und praktiziert, doch ist die Idee, dieses Konzept auf politische Systeme anzuwenden, radikal. Bei dieser Methode würden die im Weltraum replizierten Systeme etwa so eingeschätzt, wie Menschen es von ihren Kindern tun. Bei richtigem Funktionieren der Elternschaft bringen die Eltern ihre Kinder in einem Akt der Übernahme von Verantwortung zur Welt. Sie teilen dann die Bürde und die Freude, sie zur Reife zu bringen, erkennen schließlich, daß die Kinder das gemeinsame Heim verlassen und eine selbständige Existenz begründen werden.

Während es für Eltern eine große persönliche Befriedigung darstellt, ihre Kinder aufgezogen zu haben, erwächst ihnen kein materieller Nutzen daraus, daß sie über die Kinder bestimmen und sie ausnutzen können. Im Gegenteil: Aus der Sicht des rein materiellen Selbstinteresses ist es nicht vernünftig, Kinder zu haben. Kosten und Verantwortung passen nicht in ein einfaches Kosten/Nutzen-Schema.

Angenommen, die Menschen auf der Erde betrachten sich als Eltern der neuen Zivilisationen. Beim Erschaffen dieser neuen Gemeinschaften im Weltraum könnten Unabhängigkeit und Autonomie von Anbeginn an in den Entwurf eingebaut werden. Würde der Stolz auf die Elternschaft ausreichen, um das Abenteuer zu rechtfertigen?

Das Elternschaftsmodell befindet sich auch in Übereinstimmung mit dem Wertesystem derjenigen, die geeignet sind, in den neuen Siedlungsgebieten als Pioniere tätig zu sein. Trotz vieler staatlich geförderter Weltraumaktivitäten wächst das private Interesse, im Weltraum Pionierarbeit zu leisten. Eine Weltraumsiedlung des Typs, wie das Space Studies Institute ihn sich vorstellt und der von der Annahme ausgeht, daß extraterrestrisches Material genutzt werden kann, um im leeren Raum Wohnmöglichkeiten für bis zu zehntausend Menschen zu schaffen, bei einem solchen Typ dürfte es vermutlich wünschenswert sein, daß er ein eigenes Regierungssystem entwickelt.

Diese Siedlungen ähneln denen der Puritaner im frühen Neuengland, die ihre Kolonien in Loyalität zur Krone gründeten, dann jedoch beschlossen, eine «Stadt Gottes» in der Neuen Welt zu bauen. Es überraschte nicht, daß ihre Nachfahren zu den radikalsten Vorkämpfern der Unabhängigkeit wurden, als England in den 1770er Jahren versuchte, ihre Entwicklung einzuschränken.

Es ist nicht so wichtig, sich schon jetzt für ein spezifisches Modell zu entscheiden. Wir sollten jedoch die Notwendigkeit kreativen und vielleicht radikalen Denkens über Themen erkennen, die für die Evolution dieser neuen Gesellschaften entscheidend sein werden. Die Gedanken, die wir schon heute an diese Thematik wenden, können vielleicht bestimmend dafür sein, ob die Zukunft friedlich oder konfliktträchtig sein wird.

Verlagerung der Identifizierung

Die Nationalstaaten unserer Erde repräsentieren ein erst vor kurzem evolviertes Gesellschaftssystem. Sie existieren, weil sie in der Lage gewesen sind, eine Identität zu begründen und zu bewahren, die letzten Endes auf Waffengewalt beruht – auf der Fähigkeit des jeweiligen Staates, sich selbst zu verteidigen und seine territoriale Integrität zu behaupten. Der Staat existiert auch infolge einer Übereinkunft – des Willens seiner Bürger und anderer Nationen, seine Identität zu respektieren. Die Gründung von Nationalstaaten ist ein Produkt der fortgesetzten Suche der gesellschaftlichen Evolution nach neuen und wirksameren politischen Formen. In der Vergangenheit hat dieser Prozeß Stammessysteme, Stadtstaaten, Kaiserreiche und Theokratien hervorgebracht, doch hat sich der säkulare Nationalstaat für diese Epoche als die optimale Form erwiesen.

Politische Entitäten sind jedoch genau so wenig unsterblich wie Menschen. Sie handeln im wohlverstandenen Selbstinteresse, um ihre Existenz auszuweiten und Auflösung und Tod zu vermeiden. Darüber hinaus gibt es zwei Arten, auf die Staaten sterben können: physischer Tod, wenn sie von einer anderen Nation überfallen und vernichtet werden, oder Zerstörung infolge innerer Erhebung sowie Identitätstod, wenn der Staat seine Souveränität aufgibt, um in einem höheren Ordnungssystem aufzugehen.

Es ist verständlich, daß Krieg und Aufstände den politischen Führern Sorgen bereiten. Doch kann Identitätstod ebenso schrecklich sein, weil das Endergebnis dasselbe ist. Furcht vor dem Identitätstod, ein Haupthindernis für planetare Einheit, wird in der Evolution von Terra und Solarius ein entscheidendes Thema sein.

Die Gründer der Vereinigten Staaten hatten mit dem Identitätsproblem zu ringen, als sie die Verfassung des Landes schufen. Die einzelnen Staaten, die eben erst Großbritannien die Unabhängigkeit abgerungen hatten, hüteten eifersüchtig ihre Souveränität und traten dem Abkommen nur bei, weil die Verfassung es ihnen erlaubte, einen Teil ihrer Souveränität zu bewahren. Bei der Gründung der Vereinten Nationen war die Angst vor dem Identitätsverlust so groß, daß die Gründernationen der neuen Organisation fast gar keine Macht über ihre individuelle Souveränität einräumten.

Im Nationalstaat sind stets Gegenkräfte am Werk. Die Bewahrung der Identität der Untersysteme gegenüber dem umfassenden größeren System ist ein stetig gefährdeter Prozeß. Kommt es zur Replikation, dann verstärkt sich der Druck. Während das ursprüngliche System die Replikation mit seinem Selbstinteresse rechtfertigt, entwickeln diejenigen, die den Auftrag ausführen, unterschiedliche Interessen auf der Grundlage ihrer Erfahrungen in der neuen Umwelt.

Selbst bei der kurzen menschlichen Erfahrung im Weltraum sind bereits die Elemente potentieller Konflikte in Erscheinung getreten, vor allem bei Raumflügen von längerer Dauer. Die Kontrollzentrale auf der Erde verlangt oft von den Astronauten, daß sie sich strikt an einen vorbestimmten Plan halten, der geplante konkrete Ergebnisse bringen soll. Doch können die Umweltbedingungen im Weltraum, gekoppelt mit Bedürfnissen der Astronauten, das genaue Einhalten des Planes behindern, was manchmal zu Problemen zwischen der Kontrollstation auf der Erde und der Crew im Weltraum führt.

Nun stelle man sich den Außenposten auf dem Mond vor, der nach den Vorstellungen der Nationalen Raumfahrt-Kommission im Jahre 2005 operationell werden soll. Man stelle sich dort eine Besatzung von etwa hundert Menschen vor, alles Amerikaner oder Bürger alliierter Staaten. Es ist doch möglich, daß die Sowjets nicht weit von der amerikanischen Basis ein ähnliches Unternehmen aufgebaut haben. Um das Jahr 2010 könnte es auf der amerikanischen Basis vielleicht zweihundert und auf der russischen hundertfünfzig Personen geben, darunter Kinder, die auf dem Mond geboren wurden.

Die Amerikaner und Russen, die als erste zum Mond kamen, würden ihren Völkern gegenüber vermutlich loyal bleiben. Nach einigen Jahren jedoch würden die Vereinigten Staaten und die Sowjetunion aufhören, für sie die alltägliche Wirklichkeit zu sein. Die beiden Mutterländer würden zu Abstraktionen werden, die auf der Erdoberfläche erscheinen und wieder verschwinden, wenn der Planet in 240 000 Meilen Entfernung um seine Achse rotiert. Bei einer Krise würden sich diese «Lunarier» vermutlich auf sich selbst verlassen oder ihre Nachbarn ansprechen, statt die Erde um Hilfe zu bitten, die durch Raumschiffe frühestens in drei Tagen erreichbar wäre. Unabhängigkeit wird zu einer evolutionären Tugend, während Gehorsam gegenüber einer weit entfernten Autorität zweifelhafte Vorteile bietet.

Die ersten Menschen, die zum Mars reisen, werden eine ähnliche, noch stark erweiterte Erfahrung haben, braucht man doch statt drei Tagen mehrere Monate, um dorthin zu gelangen. Dabei denke man an eine Bemerkung von Gene Cernan: Außerhalb der Raum/Zeit-Koordinaten der Erde stellt man sich selbst die Frage: «Wo befinde ich mich wirklich in Raum und Zeit?»[6]

Künftige «Lunarier», «Marsianer» und Bewohner von Raumkolonien werden vermutlich ihre Bedingungen an die Erde und die politischen Untersysteme in Frage stellen, die sie nicht mehr sehen. Es dauerte hundertfünfzig Jahre, um den Lösungsprozeß zu Ende zu bringen, nachdem Großbritannien seine Kolonien in Nordamerika errichtet hatte. In einer viel komplizierteren und sich schneller wandelnden Zeit dürfte diese Problematik viel früher aufkommen.

Sobald ihr Identitätsgefühl sich verlagert, werden Weltraumsiedler danach streben, eine neue Identität zu begründen, die mit den lokalen Verhältnissen besser in Einklang steht. Zu diesem Zeitpunkt wird sich bei der Evolution der neuen Zivilisationen die erste größere Krise einstellen. Aus diesem Grund sind die vorhin erörterten Modelle von Wichtigkeit, weil die Ausgangs- und die Replikationssysteme das Problem im Sinne ihrer Modelle der Wirklichkeit behandeln werden. Ein im Stile des Kolonialmodells handelndes Ausgangssystem wird hart, ein im Stile des Elternschaftsmodells handelndes vermutlich eher verständisvoll reagieren.

Eine Erklärung der Unabhängigkeit von der Erde wird wahrscheinlich innerhalb der nächsten fünfzig Jahre von einer der neuen Weltraumsiedlungen abgegeben. Terra, die um die Erde organisierte planetare Zivilisation, kann entweder als Teil der solaren Zivilisation evolvieren oder als das «Andere», das es Solarius gestattet, sein «Selbst» durch Konflikt zu erfahren. Gegenwärtige Aktionen können die Entfaltung jener künftigen Geschehnisse stark beeinflussen.

Exponentielles Wachstum

Die meisten Szenarios über das künftige Bevölkerungswachstum im Siedlungsgebiet Weltraum sind konservativ, weil es schwierig ist, über die Realitäten von heute hinauszublicken, während wir erst noch dabei sind, eine dauernde Präsenz im Weltraum zu errichten. Sobald jedoch die richtigen Bedingungen vorhanden sind, wird es zu einem explosiven Wachstum und einem vollständigen Wandel der Gelegenheiten kommen. Wachstum vollzieht sich in jedem System in unterschiedlichen Schüben, abhängig vom Zusammenspiel seiner hemmenden und fördernden Elemente. Die Bevölkerung kann arithmetisch mit Steigerungsraten auf periodischer Basis wachsen oder exponentiell bei schneller Verdoppelung oder Verdreifachung. Bei menschlichen Gesellschaftssystemen hängt die Zuwachsrate von der Belastungskapazität einer Gemeinschaft ab, die ihrerseits von mehreren Variablen abhängig ist, von denen einige, etwa die Nahrungsmittelproduktion, quantitativer und andere, etwa die Bewertung des menschlichen Lebens und die Wirkung dieser Anschauung auf die Gesellschaftspolitik, qualitativer Art sind.

Die positive Feedback-Schlinge der Geburtenrate vermehrt die Bevölkerung, während die negative der Sterblichkeitsrate sie vermindert. Künstliche Eingriffe in das Funktionieren eines Gesellschaftssystems während Krisenzeiten können das Funktionieren dieser Rückkoppelungsschlingen vorübergehend stören, doch bleibt die

Belastungskapazität auf Dauer die beherrschende Kraft. Die Erdbevölkerung ist seit der Industriellen Revolution schnell angewachsen, und die damit zusammenhängenden Probleme wie etwa Versteppung, saurer Regen, Vernichtung des Regenwaldes in tropischen Ländern, Umweltverschmutzung und Treibhauseffekt sind gut belegt.

Die Situation ähnelt der eines Babys im Mutterleib. Nachdem es alle Reserven genutzt hat, die die Mutter ihm geben kann, wächst das Baby zu schnell, als daß es in seiner geschützten Umwelt bleiben kann. Es muß in die Welt hineingeboren werden, so schmerzlich diese Erfahrung auch sein mag. Das Kind muß zum eigenen und zum Wohle der Mutter entweder ausgestoßen werden oder sterben.

Eine Reaktion auf diese globalen Probleme entstand in den siebziger Jahren als Bewegung «Grenzen des Wachstums». Die Befürworter dieser Anschauung traten für eine Gesellschaftsform ein, die ihre Expansion zwecks Bewahrung unseres Planeten bewußt einschränkt. Das sind für künftige Terraner wertvolle Gedanken. Sie erinnern jedoch an einen Arzt, der Experte für Gebärmütter ist, jedoch nichts von Geburt versteht. Er könnte Schwangerschaft als Krankheit diagnostizieren und daraus schließen, das Problem sei gelöst, wenn man die weitere Entwicklung des Embryos stoppt. Ein Arzt mit umfassenderem Wissen würde natürlich begreifen, daß Entbindung die richtige Antwort darauf ist.

Kann die Besiedlung des Weltraums das exponentielle Wachstum der Menschheit aufnehmen? Die Bedürfnisse im neuen Siedlungsraum werden dieselben sein wie auf der Erde, nämlich Aufrechterhaltung der komplexen technologischen Zivilisation, die zum deutlichen Kennzeichen menschlicher Aktivitäten geworden ist – umfangreiche Ressourcen und relativ billige Energie. Untersuchungen des Space Studies Institute haben aufgezeigt, daß diese Elemente für den Aufbau einer weltraumgestützten erforderlichen Zivilisation auf dem Mond und den Asteroiden in beträchtlichen Mengen vorhanden sind. Die Energie wird kostenlos von der Sonne geliefert, ohne störende Einwirkung einer planetarischen Atmosphäre. Neue Entwicklungen in geschlossenen ökologischen Systemen oder Biosphären lassen erkennen, daß «Miniplaneten» geschaffen werden können, auf denen der Anbau von Nahrungsmitteln möglich ist, und sich selbst tragende Aktivitäten an jedem beliebigen Ort im freien Weltraum in Gang gebracht werden können.[7]

Die Nutzung extraterrestrischen Materials für den Bau von Weltraumsiedlungen und planetaren Basen erübrigt den Transport teurer Baustoffe von der Erde, was hervorragende neue Möglichkeiten für das Ingangbringen eines neuen Wachstumsprozesses bietet. Die primären Barrieren für schnelles Wachstum im Neuland Weltraum liegen im Bereich der physikalischen Technologien, vor allem bei den hohen Kosten des Transports in die Erdumlaufbahn. Selbst angesichts der Option, Materialien aus dem Weltraum zu benutzen, sind die gegenwärtigen Kosten von etwa zweitausend Dollar für den Transport einen halben Kilos Nutzlast in die Erdumlaufbahn weitaus zu hoch, um in naher Zukunft eine massive kommerzielle oder bevölkerungsmäßige Entwicklung ins Auge zu fassen.

Der Raumtransporter (Shuttle) beruht auf einer Raketentechnologie, die eine riesige Bodenorganisation benötigt, die ihn sicher ins All und wieder zurück bringt. Diese Faktoren machen einen beträchtlichen Prozentsatz der Kosten von 250 Millionen Dollar für jeden Start aus. Drei Technologien werden diese Gleichung verändern: das Weltraumflugzeug und/oder Startvehikel mit langer Lebensdauer, permanente Raumstationen und Transportmittel für die Erdumlaufbahn.

Die für einen billigen Zugang zum neuen Siedlungsraum Weltall benötigten Technologien sind nicht unerreichbar. Großbritannien und die USA arbeiten an einem Weltraumflugzeug, und andere Staaten tun dies vermutlich ebenfalls. Die Sowjetunion wird bald über eine permanente Raumstation im Orbit verfügen, und die Vereinigten Staaten haben sich fest vorgenommen, eine solche in den neunziger Jahren zu bauen. Vehikel für den Transport in den Orbit befinden sich ebenfalls im Entwurfstadium.

Der billige Zugang allein wird die Menschen nicht in den Weltraum locken, wenn es dort nichts Anziehendes gibt. Auf der Erdoberfläche ist Auswandern eine relativ einfache Angelegenheit. Die Menschen begeben sich aus Gegenden geringer in Gebiete hoher Lebenschancen, und einige Erneuerer sind stets bereit, als Pioniere zu wirken, wenn sich neue Lebensräume auftun. Menschen und neue Siedlungsräume ziehen einander an. Wenn die Lebensbedingungen jedoch so feindselig sind, wie etwa in Grönland und in der Antarktis, wachsen die Bevölkerungen nicht exponentiell.

Der Weltraum ist eine trügerische Umwelt, weil große Teile der Erdbevölkerung, die nicht das Zeug zu Pionierleistungen haben, *sofort* vom Leben an einem Ort mit geringerer Schwerkraft profitieren möchten. Die körperlich Behinderten insbesondere würden wahrscheinlich gerne im Weltraum leben wollen. Menschen, die nicht gehen können, haben Vorteile in einer Umwelt, in der Beine relativ nutzlos sind. Ältere Menschen würden sich wohler in einer Situation fühlen, in der die kräftigen Knochen- und Muskelsysteme, die in einer Umwelt mit hoher Schwerkraft benötigt werden, nicht notwendig sind. Personen mit schwachem Herzen würden den Weltraum anziehend finden, weil das Herz dort mit weniger Kraftanstrengung pumpen kann, als wenn es den Widerstand der Schwerkraft überwinden muß.

Schließlich ist man überzeugt, die Herstellung von Kristallen, bestimmten Medikamenten und sonstigen Materialien im Weltraum könne ökonomisch vorteilhaft sein. Selbst wenn nur ein einzelner Tätigkeitsbereich im Weltraum sich als profitabler erweisen würde als auf der Erde, hätte das schon beträchtliche Auswirkungen. Wie auf den Erdölplattformen in den Meeren und Wüsten oder im nördlichen Küstenbereich von Alaska werden die Arbeiter harte Arbeitsbedingungen auf sich nehmen, wenn sie gut bezahlt werden, und Arbeitgeber werden für Bemühungen, die hohe Erlöse versprechen, gute Löhne zahlen.

Der Weltraum liegt uns nahe. Die Beseitigung der Kostenschranke kann eine Auswanderungsflut in Gang bringen, die nicht nur das Leben dort, sondern auch das auf der Erde spürbar beeinflussen wird.

Die große Herausforderung

Weltraummissionen und Produktionen im Weltraum sind wertvolle Aktivitäten, die fortgesetzt werden sollten. Das fundamentale Problem für die Menschheit ist jedoch ihr Überleben und ihre weitere Evolution als Spezies. Die Erkundung des Weltalls hängt unmittelbar damit zusammen. Menschliche Gesellschaftssysteme, die an einem übergeordneten Ziel teilhaben, können die entsprechenden Aktivitäten aufeinander abstimmen. Die Vereinigten Staaten und die Sowjetunion, heute Antagonisten, waren einst Verbündete im gemeinsamen Kampf gegen den Faschismus, der für ihr Überleben eine größere Bedrohung darstellte als nationale Rivalität. Heute sind beide Nationen und der ganze Planet von einem gefährlicheren Feind als dem Faschismus bedroht, nämlich von der Institution des Krieges selbst. Alle Nationen haben heute ein gemeinsames Interesse an der Verhinderung eines mit Kernwaffen geführten Krieges und an der Suche nach neuen Wegen zu wirksamer Rüstungsbegrenzung.

Das Erkennen einer menschheitlichen Zielsetzung und deren Verwirklichung durch ein gemeinsames Raumfahrtprogramm sind Schritte, die über das Vermeiden des Auslöschens der Menschheit hinausführen, eine Vision, die jeder Erdbewohner begreifen kann. Es wird einige Menschen geben, denen die große Zielsetzung einleuchtet; andere werden vielleicht das Konzept des Aufbaus einer neuen Zivilisation begreifen. Vielen wird es jedoch hauptsächlich darum gehen, für sich und die eigenen Kinder ein besseres Leben zu schaffen.

Es hat sich gezeigt, daß der Overview Effekt das politische Denken in Richtung dieser universalen Vision lenkt. Als Beispiel dafür mag der Vorschlag des Kongreßabgeordneten Bill Nelson gelten, eine Gipfelkonferenz im Weltraum abzuhalten, oder die Erklärung von Jake Garn, es sollte überall auf der Erde mehr Chancengleichheit geben, weil wir alle gemeinsam durchs All rasen.

Die nachhaltige Wirkung des Overview Effekts bewies die Erklärung, die John Glenn bei der Ankündigung seiner Kandidatur für die Wiederwahl zum Senator von Ohio abgab:

> Vor 24 Jahren hatte ich das Privileg, unseren Planeten so zu sehen, wie ihn bisher nur wenige Menschen sehen konnten, nämlich schweigend und schön in der riesigen Weite des Weltraums schwebend. Als ich aus dem Weltraum auf unsere Erde hinunterblickte, sah ich ein Gebiet, das wahrhaftig *Vereinigte Staaten* darstellte – eine in ihrem gemeinsamen Menschsein vereinigte Nation. Auch wenn diese Vision in den Jahren seit meiner Rückkehr oft von der

Wirklichkeit getrübt wurde, hoffe ich immer noch auf den Tag, an dem wir schließlich lernen, auf dem fragilen Schiff, das wir Erde nennen, als Brüder und Schwestern miteinander zu leben.[8]

Auf internationaler Ebene zeigen sich Möglichkeiten in der Tätigkeit des Verbandes der Raumfahrer auf dessen erstem Kongreß, sowie in den folgenden Sätzen des Kosmonauten Alexej Leonow: «Astronauten und Kosmonauten sind eine Handvoll Menschen, die das große Glück gehabt haben, die Erde aus der Ferne zu sehen und dabei zu erkennen, wie winzig und fragil sie ist. Wir hoffen, daß alle Völker dieser Erde das verstehen können.»[9]

Die Bewegung in eine neue Richtung wird von den Menschen schöpferische Entscheidungen verlangen. Buckminster Fuller schrieb einmal, die Menschheit stehe vor der fundamentalen Entscheidung, entweder Utopia zu bauen oder in Vergessenheit zu versinken. In jüngster Zeit haben viele erfindungsreiche Vorschläge die Hoffnungen auf eine solche Möglichkeit genährt. Dr. Kosta Tsipis, ein Experte für Fragen der Rüstungskontrolle, erklärte beispielsweise in einer Rede in Boston, wenn man schon die für militärische Bemühungen im Weltraum aufgewendeten Energien nicht stoppen könne, so könnte man sie vielleicht in eine andere Richtung lenken. Statt daß man die Militärs aus dem Weltraum verbannt, sollte man ihnen ein übergeordnetes Ziel geben, etwa eine internationale Mission zum Mars, die ihre Fähigkeiten herausfordert und ihre Aufmerksamkeit nach außen, statt auf einen «Feind» lenkt.[10]

Kernwaffen und ballistische Raketen entstammen demselben Strom wissenschaftlicher Erkenntnisse und wurden auf der Erde etwa zur gleichen Zeit praktisch nutzbar. Geht man davon aus, daß dieselbe Ebene der Evolution einerseits Waffen zur Massenvernichtung und andererseits Werkzeuge hervorbringt, mit denen man sich aus den Fesseln der Oberfläche von Planeten lösen kann, dann ist es durchaus möglich, daß bereits andere Kulturen vor dieser Wahl gestanden haben.[11] Es ist doch wohl einleuchtend, daß eine Kultur, die reif genug ist, auf nukleare Sprengköpfe zu verzichten, auch eine positive Nutzung für ihre ballistischen Raketen finden wird – als Startvehikel für ein umfassendes neues Weltraumerkundungsprogramm.

Die Jahre bis zur Jahrtausendwende und darüber hinaus bergen außerordentliche Gefahren und Herausforderungen, doch waren auch die Möglichkeiten niemals größer.

Das Gleichgewicht von Einheit und Vielfalt

Der Aufbau einer neuen planetaren Zivilisation würde der Menschheit die Einheit bescheren, von der sie seit Jahrhunderten träumt. Doch könnte diese neugefundene Einheit sehr wohl einer Phase intensiver Vielfalt im äußeren Weltraum weichen. Wahrscheinlich werden neue Gesellschaftssysteme, die im inneren Sonnensystem entstehen sollen, eine Periode intensiver autonomer Experimente durchlaufen. Ebenso wie ihre Mitglieder aufhören werden, sich mit Nationalstaaten auf der Erde zu identifizieren, werden sie vielleicht aufhören, sich mit der Erde selbst zu identifizieren. Wie die Menschen in den befreiten Kolonien Nordamerikas werden sie eifersüchtig über ihre neugewonnene Unabhängigkeit wachen.

Darüber hinaus wäre die neue Vielfalt im Umfeld des Sonnensystems nur ein Vorspiel für eine weitere Transformation auf galaktischer Ebene irgendwann in ferner Zukunft. Für welches Szenario man sich schließlich entscheidet, ist eine Angelegenheit freier Wahl, keine Unvermeidlichkeit. Eine solche Analyse schließt auch wichtige potentielle Allianzen ein. So könnten z. B. Menschen, die an planetarem Frieden auf der Erde interessiert sind, und solche, die Interesse am Leben auf dem Mars haben, gemeinsame Interessen entdecken und dementsprechend gemeinsam handeln.

Sollte die Menschheit schließlich den Weg hinaus ins Sonnensystem finden, ließe sich zumindest folgendes voraussagen: Irgendeine Astronautin, die sich gerade irgendwo am Rande des Sonnensystems befindet, wird zurückblicken und erkennen, wie einheitlich und fragil es ist, ein kleiner Platz in einer riesigen Galaxis. Und sie wird erkennen, wie wir alle, Terraner, Solarianer und sonstige, lernen müssen, miteinander in Frieden zu leben.

18 Die Psychologie der neuen Zivilisationen

Ich habe andere Weltraumfahrer eine Wahrnehmung aussprechen hören, die ich selbst gehabt habe: das Gefühl von Euphorie, das nach dem Start begann und mehrere Tage andauerte. Meines Erachtens entspringt es der Erkenntnis des Geistes, daß die Wirklichkeit ohne Schwerkraft uns tatsächlich eine neue Dimension der Freiheit gibt. Es ist das Gefühl, daß neue Möglichkeiten einfach dort gegeben sein *müssen*, wo physische Orientierung und visuelle Wahrnehmung zwar unter Kontolle, jedoch stets variabel sind.

Nutzlastspezialist Charles D. Walker

Zivilisation und Gewahrsein

Das Selbstgewahrsein einer Zivilisation verkörpert deren gesamtes Verhalten gegenüber dem Leben, einschließlich ihrer Anschauung von sich selbst und anderen Kulturen. Das physische Gerüst einer Zivilisation ist entscheidend für die Evolution gesellschaftlicher und individueller Psychologien. Die typisch amerikanische Denkweise ist teilweise dadurch zu erklären, daß die USA an den Küsten eines riesigen Kontinents gegründet wurden, der erst erschlossen werden mußte. Höflich darauf zu warten, daß dies geschieht, wäre ein evolutionärer Fehler größeren Ausmaßes gewesen. Großbritannien ist andererseits eine dicht bevölkerte Inselnation, fest in sich gegründet und zivilisiert. Buntscheckiger Individualismus ist keine besonders nützliche kulturelle Eigenschaft für die Gesellschaft dieser Zeit.

Da die neuen Zivilisationen sich in Beziehung zueinander entwikkeln, werden dabei auch viele kulturelle Unterschiede in Erscheinung treten. In jeder Gesellschaft werden Eigenschaften ermutigt und gefördert, die eine Vision und den Zweck der Zivilisation stützen. Entgegengesetzte Eigenschaften werden ausgesiebt.

Präplanetare Psychologie

Psychologie wird von Körperlichkeit geformt. Menschen können nicht denken, fühlen, wissen oder verstehen ohne Gehirne und Körper, die ihrerseits einen physischen Platz benötigen. Psychologie befaßt sich damit, wie die Menschen sich selbst vor dem Hintergrund größerer ganzheitlicher Systeme sehen, vor allem des natürlichen Systems, das die Gesellschaft hervorbringt, in der sie leben.

Bis heute sind alle psychologischen Disziplinen infolge ihrer Entwicklung auf der Erde geozentrisch. Außerdem waren alle vor den sechziger Jahren entwickelten präplanetarisch, weil sie nicht die Vision des gesamten Systems – Erde – einbeziehen konnten, von dem sie ein Teil sind. Jetzt jedoch muß die Vision des ganzen Systems, das weltweit durch das Gesellschaftssystem verbreitet wird, Einfluß auf die Psychologie nehmen.

Eine Person muß ein Ichgefühl besitzen, das sie von anderen trennt, doch hat sie die Option, dieses Ich einem sehr kleinen Anderen, etwa der Familie, oder einem sehr großen Anderen, etwa dem Planeten Erde, gegenüberstellen zu können. Im Kielwasser der physikalischen Wissenschaften hat die abendländische Psychologie dazu geneigt, das menschliche Wesen isoliert zu betrachten, kulminierend in dem Bemühen, alle menschlichen Aktivitäten auf eine komplexe Aufeinanderfolge von Reaktionen auf Reize zu reduzieren. Nachdem die Menschheit jedoch lernt, sich selbst in Beziehung zu immer umfassenderen ganzen Systemen zu identifizieren, wird sich zwangsläufig eine Umkehr dieses reduktionistischen Trends ergeben, was sich durchaus als das wichtigste Ergebnis der Erkundung und Entwicklung des Weltraums erweisen könnte.

Terra: Die Psychologie der Homöostasie

Die terranische Psychologie wird der präplanetarischen Psychologie ähneln, weil sie erd-orientiert bleiben wird. Der Unterschied wird jedoch darin bestehen, daß sie den Menschen in Bezug zum größeren Gesamtsystem des Planeten setzt. Der weit verbreitete Overview Effekt ist die Grundlage terranischen Gewahrseins. Er bildet das grundlegende Symbol der neuen planetarischen Zivilisation mit der Menschheit als integralem, jedoch nicht dominierendem Teil. Homöostasie oder Gleichgewicht ist das Kennwort der terranischen Psychologie, weil sie vom Gesamtsystem als grundlegendes Ziel angestrebt werden muß, wenn es überleben will.

Lovelock liefert uns eine gute Beschreibung terranischer Wertbegriffe aus der Perspektive von Gaia. In näherer Ausführung seiner Anschauung, daß die Menschheit «gezähmt» und dadurch ein Teil «der Gemeinschaft aller Geschöpfe werden könnte, welche zusammen Gaia bilden», sagt er: «Das mag wie das Eingeständnis einer Niederlage aussehen. Doch dürften ein verstärktes Gefühl des Wohlbefindens und der Erfüllung sowie die Erkenntnis, daß wir selbst dynamischer Teil einer weitaus größeren Entität sind, den Verlust stammesmäßiger Freiheit wohl wert sein.»[1]

Während der Perioden der von Europa in früheren Jahrhunderten ausgehenden Entdeckungsreisen, nutzten Millionen von Menschen die Auswanderungsmöglichkeiten nicht, sondern blieben in der Heimat, um die Zivilisationen zu bereichern, welche die Entdeckungsreisen ermöglichten. Auf ähnliche Weise werden nicht alle Menschen den Planeten Erde verlassen, selbst wenn sie dazu Gelegenheit haben. Ihr Verbleiben auf der Erde kann ein bedeutender Beitrag zur Entwicklung der solaren und galaktischen Zivilisationen sein. Die Terraner müssen nicht von den Entwicklungen im solaren System und der Galaxis isoliert bleiben. Sie werden sich vielmehr im Zuge der Evolution des planetaren Technosystems zu stets höheren Ebenen in fortdauerndem Kontakt mit diesen Vorgängen befinden.

Terraner werden auch Zugang zum äußeren Weltraum und zu seinen Segnungen an materieller und psychischer Entwicklung haben. Der große Unterschied zwischen Terranern und Solariern wird darin bestehen, daß die ersten weiterhin die Erde als ihre Heimat und primären Bezugspunkt betrachten, während die letzteren das nicht mehr tun. Auch werden die Terraner nicht auf das Erkunden und Entdecken insgesamt verzichten. Wahrscheinlich werden sie ihre Erkundungen mehr nach innen richten, als Vertiefung unseres Wissens über planetare Overview Effekte auf der Erde, so daß diese auf andere Systeme, wie etwa den Mars, angewendet werden können. Sie können Experten für die Nutzung der Ressourcen des Weltraums werden, um diese allen Erdbewohnern nutzbar zu machen.

Terraner könnten Experten des planetaren Managements werden und die unterschiedlichen Bereiche menschlicher Gesellschaftssysteme auf planetarer Ebene harmonisieren. Sie werden dabei lernen, wie man mit organischen nichtmenschlichen und intelligenten nichtorganischen Spezies (dem Technosystem) auf gleicher Ebene zusammenlebt. Sobald die Botschaft des Overview Effekts voll angenommen ist, werden die Terraner sich vielleicht noch intensiver für die Suche und Bewahrung des Friedens einsetzen, eine Fähigkeit, die zweifellos im Laufe der Zeit in anderen Sektoren der Galaxis ebenfalls benötigt wird.

Solarius: Die Psychologie des Wandels

Die solarische Psychologie wird aus der terranischen erwachsen, ebenso wie die terranische sich gegenwärtig aus dem präplanetarischen Bewußtsein entwickelt. Alle Menschen, die bisher unsere Erde aus dem All erblickten, haben den Planeten mit der festen Absicht verlassen, zu ihm zurückzukehren. Jemanden, der die Rückkehr plant, erinnert die Anschauung der Erde als ganzheitliches System an die letztliche Einheit und Zerbrechlichkeit des Planeten und des menschlichen Lebens. Was aber wird sie für jemanden bedeuten, der sich zum Ziel setzt, eine weltraumgestützte Zivilisation aufzubauen?

Für den Embryo ist der Mutterleib die ganze Welt, die Totalität der Umwelt. Für das Kind wird die Mutter zu einem anderen Wesen, für das man verantwortlich ist, so wie vorher sie die verantwortliche Person war. Ein bedeutender Schritt zur Entwicklung und Reife des Individuums ist das wachsende Verantwortungsgefühl, die endgültige Abnabelung und das Erreichen des Erwachsenenalters. Nach kosmischer Zeitrechnung ist die menschliche Spezies ein Nachkömmling. Oft verbindet man mit ihr die Metapher Kindheit. Viel angemessener dürfte jedoch der Ausdruck Embryo sein.

Bis jetzt hatten noch nicht einmal die Astronauten die Möglichkeit, den vollen Wachstumszyklus zu erleben. Sie haben ein Geburtserlebnis gehabt. Anders als menschliche Babys mußten sie jedoch in den Mutterleib zurückkehren oder, wie Gene Cernan es nennt, «in die Wiege». Das Verlassen des Mutterleibes hat Auswirkungen auf die Astronauten. Doch wird man das von Schweickart beschriebene Kosmische Geburtsphänomen erst wirklich verstehen, wenn die ersten Menschen mit der festen Absicht in den Weltraum reisen, dort zu bleiben.

Wer sich dafür entscheidet, wird einen intensiven Reifeprozeß erleben, ähnlich der Erfahrung von Kindern, die zum ersten Mal das Elternhaus verlassen. Mutter Erde wird «die Mutter» bleiben. Doch werden diejenigen, die sich ganz persönlich für ein Leben im Weltraum entscheiden, den Unabhängigkeitsgeist ihrer Vorfahren brauchen, die das Mutterland verließen, um sich in unbekannte Gebiete und unvorhersehbare Lebenslagen zu begeben.

Erwachsenwerden bringt auch das aufkeimende Erkennen neuer Möglichkeiten mit sich. An die Oberfläche des Planeten gebunden sein, bedeutet die Hinnahme grundlegender Beschränkungen, nicht nur durch die Schwerkraft und das endliche Volumen verfügbaren Raumes, sondern in zunehmendem Maße auch durch gesellschaftliche Normen und Wertvorstellungen der Menschheit. Auf Erden gibt es nur wenige Plätze, die nicht den Gesetzen irgendwelcher Gesellschaftssysteme unterworfen sind, ob man damit einverstanden ist oder nicht.

Der Blick nach innen auf die Erde zeigt den Begründern der solaren Zivilisation die Vergangenheit. Der Blick nach draußen ist ein Blick in die Zukunft, der in andere Richtung gelenkte Overview Effekt wird zur «Vorausschau». Die solarische Psyche wird auch das neue Verhältnis der Weltraumbewohner zum physischen Rahmen des Sonnensystems umfassen. Die Erde wird zu einem Objekt, nicht zur Umwelt. Die Weltraumsiedlung, Mond oder Mars und das Sonnensystem, werden zur Gesamtumwelt.

Es wird viele Optionen zum Erleben dieser Umwelt geben. Menschen, die in Weltraumsiedlungen leben, werden nicht nur in der Lage sein, die Erde als ein Gesamtsystem zu sehen, sondern auch Spaziergänge im All zu unternehmen, und sie werden das Empfinden des Astronauten Jerry Carr für die Unendlichkeit des Universums teilen. Sie werden viele Sterne erblicken, die von der Erde aus nicht sichtbar sind, und werden wie Carr den Eindruck einer desorientierenden Matrix haben.

Vielen wird das Erleben der Offenheit und Unendlichkeit widersprüchliche Empfindungen bereiten. Geozentrisches Denken dämpft unsere Frustration, weil es die eigene Aufmerksamkeit auf die Erde konzentriert, die endlich ist. Mit seiner Konzentration auf das Sonnensystem und Regionen darüber hinaus öffnet heliozentrisches Denken den Geist für alle Möglichkeiten.

Das Verhältnis zwischen Freiheit und Zwang ist für die gesamte menschliche Existenz eine bedeutsame Gleichung, die für Weltraumbewohner einen neuen Kontext erhalten wird. Das Universum wird mit den Möglichkeiten einer Freiheit locken, die alles übertrifft, was die Menschen auf der Oberfläche ihres Planeten gekannt haben. Doch wird die Fähigkeit, diese Freiheit zu genießen, stark durch die vorhandene Technologie, die Lebenserwartung des Menschen und andere Faktoren eingeengt.

Solarier werden vermutlich ruhelose Menschen sein, die sich nicht mit der Ansiedlung im unteren Orbit zufrieden geben, sondern die Erkundung des Sonnensystems und des dahinterliegenden Weltraums anstreben werden. Einigen wird es bestimmt sein, Nomaden zu werden, «Generationen-Raumschiffe» zu bauen und zu bemannen, um mit ihnen ganze Gemeinschaften auf Reisen über Hunderttausende von Jahren zu fernen Sternen zu befördern. Deshalb wird die Verlängerung der Lebenserwartung wissenschaftlich intensiv erforscht werden.[2]

Der für die Erkundung physischen Raumes charakteristische Drang in die Ferne übt Druck aus, auch die verstandesmäßigen und spirituellen Bereiche des menschlichen Systems entsprechend wachsen zu lassen. Die ersten, vom Hauptteil der Spezies isolierten permanenten Systeme im Weltraum dürften eine bedeutsame spirituelle und mentale Entwicklung erleben, vielleicht sogar radikal neue Gedanken über Gott hervorbringen.

Auch die Art, wie man Zeit wahrnimmt, beeinflußt die Entfaltung des Ich-Gefühls. Selbst auf der Erde ist Zeit nicht in jedem gegebenen Augenblick für jedermann dieselbe. Wer später einmal ständig im All lebt, wird sich außerhalb des Zeitrahmens befinden, den Menschen bisher gekannt haben. Entstehen mit zunehmender Evolution von Solarius unterschiedliche Kulturen, wird auch das Gefühl für Zeit in Relation zum jeweiligen Ort im Weltraum intensiver werden.

Es wird daher zu den ersten Aufgaben beim Aufbau einer solaren Zivilisation gehören, eine Norm für Zeitmessungen festzusetzen. Bei allen bisherigen Weltraummissionen war die Erdzeit der Maßstab, auch wenn dabei schon modernere Fachbegriffe benutzt wurden. Für ein Leben in größeren Entfernungen von der Erde dürfte diese Methode unpraktisch sein, vor allem, wenn Menschen sich auf weit entfernten Planeten ansiedeln.

Im unteren Orbit lebende Menschen werden vermutlich nach wie vor Standardzeiten der Erde benutzen, ergänzt durch Einbeziehen des Orbits oder der Erdumdrehung. Bewohner der Mondbasen werden von erdbezogener Zeitmessung so weit entfernt sein, daß ihnen vielleicht ein Zeitsystem auf der Grundlage ihres eigenen planetarischen Bezugspunktes angemessener erscheinen wird. Siedler auf dem Mars werden wohl am stärksten den Wunsch nach einem eigenen Zeitsystem verspüren, aufgrund der riesigen Entfernung von der Erde, die sie nur als Lichtpunkt am Himmel sehen, so wie wir unsererseits den Mars sehen. Beim Anblick der Erde aus dem Weltraum verflüchtigt sich also die begriffliche Einheit, je weiter die Menschen ins Sonnensystem hinaus gehen.

Zeit wird für Solarier also ein relativer Begriff sein. Wie schon von den ersten Raumfahrern erlebt, wird das auch für Erfahrungen mit der Schwerkraft gelten. Die ersten Besiedler des Sonnensystems werden ernsthaft über ihre «Schwerkraft-Option» nachdenken müssen, da sie jede beliebige Schwerkraft erzeugen können, von Ein-G bis Null-G, und vermutlich auch von einer in die andere überwechseln können, so wie wir Menschen uns in einigen Klimazonen für ein Leben im Winter oder im Sommer entscheiden können.

Die bisherigen kurzen Ausflüge in den Weltraum haben bereits gelehrt, daß Schwerelosigkeit sich stark auf die Physiologie des Menschen auswirkt. Ist der Körper einer Umwelt ausgesetzt, die von seiner gewohnten Ein-G-Umwelt abweicht, paßt er sich an. Trotz aller bisherigen Raumflüge wissen wir noch nicht, was geschehen würde, wenn wir dem Körper die vollkommene Anpassung erlaubten. Da auch Denken und Fühlen eine physische Grundlage haben, müssen wir annehmen, daß auch diese Aspekte menschlicher Existenz sich im Laufe der Zeit wandeln würden.

Bisher haben alle Astronauten und Kosmonauten unseren Planeten mit der Absicht verlassen, zu ihm zurückzukehren, und daher Maßnahmen getroffen, eventuellen negativen Wirkungen der Schwerelosigkeit entgegenzuwirken, etwa durch spezielle Körperübungen und Verzehr besonderer Nähr- und Hemmstoffe. Daher wissen wir noch nicht, was den Menschen geschehen würde, die sich für längere Zeit im Weltraum aufhalten, etwa bei der ersten Mission zum Mars. Bekannt ist, daß die meisten Raumfahrer auf Schwerelosigkeit anfänglich mit einem Gefühl des Glücks oder der Euphorie reagieren, wie Charles Walker berichtete. Shuttle-Astronaut Don Lind sagte, Schwerelosigkeit sei «das reine Entzücken».

Viele unserer mentalen Begriffe entstammen unserer Ein-G-Umwelt. Das wird sich in Null-G-Situationen ändern. Bei Null-G gibt es kein «unten» oder «oben», weder «höher» noch «niedriger». Bisher haben wir noch zu wenig Erfahrungen mit größeren Gruppen im Weltraum, um sagen zu können, wie diese physische Umstellung die Status-Hierarchie beeinflussen wird, wie sie auf Erden besteht.

Auf der Erde wird zwischenmenschliche Kommunikation durch ein Gefühl für persönlichen Raum und eine Distanz zwischen den Menschen bestimmt. In einem schwerelosen Umfeld gibt es mehr Optionen zu kommunizieren. Zwei Menschen können wie Delphine nebeneinander schweben oder wie Tänzer hin und her schwingen, während sie über ihre Arbeit sprechen.

Am auffallendsten dürfte das menschliche Bewußtsein wohl von der Tatsache beeinflußt werden, daß man in diesem Umfeld frei schweben kann, ein Menschheitstraum, der sich zunächst in Flugzeugen und Raumschiffen manifestierte und nun auch im menschlichen Körper.

Walter schreibt darüber in seinem Report:

> Die alten Begrenzungen schwinden dahin und machen neuen, unterschiedlichen Platz – es genügt nicht, sich Hunderte von Meilen über der Erde in freiem Fall zu befinden. Man möchte außerhalb der Enge des Raumfahrzeugs sein, außerhalb des einengenden Druckanzugs. Ohne sich dessen wirklich bewußt zu sein, fühlt man sich sogar dem Phänomen näher, sich außerhalb des eigenen Körpers zu befinden. Natürlich empfindet jede Person das anders, doch muß es *auch* ein Gefühl sein, das für alle dasselbe ist.[3]

Die solare Kultur wird sich vermutlich auf die Nutzung neuer Möglichkeiten konzentrieren, auf ein expansives Bemühen, das Unendliche und Ewige zu erfassen und in einem relativistischen Universum zu leben. Die mentalen und spirituellen Bereiche der solaren Kultur werden sich während der Gründerzeit wahrscheinlich dramatisch wandeln. Sie müssen es sogar, wenn die Solarier ihre psychische und gesellschaftliche Stabilität unter in der Menschheitsgeschichte einmaligen Gegebenheiten bewahren wollen.

Die Schwerkraftoption wird einer solarischen Zivilisation die bedeutsamsten Möglichkeiten bieten, insbesondere die potentielle Evolution einer neuen Spezies, die sich nicht nur kulturell, sondern auch biologisch von den Terranern unterscheidet. «Artentrennung» ist ein so wichtiges Thema, daß es in einem eigenen Kapitel behandelt werden soll.

Galaxia: Die Psychologie der Transformation

Die Begegnung mit intelligenten Wesen aus anderen Sternensystemen wird für die Menschheit und andere irdische Spezies ein Augenblick tiefgreifenden Wandels sein, weil sie die Beziehung Ich/Andere auf eine ganz neue Wirklichkeitsebene verlagern wird. Bisher wird die schwierige Aufgabe, die terranischen und solarischen Epochen menschlicher Evolution wahrzunehmen, durch die Annahme vereinfacht, daß es «keinen Kontakt» mit Wesen von anderen Sternensystemen gibt.

Sollte es in der Galaxis kein andersartiges hochentwickeltes Leben geben, dann wird die galaktische Phase zumindest die solarische

Phase beträchtlich ausweiten. Die neue Herausforderung und das Erreichen ganz neuer Umwelten wird eine weitere Evolution zur Folge haben. Gibt es jedoch intelligentes Leben im All, dann vervielfältigen sich die möglichen Szenarien radikal, wobei unter anderem folgende Fragen auftauchen: Ist dieses andere Leben auf einer Evolutionsstufe, die der menschlichen Zivilisation gleichkommt oder sie übertrifft? Verhält es sich uns Menschen gegenüber freundlich oder feindlich? Existieren diese anderen Wesen isoliert oder sind sie Teil einer umfassenderen galaktischen Zivilisation?

Die Ereignisse könnten sich rapide überschlagen und die Beziehungen überlappen. Angesichts des wachsenden Interesses an der Suche nach außerirdischer Intelligenz (SETI = Search for Extraterrestrial Intelligence) kann es jeden Tag zu Kontakten mit Außerirdischen kommen, auch schon bevor wir selbst eine dauerhafte Präsenz außerhalb unseres Planeten eingerichtet haben. Dann würde sich gewissermaßen über Nacht jeder Aspekt menschlicher Existenz, würden sich alle unsere Vorstellungen über gesellschaftliche Evolution tiefgreifend wandeln. Das Kapitel über Kontakte wird gute Gründe für die Annahme anführen, daß offizielle Kontakte noch lange auf sich warten lassen werden.

Psychologien von heute

Erste Manifestationen dieser drei unterschiedlichen Anschauungen über das Leben zeichnen sich bereits ab. Die wachsende Zahl von Menschen mit Interesse für ökologische Belange, Weltfrieden und die Grenzen des Wachstums repräsentiert die terrane Psychologie. Der typische Raumfahrtpionier, der für eine Auswanderung ins Sonnensystem eintritt, ist Solarier im Embryonalzustand. Und diejenigen, die sich an SETI beteiligen, sind typische Vertreter einer galaktischen Orientierung.

19 Terra und der Neue Gesellschaftsvertrag

> Plötzlich erkennt man, daß Russen, Nikaraguaner, Kanadier, Filipinos – es spielt überhaupt keine Rolle, woher sie kommen – keinen anderen Wunsch haben, als ihre Kinder in Frieden aufzuziehen und ihnen etwas beizubringen, so wie wir auch.
>
> Senator Jake Garn

Das Entstehen und die weitere Evolution der neuen Zivilisation erfolgt nicht zwangsläufig. Das sind Möglichkeiten, und das Wissen um ihre Existenz regt uns zu Überlegungen an, was wir zu ihrer Evolution beitragen könnten. Es wird mehr als nur Rhetorik und gute Absichten erfordern, diese neuen Gesellschaften Wirklichkeit werden zu lassen, nämlich hochkalibriges neuartiges Denken. Das hat glücklicherweise bereits begonnen. Beispielhaft dafür ist ein Satz aus dem Report der Nationalen Raumfahrt-Kommission, der meiner eigenen Beschreibung von Overview Effekten bemerkenswert ähnlich ist: «Nach einer sich über Milliarden Jahre erstreckenden Aufeinanderfolge evolutionärer Schritte ist das Universum jetzt in der Lage, über sich selbst nachzudenken.»[1]

Die Kommission beschreibt dann den möglichen Beitrag der Naturwissenschaft für die Zukunft:

> Wir schlagen vor: Im Rahmen eines substantiellen Programms zur Erforschung des Weltraums sollten die Vereinigten Staaten eine einheitliche und umfassende Anstrengung unternehmen, den Ursprung und die Entwicklung des Kosmos durch Integration der Forschungsergebnisse vieler unterschiedlicher Disziplinen zu verstehen. Das kann zu bedeutenden Entdeckungen führen und

> gleichzeitig unsere Fähigkeiten stärken, künftige Phänomene vorauszusagen. Dabei wären am wichtigsten die Phänomene, die menschliche Aktivitäten beeinflussen oder von ihnen beeinflußt werden.[2]

Schon bevor Menschen begannen, in den Weltraum zu fliegen, haben sie das Verlangen gespürt, die multiplen Zweige der Wissenschaft im Dienst der menschlichen Evolution zu integrieren. Doch hat die Erforschung des Weltraums mit ihren Ergebnissen, darunter das Erleben der Erde als ganzheitliches System, diesen Drang zur Einheit neu belebt.

Die von der Kommission befürwortete «Große Synthese» bietet die Möglichkeit, Sinn und Zweck menschlichen Daseins im einzelnen zu begreifen. Ihr Zustandekommen würde die Gesellschaft nachhaltig beeinflussen. Nach Ansicht der Kommission befindet sie sich in Reichweite.

> Es gibt keine Hinweise darauf, daß die Prozesse, welche die Evolution von Elementarteilchen zu Galaxien, zu Sternen, zu schweren Elementen, zu Planeten, zu Leben und schließlich zu Intelligenz bestimmen, anderswo im Universum beträchtlich verschieden sind. Durch Integration der Erkenntnisse, die wir aus praktisch jedem einzelnen Wissenschaftszweig erhalten, von der Teilchenphysik bis zur Anthropologie, kann die Menschheit hoffen, eines Tages einem umfassenden Verständnis für unseren Platz im Kosmos nahezukommen.[3]

Zu den Empfehlungen der Kommission gehört auch eine globale Studie über den Planeten Erde, ähnlich den Empfehlungen des Earth System Science Committee. Nach einem spezifischen Plan soll ein neuer Wissenschaftszweig entstehen, damit wir die Synthese innerhalb eines vernünftigen Zeitrahmens vollenden können. Die Entwicklung dieser Synthese wäre ein bedeutendes Projekt für das menschheitliche Raumfahrtprogramm, da sie auf den nächsten Schritt zur Vorbereitung einer terranen Zivilisation hinweist, nämlich einen neuen planetaren Gesellschaftsvertrag als Grundlage planetarer Einheit innerhalb einer neuen Verfassungsordnung.

Die Synthese muß daher auch die Sozialwissenschaften und ein neues Verständnis menschlicher Gesellschaftssysteme einbeziehen. Das würde die Rückkehr zu einer früheren Tradition bedeuten, die charakteristisch war für die Ära der Forschung im 15. bis 17. Jahrhundert, als die Wissenschaft der Physik, damals noch unter dem Namen Naturphilosophie, als wichtiges Werkzeug gesellschaftlichen Wandels galt.[4]

Die große Synthese würde die Evolution des Universums und den Platz der Menschheit darin erklären, aber auch praktische Anleitung für die Entwicklung gesellschaftlicher und politischer Systeme auf der Erde und im Weltraum liefern. Die physikalischen Wissenschaften sind die Grundlage für physikalische Technologien, diese wiederum die primären Variablen der gesellschaftlichen Transformation. Doch erkennt die Gesellschaftswissenschaft diesen Zusammenhang gewöhnlich nicht, zu ihrem eigenen Nachteil.

Die Systemtheorie könnte den Bruch zwischen diesen beiden Wissenschaftszweigen heilen und sie in eine einzige umfassende Theorie zurückführen. Alternativ mag es sich als notwendig erweisen, eine ganz neue Wissenschaftsdisziplin zu schaffen, die noch umfassender ist als die Systemmethode.

Gesellschaftswissenschaftler sollten bei der Ausarbeitung des Raumfahrtprogramms eine führende Rolle spielen, im Gegensatz zu ihrem Platz im heutigen Raumfahrtprogramm, auf das sie weniger Einfluß gehabt haben als die Physiker und Techniker. Diese Unausgewogenheit hat zu dem Eindruck in der Öffentlichkeit beigetragen, das Raumfahrtprogramm sei eine technologische Höchstleistung mit nur geringen Auswirkungen auf das Leben des Normalbürgers. Die Erforschung des Overview Effekts hat jedoch gezeigt, daß dies keinesfalls so ist und daß die Erkundung des Weltraums eine Aufgabe ist, die der angespannten Aufmerksamkeit der Politologen, Historiker, Ökonomen und Soziologen wert ist. Außerdem könnten Geisteswissenschaftler einen großen Beitrag leisten, da sie es am besten vermögen, die Rolle des menschlichen Geistes bei den Bemühungen um die Erforschung des Weltraums zu erkennen.

Soll die Menschheit ihr «Schlußexamen» bestehen, wie Buckminster Fuller es ausgedrückt hat, dann müssen die Sozialwissenschaftler zu den Traditionen solcher Vorgänger zurückkehren wie Hobbes,

Locke, Rousseau und Mill, die Männern wie Jefferson, Franklin und Adams die Grundlagen ihres politischen und sozialen Denkens lieferten. Diese ursprünglichen Politologen betrachteten ihre Arbeit als theoretisch und praktisch zugleich, mit unmittelbarer Relevanz für die Evolution der Gesellschaft und das Fortkommen der Menschheit.[5]

Die Große Synthese als Form der Forschung

Forschung ist eine ganzheitliche Aktivität, und Forschungsbemühungen in einem Bereich eines menschlichen Systems fallen zeitlich mit Forschung in anderen zusammen. So bedurfte es beispielsweise vor Beginn der großen Entdeckungsreisen der Verbesserung der Navigationsinstrumente im 15. und 16. Jahrhundert. Im 20. Jahrhundert brauchte man für die Reise zum Mond bessere und kleinere Computer. Außerdem lieferte die Forschung den Anstoß zu einem wirtschaftlichen und gesellschaftlichen Wandel, der das heutige Technosystem entstehen ließ.

Entdeckungsreisen und Pioniertätigkeiten beschränken sich nicht auf Reisen im physischen Raum, sondern erfassen viele Dimensionen menschlichen Lebens, vor allem auch die Naturwissenschaften. Die Jahrhunderte physikalischer Entdeckungen waren auch Zeiten von Durchbrüchen im menschlichen Denken. Das galt für die Gründung der Vereinigten Staaten und anderer bedeutender politischer Systeme und wird auch für die Planung von Terra und Solarius gelten.

Als Aktivität ist Entdecken eher eine Kunst denn eine Wissenschaft. Sie muß auch als solche finanziert und durchgeführt werden. Es ist einfach nicht möglich, den materiellen Nutzen von Experimenten und Entdeckungen vorauszusagen. Tatsächlich ergaben sich die meisten positiven Ergebnisse aus «Fehlern».

Entdeckungen, das sine qua non eines entstehenden Raumfahrtprogramms, sollten nicht auf die Erkundung des äußeren Weltraums beschränkt bleiben. Man sollte sie vielmehr als Symbol für ein neues Zeitalter der Entdeckungen und Aufklärung betrachten, das es ohne weiteres mit ähnlichen Perioden der Vergangenheit aufnehmen kann, etwa mit der Renaissance.

Künftige Historiker werden einige wenige Absätze ihrer Abhandlungen der Saturn-Rakete widmen, die uns zum Mond brachte, dem Shuttle, der die untere Erdumlaufbahn eroberte, und dem Raumflugzeug. Viel mehr Zeit werden sie jedoch darauf verwenden, sich mit den Grundprinzipien zu beschäftigen, auf denen ihre eigene Zivilisation beruht. Sie werden wissen, daß in menschlichen Gemeinschaften die meisten Entdeckungen auf physikalischen Technologien beruhen, die jedoch nicht das Wesentliche der Veränderungen sind, die sie in Gang bringen.

Die physikalischen Technologien der Segelschiffe, die Menschen von Europa und England in die Neue Welt brachten, sind nur für wenige von uns interessant. Dagegen bildet heute die Entwicklung der mentalen und spirituellen Technologien zur Organisation des gesellschaftlichen und politischen Lebens in der Neuen Welt den beherrschenden Rahmen für das Leben von Millionen Menschen.

Zwar wissen die meisten Amerikaner, daß Christoph Kolumbus mit drei Schiffen nach Amerika gelangte, wenigen ist jedoch bekannt, daß er nach 1492 noch mehrmals dorthin zurückkehrte. So wie auch nur wenige Leute wissen, daß es nach Apollo 11 noch fünf Mondlandungen gegeben hat. Dazu bemerkt Gene Cernan: «Die Technologie des Flugs von Charles Lindbergh war bald vergessen und gilt heute als selbstverständlich. Was die Leute in Erinnerung behalten und bewundern, das ist der Geist eines Kerles wie Lindbergh ... *Selbst heute* würden nur wenige wagen, was er getan hat.»[6]

Cernan hat recht: Über einen längeren Zeitraum hinweg erinnern die Menschen sich eher an Wertvorstellungen, Ideen und Gefühle als an technologische Leistungen.

Ein neues Goldenes Zeitalter

An Entdeckungsreisen früherer Zeitalter haftete stets eine Spur des Geistes der mythologischen Goldenen Zeitalter. In gewissen Bereichen, etwa in den Naturwissenschaften, waren dies Zeiten außerordentlichen Wachstums und entsprechender Entwicklung. Das galt besonders für die Ära, in der die Physik und die Gesellschaftswissenschaft gemeinsam die gesellschaftliche Evolution förderten.

Das waren die Zeiten, in denen Denker wie Hobbes, Locke, Rousseau und Mill sich zu grundlegenden politischen Fragen äußerten, etwa über den Gesellschaftsvertrag, die Legitimation von Regierungen und das Entstehen des Gesellschaftsrechts aus dem Naturrecht. Die Gesellschaftswissenschaften jener Zeit blühten nicht in einem Vakuum. Die erfolgreiche Erklärung des Wirkens der Natur durch die Naturwissenschaften und die neuen Methoden zur Beherrschung der Natur spornten nicht nur Wissenschaftler anderer Disziplinen an, sondern veranlaßten auch die Träger politischer Macht, sie zu unterstützen.

Wer an der menschlichen Gesellschaft interessiert war, hielt die naturwissenschaftliche Methode für ein faszinierendes Modell. Seitdem beeinflussen die Methoden der Physik auch die Gesellschaftswissenschaftler in ihrer Hoffnung, ihre Disziplin hinsichtlich Erklärung und Vorhersage ebenso aussagekräftig zu machen. Die Herausforderung, die Neue Welt zu erschließen, machte das Problem, wie Gemeinschaften erfolgreich zu organisieren sind, zu einer Frage des Überlebens. Die Natur des Gesellschaftsvertrags, die Legitimierung von Regierungen und die Möglichkeiten der Selbstverwaltung mußten in der Wirklichkeit und nicht nur auf Papier gelöst werden.

Sollte es einst im Sonnensystem exponentielles Wachstum geben, dann wird diese Situation sich erneut ergeben, und wir werden wie unsere Vorfahren nach neuen politischen Formen suchen. Wie die vorangegangene Erörterung der Probleme der Replikation gezeigt hat, besteht die Herausforderung darin, daß gegenwärtig für keine dieser Aufgaben die angemessene politische Form existiert.

Im 17. Jahrhundert gab es ein ähnliches Dilemma, da der Nationalstaat als dominierende politische Form erst noch entstehen mußte. In seinem Werk *Leviathan* setzt Thomas Hobbes sich für die Bildung eines souveränen Staates ein, weil die Menschen ohne diesen in einem dem Kriegszustand vergleichbaren Naturzustand leben würden, in dem Leben und Eigentum selbst der Stärksten letzten Endes nicht sicher sind. Auch diese könnten durch eine Bande überwältigt oder durch List oder Raub besiegt werden. Hobbes erklärte, die Bürger könnten viel mehr Rechte und Sicherheit erwarten, wenn sie einen Teil ihrer Rechte an eine zivile Behörde abträten.[7]

So wurde der Nationalstaat zur vorherrschenden politischen Form. Dennoch leben die Nationen auch heute noch in einem Naturzustand. Im Naturzustand sind alle Menschen gleich in ihrer Fähigkeit, anderen zu schaden. Zwischen Nationalstaaten besteht Gleichheit in dem Sinne, daß keiner von ihnen sicher ist vor Kernwaffen, Subversion oder konventioneller Kriegführung.

Sobald einmal die ersten Menschengruppen den Planeten Erde verlassen, werden wir uns in der Lage der Gesellschaftswissenschaftler von einst befinden. Zwar zeigt uns der Blick zurück auf die Erde die natürliche Einheit des Planeten. In unseren politischen Systemen kommt sie jedoch nicht zum Ausdruck. Statt dessen leben wir in einem Naturzustand, in dem Gleichheit durch Waffen statt durch vereinbarte Rechte und Pflichten garantiert wird. Der Blick ins Sonnensystem führt zu der Erkenntnis, daß dieser Naturzustand auch dorthin transferiert werden wird, wenn wir für diese neue Umwelt nicht neue politische Formen schaffen.

Gesellschaftliche Auswirkungen der Großen Synthese

Das Zustandekommen der Großen Synthese würde dem menschlichen Bewußtsein ein neues Verständnis dafür vermitteln, wie gesellschaftliche Systeme sich gegenüber dem Natursystem verhalten, aus dem sie hervorgegangen sind. Auf der Grundlage des neuen Verständnisses der «Naturphilosophie» könnten wir unsere Gesellschaften näher daraufhin untersuchen, wie sie strukturiert werden müssen, um unsere Befähigung, die universale Zielsetzung zu verwirklichen, maximal zu steigern.

Ein neuer «Gesellschaftsvertrag» könnte entstehen, ein Abkommen zwischen Bürgern und ihren Regierungen. Er würde die bisherige Arbeit der bedeutenden gesellschaftspolitischen Denker berücksichtigen und zusätzlich alles, was wir inzwischen über die Evolution einer planetaren und weltraumgestützten Zivilisation gelernt haben. Der neue Gesellschaftsvertrag muß das richtige Gleichgewicht zwischen Einheit und Vielfalt sowie zwischen Wettbewerb und Kooperation auf planetarer Ebene zum Ausdruck bringen. Damit wäre dann das Fundament einer terranen Zivilisation gelegt.

Zur Einheit führende planetare Trends wie etwa der Overview Effekt sind Vorstufen zum großen Ziel und der Großen Synthese. Ihre gegenwärtige Ausbreitung und Institutionalisierung stärkt die Einheit des Planeten und der Spezies Mensch in ihrer Rolle als Kern des vorgeschlagenen Gesellschaftsvertrages.

Auch die Ausdehnung des Technosystems auf den ganzen Planeten und sein mächtiger, wachsender Einfluß auf das menschliche Leben fördern den Trend zu planetarer Einheit. Eine Form negativer Einheit bilden gegenwärtig die Kernwaffen – als ständige Gefahr der Vernichtung nicht nur derjenigen, die über sie verfügen, sondern allen Lebens auf der Erde.

Angesichts vieler positiver und negativer Trends zu planetarer Einheit dürfen wir jedoch nicht die Kräfte übersehen, die auf eine Spaltung der menschlichen Gemeinschaft hinarbeiten. Die neue Wissenschaft vom planetaren Management muß lernen, diese Energien zu kanalisieren, wenn die von mir anvisierte terrane Zivilisation sich entwickeln soll.

Der Wettlauf der Nationalstaaten um die Vorherrschaft wird weiterbestehen, solange das internationale System in einem Zustand verharrt, dem dieser Wettlauf natürlicher erscheint als eine Zusammenarbeit, die höhere Zielsetzungen der ganzen Menschheit anstrebt. Ohne einen umfassenderen theoretischen Rahmen wird auch die fundamentale Kluft zwischen den einerseits um Demokratie und freie Marktwirtschaft und andererseits um autoritäre Regierungen und Planwirtschaft organisierten Systemen bestehen bleiben. Aus dem Orbit kann man nicht zwischen Kapitalisten und Kommunisten, Demokraten und Diktatoren unterscheiden. Auf der Erde ist jedoch ein echtes Ringen dieser grundlegend verschiedenen Systeme im Gange, und es ist noch nicht abzusehen, wie sie nebeneinander existieren können.

Die eigentliche Streitfrage liegt beim Schnittpunkt der menschlichen Technologien dieser konkurrierenden Gesellschaftssysteme, dort wo ihre fundamentalen Wertsysteme entwickelt werden. Dort muß ein planetarer Gesellschaftsvertrag eingebaut werden, der die vorhandenen Wertsysteme nicht zerstört, sondern sie in ein neues System einbezieht, das eine ganz neue Weltanschauung hervorbringt. Das neue System muß sich auch mit der Neigung der konkurrierenden Nationalstaaten und nationalen Bewegungen befassen, zur Verwirklichung der eigenen Ziele Terror und Subversion anzuwenden.

Wettbewerb zwischen Nationalstaaten kann Ausdruck gesunder Vielfalt in einem Kontext planetarer Einheit sein. Leider gehören zum heutigen Wettbewerb auch Bemühungen, die jeweilig andere Gesellschaftsordnung zu unterminieren, so daß der internationale Naturzustand auf die einheimische Arena ausgedehnt wird.

Ebenso muß sich der planetare Gesellschaftsvertrag mit der ökonomischen Disparität zwischen den besitzenden Nationen und den Habenichtsen befassen, die zum Phänomen des Terrors und der Subversion beiträgt. Trotz aller Fortschritte in den Industriestaaten bleibt der größere Teil der Menschheit arm, hungrig und politisch unterdrückt. Solange das der Fall ist, wird es schwierig sein, Frieden, Einheit oder Zusammenarbeit zwischen Nationen oder Menschen zustande zu bringen.

Ein Negativposten auf dem Wege zu einer globalen Gesellschaft ist das weltweite Anwachsen eines religiösen Fundamentalismus mit seiner Neigung, alle zu verteufeln, die sein Glaubenssystem nicht teilen. Einige Fundamentalisten sehen in der wachsenden Planetarisierung der Gesellschaft ein Werkzeug abendländischer Dekadenz. Um erfolgreich zu sein, muß ein planetarischer Gesellschaftsvertrag die Vielfalt religiöser Bekenntnisse auf der Erde und die tiefen Überzeugungen einiger Gläubigen berücksichtigen.

Eine echte planetare Zivilisation muß auch mit der Fortdauer solch ernster regionaler Krisen wie dem arabisch-israelischen Konflikt fertig werden. Es ist kein Zufall, daß viele Astronauten den aus dem Orbit betrachteten Mittleren Osten als das Gebiet bezeichnen, das ihnen am stärksten ein Gefühl von Traurigkeit und den stärksten Wunsch nach planetarer Einheit vermittelte. Die Tatsache, daß einige Völker, etwa die Palästinenser, noch nicht die Phase des Nationalstaates durchlebt haben, läßt viele Konflikte entstehen. Man wird sie auf irgendeine Weise zufriedenstellen müssen, bevor es möglich sein wird, auf eine planetare Kultur hinzuarbeiten.

Weltraumerkundung und planetare Einheit

In den vorangegangenen Kapiteln wurde dargestellt, wie die Ausdehnung unserer Aktivitäten in den Weltraum und die Botschaften des Universums an die Erde die Evolution einer friedlichen und ökologisch verantwortungsbewußteren Spezies fördern. Auch andere Aspekte der Raumfahrt verstärken diese Trends zu Einheit und Zusammenarbeit. So sind etwa die hohen Kosten großer Raumfahrtprojekte ein Anreiz zu mehr Zusammenarbeit im Rahmen eines Raumfahrtprogramms der ganzen Menschheit. Da derartige Projekte sehr kostspielig sind und Milliarden von Dollars erfordern, sind gemeinsame Anstrengungen wirtschaftlich vernünftig.

Völker und Organisationen überall auf der Welt üben zunehmend Druck aus, den Weltraum gezielt für Experimente friedlicher Zusammenarbeit zu nutzen. Da ist der Vorschlag des Kongreßabgeordneten Bill Nelson für eine Gipfelkonferenz im Weltraum, die Unterstützung einer gemeinsamen amerikanisch-sowjetischen Mission zum Mars durch Carl Sagan oder die Aktivität des Verbandes der Weltraumfahrer – Beispiele von Menschen und Organisationen, die sich für die Nutzung des Weltraums als Labor für den Frieden einsetzen.

Das Universum ist so gewaltig und ehrfurchtgebietend, daß es zu einer einigenden Kraft an sich wird, je mehr Menschen sich dessen bewußt werden. Außerdem bietet es den Menschen Chancen, auf ganz neue und unterschiedliche Weise zusammenzuarbeiten. Die Umwelt des Weltraums wird die Veränderung gewisser Verhaltensmuster erzwingen, die immer weniger praktikabel werden. Spezielle Umweltfaktoren werden möglicherweise eine Form des Denkens begünstigen, die die Menschheit weit über das gegenwärtige Verständnis von Einheit und Uneinigkeit, Krieg und Frieden, Konkurrenz und Kooperation hinausführt.

Zumindest während der Anfangsphasen der Ära der Weltraumerforschung werden kurzfristig einige Trends zur Fragmentierung wahrscheinlich beibehalten werden. Nehmen wir als Beispiel die militärische Betrachtung des Weltraums als ein Gebiet, von dem aus man andere Völker militärisch beherrschen kann. Der Overview Effekt kann im Flugzeug wie im Raumfahrzeug erlebt werden, und die ersten Piloten müssen etwa dieselben Gefühle gehabt haben wie die Astronauten von heute. Dennoch wurde der Luftraum für militärische Zwecke genutzt, und nur elf Jahre nach dem Flug der Gebrüder Wright wurde das Flugzeug als Waffe im Kriege eingesetzt.

Die Projektion militärischer Wertvorstellungen in den Weltraum bedroht die friedliche Evolution einer planetaren und solaren Zivilisation. Nationalstaaten werden versuchen, ihre Vorherrschaft auszudehnen, wo immer es möglich ist, auch auf den Weltraum. Die Länder unserer Erde werden ihre Rivalitäten zunächst in den Weltraum hinaustragen, wie sie es bei den früheren Entdeckungsreisen auf der Erde getan haben. Doch kann das wahrscheinlich nicht lange dauern, weil sie irgendwann einmal mit erheblich wichtigeren Problemen konfrontiert werden, etwa einer potentiellen Auseinandersetzung zwischen Terra und Solarius über die Kontrolle des politischen, wirtschaftlichen und weltanschaulichen Lebens.

Der Entwurf einer neuen Struktur zur Bewältigung der Herausforderung erfordert einen Durchbruch von beträchtlichen Ausmaßen. Er muß mit demselben Intellekt und Verständnis erfolgen, mit dem die politische Ordnung der Neuen Welt geschaffen wurde. Wie damals muß der neue Gesellschaftsvertrag zu den ersten Prinzipien zurückkehren und sie aus einer Position der Logik und Klarheit vertreten. Ein Erfolg dieser Bemühung würde die Trends zu einer gesunden Einheit der Menschheit verstärken, während die auf Uneinheit hinarbeitenden Kräfte in andere Kanäle geleitet werden.

Die neun Prinzipien der Logischen Begründung sind für eine weltraumgestützte Zivilisation von größter Bedeutung und sollten deshalb in den neuen Plan integriert werden. Die hier vorgeschlagenen Grundprinzipien müßten für alle Erfordernisse der Entwicklung eines planetarischen Overview Systems gelten, das wiederum die Grundlage eines solaren Overview Systems bildet.

Die ursprünglichen politischen Theoretiker stellten eine Argumentationskette von den Naturgesetzen zu den ersten Prinzipien des Gesellschaftsvertrages auf, der die Individuen in gesellschaftliche Beziehungen einbinden und den Naturzustand beenden sollte. Die Autoren der großen Synthese müssen eine ähnliche Grundlage für den vorgeschlagenen planetaren Gesellschaftsvertrag schaffen. Das menschheitliche Raumfahrtprogramm sollte der Unterstützung dieser Synthese hohe Priorität einräumen.

20 Solarius und Artentrennung

> Ich spreche von Kolonien auf dem Mond und großen Raumstationen, dann von Kindern, die in einer Umwelt der Schwerelosigkeit geboren werden, und von der Möglichkeit einer Aufspaltung der Gattung Mensch wegen der unterschiedlichen Art, wie die Körper sich als Ergebnis der Schwerelosigkeit entwickeln.
>
> Skylab Astronaut Gerald P. Carr

Sobald sich eine weltraumgestützte Zivilisation durchgesetzt hat, muß man eine neue evolutionäre Variante, eine Artentrennung, in Erwägung ziehen. Darin ist durchaus die Möglichkeit enthalten, daß das menschliche Abenteuer der Raumfahrt zu einer Partnerschaft mit einer menschlichen Spezies führt, die mit dem Homo sapiens verwandt, aber verschieden von ihm ist. Biologisch gesehen ist Artentrennung die Evolution einer kleinen Gruppe aus einer großen Population mit dem Ergebnis, daß die beiden sich nicht mehr paaren und fruchtbare Nachkommen zeugen können. Dieser Prozeß dauert normalerweise Milliarden Jahre. Lange davor wird es jedoch wahrscheinlich zu einer Art kultureller Artentrennung kommen.

Die Erforschung des Weltraums ist ein Katalysator für gesellschaftliche Evolution, kann jedoch auch für biologische Evolution wesentlich sein. Menschen, die in einer verhältnismäßig stabilen evolutionären Epoche leben, können leicht die Neigung der Natur übersehen, Neues zu schaffen und zu zerstören, ganze Entwicklungslinien auszulöschen und die Grundlagen für neue Spezies zu schaffen. Auslöschung ganzer Arten ist ein viel stärker verbreitetes Phänomen, als man denkt. Die Dinosaurier sind das wohlbekannte Beispiel einer beherrschenden Spezies, die Millionen Jahre lebte und dann aus unbekannten Gründen ausstarb. Auslöschen einer Spezies ist manchmal eine unnötige Tragödie, oft jedoch ein natürlicher Mechanismus, der die Fortdauer der Evolution ermöglicht. Wären die Dinosaurier nicht verschwunden, dann hätten sich vielleicht keine Säugetiere entwickelt, und das Leben auf der Erde sähe heute ganz anders aus. Artentrennung und Auslöschung sind zwei Seiten der evolutionären Münze, wobei neue Spezies in ökologische Nischen eindringen oder bereits bestehende Arten sich weiter ausdehnen. Die menschliche Rasse ist nicht statisch. Sie scheint sich vielmehr aus zahllosen evolutionären Bemühungen mit dem Ziel entwickelt zu haben, die nächste Ebene der Intelligenz hinter der der großen Affen hervorzubringen. Es spricht vieles für die Annahme, daß die Natur ihre Experimente fortsetzen wird und daß es zu weiteren Artentrennungen kommen wird, sobald die entsprechenden Vorbedingungen gegeben sind.

Der Homo sapiens ist das Produkt menschlicher Interaktion mit der terrestrischen Umwelt, und da wir einen symbiotischen Zusammenhang mit einer neuen Ebene der Umwelthierarchie in Gang bringen, ist die Wahrscheinlichkeit weiterer Evolution und einer neuen Artentrennung unweigerlich gegeben. In Begriffen der Systemlehre ausgedrückt, kann man sagen, die Evolution begünstigt schrittweisen Wandel. Jede Spezies verfügt über einen Gen-Pool, der als Reaktion auf Umweltveränderungen mutiert. Dabei werden günstige Mutationen angenommen und ungünstige ausgeschieden. Der Gen-Pool verändert sich, doch die Spezies bleibt dieselbe. Mehr noch – die überwältigende Mehrheit aller Mutationen, etwa 99,99 Prozent oder mehr – ist ungünstig.

Artentrennung bedeutet eine Verschiebung vom Wandel zur Transformation. Im Laufe der Zeit wird die Zahl der durch Mutationen in einer kleinen Untergruppe der Population hervorgerufenen Veränderungen so bedeutsam, daß daraus ein qualitativ verschiedener Gen-Pool entsteht und eine neue Spezies geboren wird. Für das Auftreten von Artentrennung sind zwei Faktoren wichtig: Gruppen von Organismen werden vom Hauptkörper der Spezies isoliert und müssen mit bis dahin ungekanntem Druck der Umwelt fertig werden. Ferner müssen die isolierten Gruppen klein sein, so daß die Mutationen in der größeren Population bewahrt bleiben.[1] Beides ist natürlich charakteristisch für Erforscher des äußeren Weltraums.

Eric Jones und Ben Finney sind zwei führende Denker in diesem Fachgebiet. Sie behaupten, die menschliche Evolution sei als Folge von Erkundungsvorstößen zu verschiedenen Teilen unseres Planeten erfolgt, wo dann kleine Gruppen isoliert wurden und dadurch die erforderlichen Transformationen in Gang brachten.[2]

Ihrer Ansicht nach war dieser Vorgang der Motor der biologischen Evolution in der Vergangenheit. Doch seien wir jetzt auf unserer Erde bei einem Gleichgewicht angelangt, weil es kleinen Gesellschaftsgruppen nicht mehr möglich ist, jene geographische und psychologische Isolation zu finden, die Voraussetzung einer Artentrennung ist. Auf die Frage «Warum sollen wir den Weltraum erkunden?», antworten sie mit der Feststellung, er sei die richtige Umwelt, um nicht nur evolutionären Wandel, sondern transformatorische Artentrennung zu begünstigen.[3]

Eine ergänzende, doch leicht unterschiedliche These wird von Peter H. Diamandis vertreten, einer anderen führenden Persönlichkeit in der Gemeinschaft der Weltraumforscher. Als Absolvent des MIT und Student der Medizinischen Fakultät der Harvard University gründete er den Verband «Studenten für die Erforschung und Entwicklung des Weltraums » und die «Stiftung Weltraum-Generation». Während Jones und Finney die Isolierung kleiner Gruppen durch weite Entfernungen von anderen Gruppen betonen, stellte Diamandis die durch die Umwelt erzwungene Isolierung heraus, vor allem Null-G. Diamandis hält die Wahrscheinlichkeit der Artentrennung im Weltraum für sehr groß. Die Frage sei nur, wie lange es dauern werde, bis sie eintritt.

Wie Finney und Jones stellt auch Diamandis fest, daß kleine Gruppen zu schnellerer Evolution neigen, weil Mutationen bei ihnen eine bessere Überlebenschance haben. Da viele der ersten menschlichen Weltraumsiedlungen klein sein werden, wird dies die Wahrscheinlichkeit der Artentrennung innerhalb ihrer Bevölkerung erhöhen. Auch verstärkter evolutionärer Druck beschleunigt die Evolution in Richtung Artentrennung, und die im Weltraum entstehenden Arten werden den bisher bekannten wenig ähnlich sein, weil die Umwelt so radikal verschieden ist.

Diamandis weist vorsichtshalber darauf hin, daß diese Theorie auf zwei nicht bewiesenen Voraussetzungen beruht: daß Menschen innerhalb schwereloser Umgebung ohne medizinische Probleme leben können und daß in der Schwerelosigkeit eine normale Entwicklung des Fötus und normale Geburt möglich sein werden. Aufgrund dieser Hypothesen stellt er drei Thesen auf zur Unterstützung seiner Ansicht, daß es im Weltraum wahrscheinlich zu Artentrennung kommen werde:

1. Einige Menschen werden durch Zufall oder aus freier Wahl ihr Leben in Schwerelosigkeit verbringen.
2. Bewohner von Weltraumsiedlungen mit Null-G werden schließlich aufhören, sich mit einer Bevölkerung zu paaren, die in der normalen Erdanziehung verbleibt.
3. Die streßfreie Null-G Umwelt wird Mutationen weniger zwingend machen und den Fortbestand von Genen ermöglichen, die normalerweise als wenig anpassungsfähig gelten.

Einige Menschen werden vielleicht ein Leben in der Schwerelosigkeit vorziehen, weil sie neue Erfahrungen lieben und die Art von Freiheit genießen wollen, von der die Astronauten sprechen. Null-G wird ein angenehmes Umfeld für alte Menschen sein, desgleichen für körperlich Behinderte oder Personen mit bestimmten Gesundheitsproblemen. Sobald der Zugang zum Weltraum ökonomisch erschwinglich ist, kann man sich viele Menschen vorstellen, die in den Null-G Weltraum ausweichen, weil sie auf der Erde mit physischen Schwierigkeiten zu kämpfen haben. Andererseits könnten die Gegenmaßnahmen gegen das Bemühen des Körpers, sich an Null-G anzupassen, auf langen Weltraummissionen fehlschlagen, etwa beim Flug zum Mars. Eine Person (oder eine Gruppe), der es nicht gelingt, sich wieder an Ein-G anzupassen, wird gezwungenermaßen in Null-G verbleiben.

Das Problem des Aufziehens der Kinder könnte auf Null-G orientierte Menschen zusätzlich isolieren. Die heutigen zivilrechtlichen Auseinandersetzungen um Vormundschaft und Besuchsrechte werden trivial sein im Verhältnis zu den Problemen eines Kindes, das zeitweise mal in einem, mal im anderen Schwerkraftfeld leben soll. Das könnte sich als beschwerlich, wenn nicht gar als unmöglich erweisen, weil ein Kind, das sein erstes Lebensjahr in Null-G verbringt, wahrscheinlich nie die körperliche Fähigkeit des Gehens entwickeln wird.

Sobald es einmal permanente Weltraumsiedlungen in Null-G gibt, werden die Betroffenen sich vielleicht endgültig für ein dominierendes Umfeld entscheiden, um sich die Strapazen wechselnder Anpassung zu ersparen. Im Laufe der Zeit werden sich die Menschen in Null-G vermutlich von denen in Ein-G absondern, und selbst wenn sich Angehörige beider Gruppen ineinander verlieben sollten, könnte das Problem des Aufwachsens der Kinder sie zur Zurückhaltung zwingen. Menschen, die in Null-G leben, werden auch anders aussehen, da ihre Muskelmasse und der Kalziumgehalt der Knochen abnehmen, Männer und Frauen der beiden Schwerkraftbereiche werden einander dann nicht mehr so attraktiv finden.

Es gibt selektive Zwänge, die Gene ausschalten, die für bestimmte Eigenschaften verantwortlich sind, etwa für schwache Herzen oder körperliche Mißbildungen. Bei Menschen, die sich wegen physischer Krankheiten oder Behinderungen in einer Null-G Umwelt angesiedelt haben, werden sie nicht mehr wirksam sein. Dadurch vermehren sich diese Gene im Pool, woraufhin dieser sich noch weiter von der geläufigen Norm entfernt.

Folgende Überlegungen sind von besonderem Interesse: Was geschieht, wenn zwei Menschen, die nur für kurze Zeit in Null-G gelebt haben, ein Kind zeugen? Bekanntlich wirkt sich das Fehlen von Schwerkraft schon nach kurzer Zeit beträchtlich auf den Körper von Erwachsenen aus. Wie würde der viel empfindlichere Embryo reagieren, wenn keine Gegenmaßnahmen getroffen werden? Wenn schon in einem ausgewachsenen Körper die Muskelmasse abnimmt, Kalzium in den Knochen schwindet und das System der Herz- und Kreislaufgefäße anfälliger wird, muß dies logischerweise auch beim Embryo eintreten. Da könnten Kinder geboren werden, die mehr Delphinen oder Walen denn Menschen ähnlich sind. Was wird geschehen, wenn in Null-G gezeugte und geborene Kinder unter Null-G Bedingungen aufwachsen und ihrerseits Kinder zeugen, die im selben Umfeld geboren werden und aufwachsen?

Der Gedanke liegt nahe, daß dabei eine ganz andere Art von Lebewesen entsteht, die stark an ein Leben unter Weltraumbedingungen angepaßt ist, jedoch schlecht an das auf der Oberfläche von

Planeten. Ein solches Wesen würde nicht in der Lage sein, zur Erde oder irgendeinem anderen Planeten zurückzukehren, weil das Überleben in einer von Schwerkraft bestimmten Umwelt schwierig sein würde.

Selbst wenn während einiger tausend Jahre keine *biologische* Artentrennung stattfinden sollte, wird es sehr viel früher zu einer *kulturellen* kommen. Die Menschheit hat sich als empfänglich für Unterschiede in Hautfarbe und Sprache erwiesen, und Menschen, die permanent im Weltraum leben, werden lange vor der biologischen Artentrennung ein anderes Aussehen annehmen und sich anders verhalten.

Normalerweise ist natürliche Artentrennung ein langsamer Prozeß. Bei höheren Lebensformen wird sie in Hunderten oder Tausenden von Generationen gemessen, nicht in Jahren. Als separates *kulturelles* Wesen wird der Homo *spaciens* vermutlich im Laufe des nächsten Jahrhunderts in Erscheinung treten. Noch kennen wir den Zeitpunkt seines Auftretens als separate biologische Entität nicht, doch sollte sich die Wissenschaft intensiv mit diesem Thema beschäftigen. Für eine solche neue Spezies könnte das Leben auf der Oberfläche von Planeten schwierig sein. Vielleicht könnte sie nur in der Schwerelosigkeit von Raumschiffen oder Weltraumsiedlungen existieren. Wer sich für das Leben in einer Umwelt mit geringer Schwerkraft entscheidet, wird vielleicht ebenfalls eine Artentrennung erleben, jedoch in anderer Richtung als seine Mitmenschen im Null-G Raum.

Eine Zusammenarbeit zwischen dem Homo spaciens und dem Homo sapiens ist durchaus denkbar. In diesem Fall würde das Entstehen des Weltraummenschen ein wichtiges Problem lösen: wie Menschen, die eine zu lange Periode der Schwerelosigkeit nicht ertragen können, ohne ihr Gefangener zu werden, die Regionen jenseits des Mars erkunden können. Die anorganische Spezies *Technos* bietet sich als Partner für dieses langfristige menschliche Abenteuer an. Die neue organische Art Homo spaciens könnte auch an der Verwirklichung der großen Zielsetzung der Menschheit mitwirken.

So dramatisch diese Gedankengänge vielleicht erscheinen mögen, Jones und Finney könnten vorbringen, sie seien noch viel zu zahm. Sie stellen fest:

Dieser Fortschritt wird nicht auf das Entstehen einer neuen Spezies beschränkt bleiben. Der Weltraum ist nicht eine einzige, besonders herausgehobene Umwelt, sondern eine Kategorie, mit der man alles bezeichnet, was sich außerhalb der Erdatmosphäre befindet. Da draußen gibt es zahllose Umwelten und vielleicht noch mehr Nischen, die für eine Nutzung entwickelt werden können. Mit der Ausdehnung in den Weltraum werden anpassungsfähige Hominiden intelligentes Leben so weit verbreiten, wie die Technologie oder von konkurrierenden Lebensformen gesetzte Grenzen es erlauben werden. Dieses im ganzen Weltraum evolvierende und intelligente Leben wird der galaktische Nachfolger der früheren großen Episoden angepaßter Ausbreitung bei der Evolution des Lebens sein – derjenigen, die auf den Landgang einiger Fische folgte, oder der opportunistischen Vervielfältigung von Säugetierarten und Spezies zum Ausfüllen des Vakuums, das durch das Verschwinden der Dinosaurier entstand.[4]

Schließlich wäre noch die Möglichkeit zu erwähnen, daß die Menschen sich ganz bewußt zu physiologischen Veränderungen zur Erleichterung der Erkundung des Weltraums entscheiden und den Prozeß der Artentrennung aktiv von sich aus einleiten. Angesichts unserer Fortschritte in der Bio- wie der Weltraumtechnologie könnte die endgültige Form der Artentrennung Wirklichkeit werden: ein Organismus, der im freien Weltraum ohne Druckanzug oder künstlich hergestellte Umwelt leben kann, so wie der Fisch im Wasser.

Radikale Veränderungen des menschlichen Organismus sind vielleicht unmöglich. Doch läßt sich die Gentechnik zumindest dazu nutzen, die Anpassung an Umweltbedingungen, wie sie in Weltraumsiedlungen oder auf dem Mars herrschen, optimal zu gestalten.

Wann und wie auch immer es zu einer Artentrennung kommt, sie wird zu den Bemühungen der Menschheit beitragen, den Weltraum und alle seine möglichen Umwelten zu einer permanenten Heimat zu machen. Außerdem wird sie die Menschen lehren, wie man mit andersartigen, jedoch hochintelligenten Spezies zusammenwirkt. Das verspricht, die nächste Herausforderung beim Erklimmen der evolutionären Leiter auf dem Wege zu einer galaktischen Zivilisation zu werden.

21 Galaxia und der erste Kontakt

> Ich habe stets daran geglaubt, daß es auf anderen Planeten andere Lebewesen gibt, wenn auch offensichtlich nicht in unserem Sonnensystem. Doch glaube ich persönlich, daß Gott unsere Erde und das Universum erschaffen hat und wir nicht die einzigen Kinder Gottes im Universum sind.
>
> Senator Jake Garn

Ben Finney meint, für die Erkundung der Galaxis böten sich vor allem zwei Strategien an: SETI, die Suche nach außerirdischer Intelligenz, und IM, interstellare Migration (Auswanderung).[1]

Bei der Erkundung der Galaxis ist die Kommunikations- der Transporttechnologie voraus, weil sie nicht durch die Schwerkraft behindert wird. Obwohl sie nicht bewußt für SETI eingesetzt werden, verbreiten sich alle jemals ausgestrahlten Rundfunk- und Fernsehsignale durch die Galaxis. Das «Projekt Meta» der Harvard University betreibt übrigens ein hochentwickeltes System, Signale von anderen Sternsystemen zu entdecken.

Die gegenwärtigen Antriebskapazitäten setzen unseren ehrgeizigen Bemühungen zur physikalischen Erkundung der Räume jenseits des Sonnensystems erhebliche Grenzen. Selbst wenn es gelingen sollte, die Fesseln der Schwerkraft auf ökonomisch vertretbare Weise zu beseitigen, bleibt unsere Unfähigkeit, schneller als das Licht zu reisen, eine Barriere für die Erkundung der Galaxis. Wie schon Michael Collins sagte: «Wir haben zwar gelernt, wie wir die Erde verlassen können, nicht jedoch, wie wir irgendwohin reisen sollen.»[2]

Die Menschheit wird, von bedeutenden technologischen Durchbrüchen einmal abgesehen, das innere Sonnensystem noch für längere Zeit nicht verlassen können. Die Entwicklung von Terra und der Aufbau von Solarius werden den größten Teil der Zeit und Energie beanspruchen. Innerhalb der Weltraumregion, die während des nächsten halben Jahrhunderts zum Aktionsbereich von Solarius gehören wird, bietet nur der Mars eine Chance, Leben irgendwelcher Art zu entdecken. Jenseits des Marsorbits gibt es auf einigen Monden der äußeren Planeten die Elemente, aus denen Leben entstehen könnte, das sich wahrscheinlich noch in einem frühen Stadium der Evolution befinden würde.

Gibt es außerhalb der Biosphäre unserer Erde im Sonnensystem intelligentes Leben, so wie wir es kennen? Möglich ist es. Es ist auch denkbar, daß intelligentes Leben aus anderen als den uns bekannten chemischen Bestandteilen entstehen kann. Beispielsweise könnte es riesige, hochintelligente Geschöpfe in Form von Gasballons geben, die in der Atmosphäre des Jupiter schweben.

Alles läuft letzten Endes auf die Frage hinaus: Was ist notwendig, um Leben auf einem Planeten zu erzeugen? Es kann durchaus sein, daß dazu nicht alle Ressourcen des Planeten selbst erforderlich sind, sicher aber alle Kapazitäten eines Sonnensystems. Die Position unserer Erde im Verhältnis zur Sonne, ihr Umfang und die ausgesuchte Mischung der Elemente auf der Erde sind entscheidend für das Entstehen des intelligenten, bewußten Lebens, das uns vertraut ist.

Ebenso wie ein Planet wie die Erde Leben braucht, um sich im Gleichgewicht zu halten, muß ein Sonnensystem vielleicht Leben hervorbringen, um seine evolutionäre Aufgabe zu erfüllen. Möglich ist auch, daß ein Sonnensystem Leben auf einem Planeten evolvieren läßt, etwa auf der Erde, von dem aus dann das übrige System wie von einem «Mutter»-Planeten «befruchtet» wird.

Wir wissen nicht, ob es anderswo im Sonnensystem intelligentes Leben gibt. Die Menschheit hat während ihrer gesamten bisherigen Geschichte über Leben jenseits der Erde spekuliert. Unser gegenwärtiges Interesse an dieser Frage wird zwar durch hochentwickelte Technologien gestützt, ist aber in seinen Ursprüngen uralt und weist ebenso in die Vergangenheit wie in die Zukunft.

Himmelsgötter und -göttinnen

Als umfassendes kulturelles Streben ist die Suche nach außerirdischer Intelligenz ein schon seit Jahrtausenden betriebenes zentrales Projekt. Die Geschichte ist voll von Berichten über die Beziehungen zwischen Himmelsgöttern und Menschen. So mögen die griechischen Götter beispielsweise Produkte der Einbildung, Halluzinationen à la Julian Jaynes oder sogar Außerirdische gewesen sein, wie von einigen behauptet.[3]

Aus der heutigen Distanz vom Geschehen jener Tage können wir die absolute Wahrheit nicht kennen. Doch lebten diese Götter tatsächlich im Himmel, von wo aus sie einen Overview über das Geschehen auf der Erde hatten, und sie flogen zur Erde hinunter, wenn sie in irdische Aktivitäten wie etwa den Trojanischen Krieg eingreifen wollten. Sie waren technologisch fortgeschrittener als die Menschen und dazu noch unsterblich, sonst jedoch überragten sie die Menschen auf der evolutionären Leiter nicht sonderlich. Auch bei ihnen gab es Familienzwiste und persönliche Eifersucht, und sie waren imstande, sich untereinander und gegenüber ihren menschlichen Freunden und Feinden ziemlich gefühllos zu verhalten.

Natürlich gibt es auch eine jüngere Mythologie von Himmelsgöttern und -göttinnen. Für viele Menschen ist die Suche nach außerirdischer Intelligenz abgeschlossen; sie haben die Fundgrube hier bei uns auf der Erde entdeckt. Seit 1947 gibt es immer wieder Berichte über das Sichten von UFOs, und viele Leute behaupten sogar, nicht nur Raumschiffe am Himmel gesehen, sondern auch Kontakte mit Außerirdischen gehabt zu haben oder von ihnen entführt worden zu sein. Es ist riskant, das UFO-Phänomen in einem Buch über die Erkundung des Weltalls zu erwähnen, weil es sich hier um ein kontroverses und in starkem Maß emotionsgeladenes Thema handelt. Was diese unidentifizierten Flugobjekte auch sein mögen, sie sind noch nicht zu einem gemeinsamen Bestandteil unserer Konsenswirklichkeit geworden, und man sollte entweder ein ganzes Buch über sie schreiben oder sie insgesamt ignorieren.

Es wäre vielleicht gut, die Frage nach den UFOs ganz zu ignorieren und sie als ein Phänomen zu betrachten, das uns Bedeutsames über den gegenwärtigen Bewußtseinsstand des menschlichen Gesellschaftssystems verrät. Die anhaltende Flut von Büchern, Filmen und Artikeln über außerirdische Wesen illustriert das Interesse der Menschheit am Thema außerirdische Intelligenz. Dieses manifestiert sich dann auch in gesellschaftlich akzeptablen Aktivitäten wie dem Projekt Meta, oder gesellschaftlich fragwürdigen, wie etwa Behauptungen, man habe direkten Kontakt mit UFO-Piloten gehabt. Das Interesse ist ähnlich, es wird jedoch auf unterschiedliche Weise zum Ausdruck gebracht.

Die Entwicklung der menschlichen Vision von den Außerirdischen, angefangen bei den «Invasoren vom Mars» des Jahres 1938* bis zu den freundlicheren Bildern von *Begegnungen der dritten Art*, *ET* und *Starman* wurde wieder verdeutlicht durch einen Pendelschlag zurück in den Film *Aliens*. Sie verrät Unsicherheit bezüglich der Frage, ob wir das, was immer «da draußen» existieren mag, freundlich begrüßen oder fürchten sollen. Eines ist gewiß: Sollte sich uns eine Zivilisation von einem anderen Sternensystem offenbaren, dann wird das ein transformierender Augenblick in der Menschheitsgeschichte sein, wie es ihn nie zuvor gegeben hat. Ob dies durch einen Kommunikationsprozeß oder durch physischen Kontakt erfolgt, mag nicht so bedeutsam sein wie das Geschehen selbst.

Es ist anzunehmen, daß Vertreter eines fremdartigen Overview Systems nicht offen in Erscheinung treten werden, bevor die solare Zivilisation herangereift ist. Eine solche Entwicklung wiederum ist erst nach Vollendung eines Overview des Sonnensystems und dem Entstehen des Homo spaciens zu erwarten. Dann erst werden die Menschheit und ihre Nachkommen bereit sein, in die Galaxis aufzubrechen oder mit der Gründung von Galaxia zu beginnen. Das ist die spekulativste meiner Voraussagen, die aber schon in naher Zukunft durch Entwicklungen in mehreren Bereichen widerlegt werden könnte.

* Ein Hörspiel, inszeniert von Orson Welles, über eine angebliche Invasion von Marsmenschen wirkte auf viele US-Hörer so echt, daß unter ihnen eine Panik ausbrach. (Anm. d. Übers.)

Wahrscheinlichkeiten

Information gilt als Hauptkatalysator für die gesellschaftliche Evolution, vor allem in Form von Meta-Ideen. Informationen aus dem äußeren Weltraum haben wir als besonders reiche Quelle von Meta-Ideen und Meta-Erfahrungen definiert. In diesem Fall wäre eine anerkannte Kommunikation seitens außeridischer Zivilisationen von großer Bedeutung.

Diese Gedankenkette wirft viele Fragen auf, darunter:

1. Hat sich irgendwo in der Galaxis intelligentes Leben ähnlich dem Homo sapiens entwickelt?
2. Wenn dem so ist: Verfügt es über die Fähigkeit zu interstellaren Reisen oder Kommunikationen?
3. Sollte es andere planetare oder solare Zivilisationen geben: Sind sie voneinander isoliert oder in einem galaktischen Overview System miteinander verbunden?
4. Würden sie als Teil eines galaktischen Systems wahllos mit uns Kontakt aufnehmen oder auf einen spezifischen Augenblick in unserer Geschichte warten?
5. Falls sie nicht miteinander verbunden sind, werden wir dann eine Chance haben, am Aufbau des galaktischen Overview Systems mitzuwirken?

Viele der mit dem ersten Kontakt verknüpften Fragen hängen von Wahrscheinlichkeiten ab, etwa der Anzahl der Sterne, auf denen es Leben geben könnte. In unserer Milchstraße gibt es rund eine Billion Sterne. Wenn nur ein Prozent davon Planeten hat, nur ein Prozent dieser Planeten Leben und von diesen wiederum nur ein Prozent *intelligentes* Leben hervorbringt, und wenn schließlich auf einem Prozent von ihnen Gesellschaften existieren, die unseren Entwicklungsstand haben oder fortgeschrittener sind, dann würde es alleine in unserer Galaxis *zehntausend* planetare oder solare Zivilisationen geben.

Carl Sagan und der sowjetische Wissenschaftler I. S. Schklowski haben aus noch gründlicheren Berechnungen gefolgert, daß es in unserer Galaxis zwischen fünfzigtausend und einer Million Zivilisationen gibt, die beträchtlich höher entwickelt sind als unsere eigene. Sie haben auch berechnet, daß die durchschnittliche Entfernung zwischen diesen Zivilisationen zwischen einigen hundert bis etwa tausend Lichtjahren liegt und daß das Durchschnittsalter einer kommunikationsfähigen Zivilisation bei zehntausend Jahren oder mehr liegt.[4] Es scheint eine gesicherte Annahme, daß in unserer Galaxis zwischen zehntausend und einer Million Overview Systeme funktionieren und ein gewisser Prozentsatz von ihnen sich mit anderen verbunden hat, so daß eine galaktische Zivilisation entweder bereits besteht oder sich entwickelt.

Das Ergebnis erster Kontakte kann man nicht voraussehen, weil es davon abhängen würde, welchen Entwicklungsstand die Menschheit bis dahin erreicht haben wird. Der Unterschied zwischen einem Kontakt während einer präplanetaren Periode und einem in fünfzig Jahren, wenn wir eine weltraumgestützte Zivilisation haben werden, wäre bedeutend.

Es ist bekannt, daß auf unserer Erde bei Kommunikationen zwischen hochentwickelten und weniger entwickelten Kulturen letztere großen Schaden genommen haben. Unsere eigene Kultur begreift dieses Problem zumindest theoretisch. In der Fernsehserie «Star Trek» operieren die Mannschaften der Sternenflotte der Weltraum-Föderation im Rahmen der «Hauptdirektive», die jede Einmischung in die Evolution einer anderen Kultur untersagt. Die Nationale Raumfahrt-Kommission hat dieses Thema ebenfalls erkannt und in ihre Logische Begründung ein Prinzip eingebaut, das uns verpflichtet, «die Integrität planetarer Körper und fremdartiger Lebensformen zu respektieren».[5]

Sollte eine galaktische Zivilisation existieren, hat sie vielleicht schon vor dem Problem gestanden, wie man auf interplanetare Kontakte nicht vorbereitete Kulturen in eine umfassendere galaktische Interaktion einbezieht. Dann mag sie durchaus erst den Augenblick abwarten, bis die Menschheit und die gemeinsam mit ihr evolvierenden Spezies reifer sind. Kommt es früher oder später zu einem Kontakt, würde er die gesamte Weltraumerkundung in neuem Licht erscheinen lassen. Im Augenblick betrachtet man sie überwiegend als menschliches Unternehmen, das sich der Ressourcen der Erde und des freien Raumes bedient, um die Menschheit ins Sonnensystem und das jenseitige Universum einzugliedern.

Doch wird der Kontakt mit einer hochentwickelten fremden

Raumfahrtzivilisation die Form der Erkundung des Weltraums ebenso verwandeln wie die menschliche Gesellschaft. Eine solche Zivilisation könnte jene Zeitspanne dramatisch verkürzen, die zur Bewältigung der nächsten Stufe der menschlichen Evolution benötigt wird, und könnte interstellare Auswanderung technologisch ermöglichen. Die gegenwärtigen Begrenzungen bei Start und Antrieb unserer Raumschiffe würden aufgehoben, der Übergang zum Leben und Arbeiten im Weltraum beschleunigt. Eine galaktische Zivilisation hätte außerdem schon längst Bedrohungen intelligenten Lebens ausgeschaltet, wie sie bei uns durch die Kernwaffen gegeben sind. Sie könnte der Menschheit in dieser schwierigen Frage also hilfreich zur Seite stehen – falls sie sich nicht dafür entscheidet, nicht einzugreifen, nicht einmal zu einem so heilsamen Zweck. Sie könnte es für richtiger halten, daß unsere Kultur dieses Dilemma selbst löst, weshalb ein Eingriff von außen den evolutionären Prozeß stören würde. Es wäre schließlich auch denkbar, daß diese Hilfe zwar gegeben wird, jedoch nicht offen, oder daß sie wegen ihrer Form nicht als solche erkannt wird.

Wie immer er zustande kommen mag, der Kontakt mit einer außerirdischen Zivilisation würde nicht das Ende, sondern der Beginn der Galaxis-Story sein. Ebenso wie der nächste Schritt im physikalischen und mentalen Raum über jene Ebenen hinaus von der Existenz planetarer und solarer Overviews abhängt, werden wir einen galaktischen Overview brauchen, bevor wir uns auf den Weg zu den Haufen und Superhaufen von Galaxien im Universum machen. Sollte die Menschheit dem planetaren und solaren System durch Unterstützung von deren Evolution etwas Einzigartiges zu bieten haben, dann wahrscheinlich auch der Galaxis und dem ganzen Universum.

Es ist theoretisch möglich, daß die Menschheit im All allein ist, oder aber daß das Universum von Leben und Intelligenz geradezu überquillt. Offene Kontakte können in wenigen Jahren oder in Jahrtausenden oder niemals zustande kommen. Die Frage ist nicht, wann oder wie es zu solchen Kontakten kommt, sondern wie man auf sie vorbereitet ist. Damit sind wir wieder bei der Aufgabe, uns in unserem Verhältnis zum Universum, von dem wir ein Teil sind, verantwortungsbewußter zu verhalten.

22 Die Zukunft wird geschaffen

Ich hatte mit jungen Studenten zu tun, die in der Bewegung *Up with People* miteinander durch Musik kommunizieren. Ich vermittelte ihnen einige meiner Gedanken und Empfindungen während meines Aufenthalts auf dem Mond, und sie schrieben einen Song mit dem Titel «Moonrider». Er hatte zum Thema, was es für einen Menschen bedeuten müsse, in einer Entfernung von 250 000 Meilen alleine auf einem anderen Planeten zu stehen und zurück auf die Heimat zu blicken ... Ein Satz darin drückte durchaus auch meine Gedanken aus: «Werden nicht die Dinge durch die Art, wie wir sie wahrnehmen, genau so, wie sie dann sind?»

Eugene A. Cernan
Gemini- und Apollo-Astronaut

Man hatte mich eingeladen, im Tageskindergarten meines Sohnes vor Kindern im Alter von vier bis sechs Jahren über die Erkundung des Weltraums zu sprechen. Im Jahre 2000 werden sie Anfang zwanzig sein, und einige von ihnen werden vielleicht die neuen Mars- oder Mondbewohner sein, die wirklichen Pioniere des Weltraums, Schöpfer von Solarius.

Ich erzählte ihnen von Weltraumtransportern, Weltraumsiedlungen und dem Leben im All. Dann fragte ich: «Wer von euch würde gerne im Weltraum leben?» Mehrere Hände wurden hochgereckt. Ein kleiner Junge namens Masaki sah mich jedoch verdutzt an und sagte: «Aber Mr. White – wir *befinden* uns doch schon im Weltraum.» Masaki hatte intuitiv etwas verstanden, was ich den Menschen schon eine Zeit lang nahezubringen versucht hatte, und das ist ein sehr wichtiger Punkt. Die Menschheit befindet sich im Weltraum, lebt auf einem riesigen, natürlichen Raumschiff, dem Raumschiff Erde, wie Buckminster Fuller es genannt hat. Berücksichtigt man die Bewegung der Erde um die Sonne und die Bewegung der Sonne um das Zentrum der Galaxis, dann ist der Weg unseres Planeten eher eine Spirale als eine Ellipse. Selbst wenn die Erde sich um die Sonne dreht, durchläuft sie niemals genau denselben Quadranten des Weltraums.

Wir «bewegen uns nicht im Kreise», sondern durch Zyklen, die einander sehr ähnlich und doch jeweils leicht modifiziert sind. Da unsere Umwelt niemals genau dieselbe ist, wiederholt sich der evolutionäre Prozeß nicht. Die äußere Form der Erdbahn ist in der ganzen Natur anzutreffen und seit langem ein kraftvolles Symbol für Evolution, Wachstum und Umwandlung. Es ist die Form des DNS Moleküls, das das Geheimnis des Lebens bewahrt, zugleich die Form vieler Galaxien. Unser natürliches Raumschiff durcheilt eine Bahn, die die Phasen Gleichgewicht, Wandel und Transformation als inhärenten Teil des Lebens einbezieht.

Das Erlebnis des Raumflugs ist in Wirklichkeit die Fähigkeit, sich an Bord von Erkundungsschiffen zu begeben, das «Mutterschiff» zu verlassen und sich dieses und das übrige Universum gut anzusehen. Der Aufenthalt im Orbit gestattet Astronauten oder Kosmonauten, ihr Denken an eine Wirklichkeit anzupassen, *die schon immer da war,* jedoch erst seit kurzem erlebt wurde.

Gene Cernan hat die Rückkehr zur Erde als eine Rückkehr zur Wiege beschrieben. Das erinnert an Platos berühmten Diskurs über den Staat. Durch den Mund des Philosophen Sokrates bringt Plato eine Allegorie über Menschen, die in einer Höhle gefangen sind und immer nur auf deren Wand statt nach draußen ins Licht der Sonne blicken können. Ein Feuer im Hintergrund wirft auf die Höhlenwand Schatten von Menschen, die Schiffe, Statuen und Abbildungen von Tieren vorbeitragen. Für die Gefangenen sind die Schatten an der Wand die Wirklichkeit. Sie tun ihr Bestes, sie zu verstehen und einander zu beschreiben. Infolge ihrer begrenzten Sicht sehen sie jedoch nur eine Illusion.

Sokrates stellt sich dann eine Person vor, die aus der Höhle geholt wird und der man die Welt draußen zeigt. Das ist für sie zunächst schmerzhaft und schwierig. Sobald ihre Augen sich jedoch dem Licht angepaßt haben, beginnt sie die Wirklichkeit statt der Schatten zu sehen. Schließlich kann sie sogar die Sonne sehen und begreift sie als Quelle allen Lebens und alles Guten auf der Welt. Sokrates sagt dann folgendes: Wenn dieser nunmehr aufgeklärte Mensch in die Höhle zurückkehrt und versucht, seinen Mitmenschen die umfassendere Wirklichkeit zu erklären, wird er Probleme haben, vor allem wenn seine Augen sich wieder der Dunkelheit anpassen. Es wird so scheinen, als verfüge er nun über minderes, statt größeres Wissen, weil er hinauf ins Licht gegangen war.

So wie unser eigenes mentales Universum durch unsere Auffassung vom physikalischen begrenzt wird, wäre auch das mentale Universum der Menschen in der Höhle eingeschränkt. Es würde bei ihnen der Brauch sein, wie Sokrates sagt, «diejenigen unter sich auszuzeichnen, die die vorbeihuschenden Schatten am schnellsten erkennen und sagen können, welche von ihnen vorher einzeln und welche zusammen vorbeikamen. Diese Höhlenbewohner würden dann den Ruf haben, am besten Schlußfolgerungen über die Zukunft ziehen zu können.»[1]

Einem Rückkehrer aus der Oberwelt würde es schwer fallen, die Schatten zu analysieren, teils weil er das Licht gesehen, teils weil er sich noch nicht wieder an die Dunkelheit gewöhnt hat.

> Und wenn er sich mit den Gefangenen, die niemals aus der Höhle herausgekommen sind, darin messen müßte, die Schatten zu erkennen, während seine Sicht noch getrübt ist. . ., würde er da nicht lächerlich wirken? Die anderen würden sagen, er sei nach oben gegangen und dann ohne Augen wieder zurückgekehrt; daß es besser sei, gar nicht auf den Gedanken zu kommen, nach oben zu steigen; und wenn jemand versuchen sollte, einen anderen zu befreien und ihn nach oben zum Licht zu führen, dann sollte man einfach den Missetäter fangen und umbringen.[2]

Für die Gefangenen in der Höhle war die weitere Umwelt stets greifbar. Sie wurde nicht dadurch *geschaffen,* daß man sich umdrehte und nach oben zum Licht ging; vielmehr gestattete ihnen das nur, sie vollständiger wahrzunehmen. Ursprünglich waren sie angekettet und konnten nicht fort, um die neue Wirklichkeit zu sehen. Nachdem jedoch einer von ihnen einmal diesen Weg gegangen war, entschieden sie sich dafür, weiterhin in die Dunkelheit zu starren. «*Ihm* hat es ja nicht viel gebracht», pflegten sie zu sagen.

Die Menschen in der Höhle gleichen den Kritikern des Kundschafterfisches und sind uns heutigen erschreckend ähnlich. Wir erkennen nicht, daß wir uns schon im Weltraum befinden und über die Mittel verfügen, ihn in großem Umfange zu erleben, was uns von der nur eingebildeten Wirklichkeit befreien würde, der wir uns täglich hingeben. Statt dessen verbringen wir unsere Zeit mit dem Versuch, den Weltraum in unser gegenwärtiges Paradigma einzubauen und kritisieren unsere Astronauten, daß es ihnen nicht gelingt, das Licht so zu erklären, daß die Dunkelheit es verstehen kann. Leider ist dies die perfekteste Beschreibung unserer fortdauernden Abkehr vom übrigen Universum.

Nicht die Reise in den Weltraum ist das Entscheidende, sondern die Erkenntnis, daß wir uns bereits im Weltraum befinden und beginnen, uns mit dem auseinanderzusetzen, was diese Tatsache alles impliziert. Wir befinden uns im Weltraum und können nirgendwo anders sein, niemals. Die Frage ist, ob diese erweiterte Einsicht die gesellschaftliche Evolution positiv beeinflussen wird. Aus dieser Perspektive geht es darum, ob wir bereit sind, als Spezies zu reifen, über unseren engen Horizont zu schauen und zu echten Bürgern des Universums zu werden.

Die Erkenntnis, daß wir uns im Weltraum befinden, erweitert das Bewußtsein. Doch gestehen wir das ungerne ein, weil es uns mit den Problemen des Gewahrwerdens und Entscheidens hier und heute konfrontiert, nicht in der Zukunft. Die neuen Zivilisationen sind schon in uns, so wie das Reich Gottes.

Letzten Endes ist die Reise in den Weltraum nicht eine Angelegenheit technologischer Leistungen, sondern eine des menschlichen Geistes und unseres Beitrages zu unserem universalen Daseinszweck. Weltraum – das ist im Sinne der neuen Weltraumbewegung eine Metapher für Drang in die Ferne, Chancen und Freiheit. Mehr als ein Ort oder selbst ein Erlebnis, ist er ein Geisteszustand. Er ist eine physische, mentale und geistige Dimension, in der die Menschheit über den gegenwärtigen Gleichgewichtspunkt hinausgelangen und beginnen kann, sich zu wandeln und schließlich so außergewöhnlich zu transformieren, wie wir es uns nicht einmal vorstellen können.

Die Erkundung des Weltraums sollte zum modernen Zentralprojekt der Menschheit werden, und die bemannte Raumfahrt zum zentralen Projekt aller fünf Milliarden Menschen, die gegenwärtig die Erde bevölkern. Sie sollte zum Ziel haben, uns aus der Höhle herauszuholen, uns die Freiheit zu geben, die Wirklichkeit statt der Illusionen zu sehen, die einer an die Oberfläche eines Planeten geketteten Spezies anhaften. Jeder kann sich dagegen entscheiden, Bürger des Universums zu werden, doch kann die Menschheit nicht länger Unwissenheit vortäuschen bezüglich dessen, was wirklich möglich ist.

Joseph Campbell, ein führender Wissenschaftler bei der Erforschung der Mythen unserer Erde, hat einmal geschrieben:

> Das mystische Thema des Weltraumzeitalters ist folgendes:
> Die Welt, wie wir sie kennen, nähert sich ihrem Ende. Gemeint ist die Welt als Mittelpunkt des Universums, die in Himmel und Erde aufgeteilte Welt, die in Horizonte eingebundene Welt, in der Liebe den Angehörigen der herrschenden Gruppe vorbehalten ist...
> Die Apokalypse weist nicht auf ein im Feuer untergehendes Armageddon hin, sondern auf die Tatsache, daß unsere Unwissenheit und Selbstgefälligkeit sich dem Ende nähern...
> Es ist jetzt Mode geworden, vom Weltraum zu erwarten, daß er uns wirtschaftliche Vorteile bringt, etwas, was uns beweist, daß alles Mühen sich gelohnt hat. Wer so redet, gleicht den affenähnlichen Geschöpfen in Roman und Film «2001». Sie kämpfen miteinander um Nahrung, während einer von ihnen sich absondert und sich zu der gewaltigen Metallplatte begibt, die er voller Ehrfurcht betrachtet. Und genau das ist es, was den anderen entgeht. *Er* ist derjenige, der zum Menschen evolviert; *er* ist derjenige, der die Zukunft begreift.[3]

Und *er* war der erste Terranaut.

23 Die neuen Zivilisationen und du

> Man beginnt zu erkennen, daß im Weltraum neue Wertvorstellungen, Normen und Gesetze gültig sein werden.
>
> Skylab-Astronaut Gerald P. Carr

Ist die Erde ein natürliches Raumschiff, dann ist jeder von uns darauf entweder Passagier oder Mitglied der Crew. R. Buckminster Fuller erkannte als einer der ersten, daß die Erde nicht nur ein Raumschiff ist, sondern auch eine Crew braucht. Ganz gewiß war er selbst einer der ersten Piloten auf diesem Schiff. Heute brauchen wir Spezialisten für Weltraummissionen, Nutzlastspezialisten, teilnehmende Bürger und dergleichen mehr. Wer sich dafür qualifiziert, gehört zu den Terranauten des bemannten Weltraumprogramms.

Die Rolle des einzelnen ist nicht so wichtig wie sein Wissen, daß er sich «an Bord» befindet und entweder die ganze Reise in einem Liegestuhl schlafend zubringen oder aufwachen und bewußt daran teilnehmen kann. Um Terranaut zu werden, braucht man nicht seinen Beruf zu wechseln, in eine andere Stadt zu ziehen, dem Korps der Astronauten beizutreten oder auf dem Mars zu leben. Man muß sich nur seiner selbst und seines Platzes im Universum bewußt werden.

Um ein bewußter Passagier des Raumschiffs Erde zu werden, braucht man nur sein eigenes Leben und seine eigene Arbeit in den Kontext der aufkommenden neuen Zivilisationen zu stellen. Man frage sich täglich: «Wie trägt mein Leben zur positiven Evolution der menschlichen Zukunft bei?» So oft wie möglich, sollte man sich vorstellen, daß man sich in einem Raumschiff befindet, das sich mit hoher Geschwindigkeit durch das Universum bewegt, statt auf einer stabilen Plattform, um die herum sich das Universum dreht.

Wer Mitglied der Crew werden will, braucht mehr als nur einfaches Gewahrsein. Er muß sich der Aufgabe verpflichtet fühlen, an der Gestaltung der Zukunft mitzuwirken, muß mit Möglichkeiten wie mit Wahrscheinlichkeiten arbeiten. Als Mitglied der Crew muß man die eigene Vision und den eigenen Daseinszweck entwickeln und dem universalen Zweck anpassen. Dann entdeckt man, wie man sich berufen fühlt, am Fortschritt dieses Raumschiffs und dieser Spezies auf der Reise durch das Universum unmittelbar mitzuwirken. Man wird zum Terranauten.

Wie man Terranaut wird

Als ersten Schritt auf dem Wege zum Terranauten muß man sich entscheiden, welche der drei vorhin aufgeführten Zivilisationen die eigene Begabung am besten nutzen kann. Will man an den Fundamenten von Terra, Solarius oder Galaxia mitbauen, wobei man bedenkt, daß sie sich alle ergänzen und wechselseitig aufeinander einwirken?

Der zweite Schritt: lernen, was überhaupt machbar ist. Überall auf dem Erdball gibt es bereits Menschen, die aktiv an der Entwicklung der neuen Zivilisationen mitarbeiten. Untersucht man, was Individuen und Gruppen tun, um das planetare Gewahrsein zu steigern oder ein aktives Raumfahrtprogramm zu unterstützen, dann erhält man auch Informationen, was man selbst aktiv tun kann.

Der dritte Schritt: *lauschen* auf die Botschaften, die aus dem Universum kommen, empfänglich sein für alles, was im Hinblick auf Ziel und Aufgabe in Erscheinung tritt. Es läßt sich nicht klar herausfinden, wie man sich in die universale Zielsetzung einfügen kann. Diese Stufe des Gewahrseins bedeutet vielmehr, offen und empfänglich für alles zu sein und seinem Herzen zu folgen. Dabei können zufällige Begegnungen, unvorhergesehene Geschehnisse und Unterstützung von Leuten, von denen man sie nicht erwartet, von größter Wichtigkeit sein.

Ich wollte unbedingt Astronaut werden, doch verlangt die NASA als Voraussetzung dafür eine wissenschaftliche oder ingenieurtechnische Ausbildung, die ich nicht habe. Doch ich hielt weiterhin Ausschau nach Möglichkeiten, mich in der Weltraumbewegung zu betätigen. Ein an sich ereignisloser Flug zur Westküste gab dann den Anstoß zum Erleben des Overview Effekts. Später trat ich dann ins Space Studies Institute ein und wurde dort mehrmals im Jahre 1983 aufgefordert, zu einer Versammlung von Persönlichkeiten zu sprechen, die an einer Erklärung über ihre Zukunftsvision des Weltraums arbeiteten.

Die ersten Ergebnisse meiner Untersuchung des Overview Effekts präsentierte ich 1985. Danach begann man, diese Bemühungen zu unterstützen. Schritt für Schritt wurde meine Tätigkeit als Terranaut zu der eines Kommunikators der Botschaft vom Overview, entwikkelte sie sich von einer Nebenbeschäftigung zur Berufung. Die Veröffentlichung dieses Buches fördert die weitere Verbreitung dieser Botschaft.

Diese Arbeit ist ein Teil meines Beitrages zur Evolution der neuen Zivilisationen. Zusätzlich zum Projekt Overview gestalte ich nunmehr alle meine Aktivitäten im Rahmen eines Projekts «Neue Zivilisation» so, daß die Botschaft auch andere erreicht. Meine Story ist von Bedeutung, nicht weil *ich* etwas Besonderes wäre, sondern als ein Modell der Möglichkeiten, die jedem offenstehen, der ein Terranaut werden möchte. Es gibt viele Aufgaben zu bewältigen und auch entsprechende berufliche Laufbahnen, was offensichtlich nicht allgemein bekannt ist. Man muß sie sich selbst erschließen.

Ich habe eine Vision möglicher Zukunft beschrieben. Terra kann als friedliches, blühendes und ökologisch ausbalanciertes planetares Overview System entwickelt werden, das auf ideale Weise nicht nur für menschliches Leben geeignet ist, sondern auch als gütige Mutter raumfahrender Kinder, die den Planeten verlassen, um Solarius zu gründen. Solarius kann zu einem abenteuerreichen, offenen, freien und erfolgreichen solaren Overview System werden, voller Vielfalt und Anreize, das der Menschheit hilft, die Reife zu erlangen, die sie für Kontakte mit der langsam entstehenden galaktischen Zivilisation braucht.

Galaxia kann zu einer Zivilisation der Sterne evolvieren, die uns zu unserer endgültigen Bestimmung als Bürger des Universums voranbringt. *Kann* drückt Möglichkeit aus, und an dieser positiven zukünftigen Geschichte der Menschheit ist nichts unvermeidlich. Der durch die Weltraumforschung in Gang gebrachte Bewußtseinswandel läßt uns annehmen, daß die umfassendere Umwelt die positiven Leitlinien der Evolution begünstigt.

Anscheinend kann die Menschheit als wesentliche Komponente beim Entstehen von Overview Systemen dem Universum als ganzem etwas von Nutzen sein. Während jedoch die Umwelt gewisse Trends fördert, scheint sie auch recht zuversichtlich bezüglich Sackgassen und Fehlschlägen der Evolution und dem Verschwinden von Arten zu sein. Spezies kommen und gehen, Leben und Universum bestehen jedoch weiter.

Das Programm für bemannte Raumfahrt

Alle nationalen Raumfahrtprogramme, die privaten Raumfahrtorganisationen mit ihren Aktivitäten überall auf der Welt, sowie die Aktionen einzelner Menschen, die für sich alleine eine positive Zukunft anstreben, kennen ein noch nicht ausgereiftes bemanntes Raumfahrtprogramm. Doch gibt es noch keine zusammenfassende Vision zum Ausgleich dieser Vielfalt, und das bemannte Raumfahrtprogramm ist noch kein bewußtes menschliches System.

Um der langsam entstehenden Realität mehr Kraft zu verleihen, sollten wir daher hier und jetzt ein langfristig geplantes Programm aufstellen, das es ehrgeizigen Terranauten ermöglicht, die Form ihres Beitrages und ihrer Berufung zu wählen. Nachfolgend die fundamentalen Elemente des Programms:

Zielsetzung: Das Programm soll das Verständnis für die große Zielsetzung der Menschheit als aktiver Partner der universalen Evolution fördern. Dabei sollen Overview Systeme geschaffen werden, die im ganzen Universum bewußtes Gewahrsein vermehren.

Vision: eine universale Zivilisation, ein Goldenes Zeitalter, in dem die Menschen den ihnen zustehenden Platz als Bürger des Universums einnehmen.

Langfristige Ziele: Aufbau einer planetaren, solaren und dann galaktischen Zivilisation als Vorstufen zu einer universalen.

Nahziele: Vorbedingungen schaffen für planetaren Frieden und die Auswanderung von Menschen ins Sonnensystem und zu anderen Sternen.

Teilnehmer: alle Menschen und sonstige empfindende Spezies.

Räumliche Parameter: das Universum.

Zeitliche Parameter: die Gegenwart bis zum Ende des nächsten Jahrtausends, von 1987–3000.

Zur Verwirklichung dieser Vision muß eine stattliche Anzahl von Aufgaben bewältigt werden, genug, um die Begabungen und Energien des gesamten Planeten einzuspannen. Eine teilweise Aufzählung der in diesem Zusammenhang erforderlichen entscheidenden Initiativen umfaßt:

1. *Eine detailliertere Analyse, wie die Weltraumforschung sich auf die mentale und spirituelle Evolution auswirkt.* Wir wissen, daß es eine Berührungsfläche zwischen innerem und äußerem Raum gibt, jedoch nicht genug darüber, wie sie funktioniert. Wir brauchen daher zusätzliche Forschung über die Auswirkungen der Weltraumerkundung auf die mentalen und spirituellen Anschauungen.
2. *Weitere Erforschung der großen, umfassenden Zielsetzung.* Gibt es Beweise dafür, daß der Mensch Teil einer großen Zielsetzung ist – oder handelt es sich dabei nur um eine Metapher? Dieses Programm sollte sich vor allem der Frage widmen, wie Overview Systeme sich zur Entropie verhalten.
3. *Unterstützung für die Entwicklung der großen Synthese.* Wir alle sollten den Wissenschaftlern helfen, die Hypothesen der Großen Synthese aus *Pioneering the Space Frontier* zu verwirklichen.
4. *Entwicklung des planetaren Gesellschaftsvertrages.* Die Theorie über einen Gesellschaftsvertrag muß weiter erforscht werden. Wie kann er an unsere gegenwärtige Situation angepaßt werden? Entwicklung einer neuen Theorie.
5. *Entwicklung einer terranen Verfassung.* Ein verfassungsrechtlicher Rahmen ist zu erstellen auf der Grundlage des neuen Verständnisses des Gesellschaftsvertrages und der Ideen über den Daseinszweck der Menschheit. In seinen Kontext sollten alle Nationen und Ideologien einbezogen werden.
6. *Bestandsaufnahme des Technosystems und seiner Möglichkeiten.* Es ist zu erforschen, welche Gewahrseinsebene zur Zeit die Methoden der künstlichen Intelligenz erreicht haben und in welchem Umfang das planetare Nervensystem vorhanden ist.

7. *Einfallsreiche Methoden, wie der Weltraum unmittelbar auf soziale Bedürfnisse einwirken kann.* Es sollte untersucht werden, wie die Erkundung und Erschließung des Weltraums dazu beitragen können, den Hunger auf der Welt zu lindern, die Energievorräte der Welt zu mehren, Kriege zu verhindern und die Lebensqualität zu steigern.
8. *Unterstützung für das Projekt Overview.* Alle Menschen sollten mithelfen, seine Botschaft über den ganzen Planeten zu verbreiten.
9. *Erforschung des moralischen Gegengewichts zur Kriegsthese.* Fortentwicklung des Gedankens, aggressive Triebe vom Krieg auf die friedliche Erschließung des Weltraums umzuleiten.
10. *Mitarbeit am Gedanken einer Gipfelkonferenz im Weltraum.* Es muß ein realistisches Szenario gefunden werden. Wann wäre die Zeit dafür reif? Wer sollte teilnehmen? Welche Infrastruktur muß vorher geschaffen werden?
11. *Unterstützung der Gründung der Internationalen Raumfahrt-Universität.* Die Stiftung «Space Generation» beschäftigt sich zur Zeit mit dem Gedanken einer Weltraum-Universität. Dort könnte die grundlegende Vision und Zielsetzung der Weltraumerkundung gelehrt, erlernt und weiterentwickelt werden. Wir alle sollten daran mitwirken.
12. *Erkundung des Sonnensystems als Ganzheit.* Welche Rolle spielt jedes seiner Untersysteme? Wie gelangen wir zu einem Overview über das Sonnensystem?
13. *Erforschung der Rolle des Mars bei der Evolution des Menschen.* Der Einfluß des Mars auf das menschliche Leben im allgemeinen und die Weltraumforschung im besonderen ist auffallend. Wir müssen mehr über künftige Auswirkungen erfahren.
14. *Verstärkte Forschung über Artentrennung.* In außerirdischen Umwelten wird die kulturelle Evolution schnell erfolgen. Biologische Artentrennung ist eine hohe Wahrscheinlichkeit, ihr Zeitrahmen jedoch ungewiß. Zusätzliche Forschung sollte sich den Möglichkeiten der Artentrennung widmen.
15. *Welche wahrscheinlichen Auswirkungen wird der Kontakt zu einer galaktischen Zivilisation haben?* Ein unvorbereiteter Kontakt könnte verheerende Folgen haben, andererseits für beide

Spezies sehr nützlich sein, wenn er wohlüberlegt zustande kommt. Aktive Bemühungen zur Vorbereitung dieser Kommunikation können den Tag beschleunigen, an dem sie erfolgt.

16. *Eine Informationskampagne sollte der Menschheit bewußt machen, daß wir uns bereits im Weltall befinden.* Dieses Bewußtsein sollte ganz allgemein gesteigert werden, besonders als Vorbereitung für mögliche Kontakte mit Galaxia.
17. *Die Annahme des Reports der Nationalen Raumfahrt-Kommission durch die NASA ist zu unterstützen.* Die Annahme des Reports würde der NASA die Vision geben, die sie benötigt, um wirksam zu arbeiten und die Unterstützung der breiten Öffentlichkeit zu gewinnen.
18. *Mitwirkung an neuen Ideen für internationale Weltraum-Missionen, insbesondere zum Mars.* Wir alle sollten diejenigen unterstützen, die sich dafür einsetzen, aggressive Triebe zu Aktivitäten im Weltraum umzufunktionieren, und die für eine internationale Erkundungsmission zum Mars eintreten.
19. *Bestandsaufnahmen des menschheitlichen Raumfahrtprogramms.* Sammlung von Informationen über nationale Raumfahrtprogramme, über Gruppen, die sich für den Weltraum interessieren, Universitätslehrgänge, Bemühungen von Privatunternehmen, SETI-Projekte sowie individuelle Aktivitäten, die zur positiven Evolution der Menschheit im Weltraum beitragen.
20. *Entwicklung neuer Replikationsmodelle für Weltraumsiedlungen.* Parallel zur Entwicklung einer terranen Verfassung sollte in diesem Bereich viel mehr getan werden, um Konflikte zwischen den neuen Zivilisationen zu vermeiden.

Jeder, der ein Terranaut sein möchte, kann obige Projekte unterstützen oder eigene hinzufügen. Zur Teilnahme an der Gründung der neuen Zivilisationen sind viele andere spezifische Schritte möglich, darunter Beitritt zu einer Vereinigung von Interessenten am Weltraum, wie etwa das Space Institute, die National Space Society, die Organisation Students for the Exploration and Development of Space und die Planetary Society.

Auch die Lektüre von *Pioneering the Space Frontier* und anderer

Publikationen, die eine umfassende Sicht der menschlichen Zukunft im Weltraum vermitteln, kann nützlich sein.

Der wichtigste Schritt besteht jedoch in der Übernahme persönlicher Verantwortung für die menschliche Zukunft. Die steigende Zahl der Menschen, die das tun, trägt dazu bei, daß die angestrebten Möglichkeiten zu Wahrscheinlichkeiten werden.

Die Rolle des Terranauten

Das Programm für bemannte Raumfahrt hat im kollektiven Unbewußten der Menschheit existiert, seit sie zur Wahrnehmung fähig ist. Im Laufe der Zeit ist es nur augenfälliger geworden. Es stellt für die Zukunft der Menschheit eine große Hoffnung dar, weil es sich in den Dienst des universalen Zwecks des Menschen stellt.

Der Terranaut tritt als neuer Träger des Wandels in Erscheinung. Wie das bemannte Raumfahrtprogramm war auch der Terranaut schon immer da, unerkannt und ohne Etikett. Nun aber kann er hervortreten und eine gestaltende Rolle bei der Evolution des Menschen spielen.

Haben die neuen Zivilisationen irgend etwas mit uns zu tun?

Die Antwort hängt ganz von uns ab.

24 Die universale Zivilisation

Einige von uns glauben, die Zusammensetzung des Universums zu kennen. Doch haben wir da noch viel zu lernen. Die gegenwärtigen Antriebssysteme für Raumschiffe und unsere menschliche Lebenserwartung setzen uns Schranken. Denjenigen, die über Systeme für Reisen zu anderen Sternen verfügen, wie sie in Science-fiction-Filmen gezeigt werden, müssen unsere Möglichkeiten prähistorisch erscheinen. Unser Sonnensystem ist wunderschön – doch gibt es da draußen noch sehr viel mehr!

Skylab-Astronaut Edward G. Gibson

Wir leben am Boden eines tiefen Schwerkraftschachts und blicken von der Oberfläche der Erde nach draußen. Da mag uns die Aufgabe der Besiedlung eines Lebensraumes vom Erdorbit bis zum Mars als weit über unsere Kräfte gehend erscheinen. Das Universum ist so gewaltig, daß uns das Gebet des antiken Seemanns einfällt: «O Herr! Beschütze mich; denn der Ozean ist so gewaltig und mein Boot so winzig!» Doch wäre die Besiedlung des benachbarten Weltraums, wie groß dieser Schritt auch sein mag, nur ein Anfang. Selbst der von der Erde weit entfernte Mars ist noch unser Nachbar und liegt keineswegs an den Grenzen des Sonnensystems.

Die Idee, unser Sonnensystem zu verlassen, besteht vorläufig nur in unserer Phantasie und kann mit der heutigen Technologie nicht verwirklicht werden. Doch war die menschliche Einbildungskraft unserer Fähigkeit, Ideen zu verwirklichen, stets um einiges voraus. Die Phantasie von heute wird zur Realität von morgen und konfrontiert uns mit der Herausforderung einer erregenden Zukunft.

Jedes Jahrhundert bringt Individuen hervor, die Visionen für die ganze Menschheit hegen. So hatten die Buckminster Fullers ihre Vorläufer in den Leonardo da Vincis. Leonardo, ein Mann mit fruchtbarer und ideenreicher Phantasie, wollte partout die Menschen fliegen sehen und vernachlässigte sein Lebenswerk als Maler unvergleichlicher Meisterwerke, um an der Erfindung der Flugmaschine zu arbeiten.

Nur fand diese Tätigkeit bei seinen Zeitgenossen wenig Beachtung, da sie nicht «praktisch» war. Im 15. Jahrhundert galt das Interesse der Machthaber dem Bau besserer Festungen und Belagerungsmaschinen. Für sie war der Traum vom Fliegen eine gedankliche Spielerei; doch Leonardo wußte, daß es technisch möglich wäre. Die von ihm entworfenen Flugmaschinen hätten funktioniert, hätte es damals schon die Technologie zu ihrer Herstellung gegeben. Er war seiner Zeit weit voraus, und die Nachfahren haben viele seiner Träume verwirklicht.

Heute ist für einige Menschen mit Zukunftsvisionen Solarius der nächste Schritt, ein zentrales Menschheitsprojekt, das die Bemühungen vieler Jahre erfordern wird. Anderen gilt Solarius bereits als zu bescheiden. Sie träumen schon vom gegenwärtig Unmöglichen, von der Reise zu den Sternen und darüber hinaus. Eines Tages wird es sich erweisen, daß diese Visionen berechtigt waren. Findet die Menschheit den Weg ins Sonnensystem, dann wird sie auch einen Weg finden, noch weiter hinaus zu greifen und an der galaktischen Zivilisation teilzuhaben. Irgend jemand wird einmal eine neue Antriebskraft erfinden. Dann könnten Einsteins Theorien sich als falsch erweisen und es uns doch möglich werden, schneller als das Licht zu reisen. Vielleicht erfindet man einmal etwas, was die Schwerkraft aufhebt.

Doch sollte heute schon klar geworden sein, daß der *Weg* zugleich das Ziel ist, der Höhepunkt allen Bemühens, die Art, wie die Menschheit einem höheren Zweck dient. In der Vergangenheit gab es viele zentrale Projekte, jetzt jedoch ein universales, das in Harmonie mit dem umfassendsten aller Systeme, dem Universum, funktionieren und evolvieren muß. Jenseits von Galaxia liegt noch eine weitere Stufe, die Zivilisation aller Zivilisationen, die sich über das gesamte physikalische Universum erstreckt.

Was für eine Spezies wird die Menschheit an jenem Punkt sein?

Wie wird der *Homo universalis* aussehen? Auf dieser Ebene versagt selbst die Fähigkeit zur Formulierung von Metaphern, und wir müssen zugeben, daß wir es nicht wissen. Doch können wir gewiß sein, daß es unsere Nachkommen sein werden, die uns dafür lieben werden, daß wir, ihre Eltern, den Mut gehabt haben, die Bedingungen für ihre Existenz zu schaffen, und als Forscher und Kundschafter tätig waren. Denn das ist die Aufgabe des Menschen.

Laßt uns unserer Zeit voraus sein!

Teil III Die Erfahrungen der Astronauten und Kosmonauten

Vorbemerkung des Autors

Teil III beschreibt die Erfahrungen der Raumfahrer ohne die Kommentare und Analysen, die in Teil I und II als Filter dienten. Er enthält Rekonstruktionen meiner Interviews, ergänzt durch ausgewählte schriftliche Darstellungen von sechzehn Menschen, die im Weltraum gewesen sind.

Die Begrenzung auf die hier angeführten Raumfahrer zeigt, daß in Zukunft weitere Forschung notwendig ist, weil die Interviews vorwiegend mit amerikanischen Männern geführt wurden. Meine Bitte, auch mit einigen Astronaut*innen* sprechen zu dürfen, ist immer noch bei der NASA anhängig, doch war es nicht möglich, bis zum Zeitpunkt der Drucklegung ein Interview zu arrangieren. Da ich auch keine schriftlichen Unterlagen von Frauen fand, die dem Inhalt dieses Buches entsprochen hätten, schien es mir besser, diesen Aspekt einer zukünftigen Arbeit zu überlassen.

Neben einigen Russen sind nur der Kanadier Marc Garneau und der Saudi Sultan Bin Salman al-Saud vertreten. Auch die angemessene Präsentierung des internationalen Elements bleibt also einer späteren Arbeit überlassen.

Viele der Interviews waren länger, als sie hier wiedergegeben werden. Auch sind es nicht immer wörtliche Zitate. Ich habe mich jedoch sehr um Zusammenarbeit mit den Astronauten bemüht, um das Wesentliche und den Sinn ihrer Aussagen wiederzugeben. Sollte das in dem einen oder anderen Fall nicht gelungen sein, dann liegt die Verantwortung natürlich ausschließlich bei mir.

Alles in allem sollte *Der Overwiev Effekt* als Beginn – und keinesfalls als das Ende – des Prozesses gesehen werden, das Erlebnis des Weltraums durch den Menschen zu begreifen.

Juri Alexejewitsch Gagarin

Wostock 1

Juri Gagarin war der erste Mensch, der im Weltraum eine Erdumrundung vollendete. Das war am 12. April 1961. Der Pilot der sowjetischen Luftwaffe Gagarin war 27 Jahre alt, als er diesen Flug ausführte. Er verbrachte eine Stunde und achtundvierzig Minuten im Weltraum, und er setzte seine Laufbahn als Kosmonaut bis zu seinem Tod durch einen Flugzeugabsturz im Jahre 1968 fort. Gagarins Bericht ist dem Buch Survival in Space *entnommen.*

Zitternd vor Aufregung beobachtete ich diese mir ganz neue und unbekannte Welt und versuchte, alles zu sehen und alles im Gedächtnis zu behalten. Die Sterne waren durch die Fenster erstaunlich hell zu sehen. Sie waren immer noch sehr weit weg – ach, so weit weg –, doch erschienen sie im Orbit näher als die Erde. Das Wesentliche aber war nicht die Entfernung (meine Entfernung zur Erde war nur wie ein Tropfen im Ozean im Vergleich zu den Lichtjahren, die uns von den Sternen trennen), sondern das Prinzip. Der Mensch hatte die Anziehungskraft der Erde überwunden und war in den Weltraum hinaus gelangt.

Alan B. Shepard Jr.

Freedom 7, Apollo 14

Der erste Amerikaner im Weltraum war Alan Shepard. Er vollführte einen fünfzehnminütigen Flug im unteren Orbit am 5. Mai 1961. Später leitete er die Apollo-14-Mission zum Mond im Januar 1971. Obgleich sein erster Flug nur kurz war, hat er insgesamt mehr als neun Tage im Weltraum zugebracht. Shepard beschrieb seine Mercury-Mission in We Seven.

(Text siehe Kapitel 4, S. 51)

John H. Glenn Jr.

Friendship 7

Major John Glenn, ein Pilot des Marine Corps, war der Fünfte, der in den Weltraum gelangte, und der erste Amerikaner, der die Erde im Orbit umrundete. Sein Flug vom 20. Februar 1962 auf Mercury Friendship dauerte knapp fünf Stunden. Glenn ist heute U. S. Senator für den Bundesstaat Ohio. Glenns Reaktionen sind We Seven *entnommen.*

Am meisten hat mich bei diesem Flug der beträchtliche Teil der Erde überrascht, der von Wolken bedeckt war. Über Zentralafrika bildeten sie nahezu eine feste Masse. Von da aus erstreckten sie sich über den größten Teil des Indischen Ozeans und weit über den Pazifik. Die genaue Höhe der verschiedenen Wolkenschichten konnte ich nicht ausmachen, doch war ohne weiteres an den Schatten zu erkennen, wo eine Schicht aufhörte und die andere begann ...

Die Schwerelosigkeit empfand ich als äußerst angenehm. Ich muß gestehen, daß sie für einen Raumpiloten bequem ist ... Die Tatsache, daß mir dieses seltsame Phänomen damals so natürlich erschien, weist darauf hin, wie schnell der Mensch sich einer neuen Umwelt anpassen kann ...

Malcolm Scott Carpenter

Aurora 7

Im Mai 1962 flog Scott Carpenter die Mercury Mission, die auf den Flug von John Glenn folgte. Er war der sechste Mensch im Weltraum, in dem er knapp fünf Stunden weilte. Carpenters Äußerungen wurden We Seven *entnommen. Nach Anmerkungen über die große Stille im Weltraum und über seine positiven Empfindungen der Schwerelosigkeit (siehe auch die entsprechenden Zitate in Kapitel 3) schreibt Carpenter:*

Ich überquerte die Vereinigten Staaten im frühen Morgenlicht. Der Erdboden schien näher, als ich geglaubt hatte, und obwohl er etwa hundert Meilen unter mir war und ich mit einer Geschwindigkeit von fünf Meilen pro Sekunde flog, schien er unter mir etwa mit derselben Geschwindigkeit vorbeizugleiten, wie man ihn aus einem Jet in 40 000 Fuß Höhe sieht – vielleicht ein wenig schneller. Wo er nicht durch Wolken verdeckt war, konnte ich ihn erstaunlich gut sehen ... Ich sah Flüsse und Seen, sogar einen Eisenbahnzug auf einem Gleis. Und während ich über Farmland im Südwesten flog, konnte ich feststellen, welche Äcker bepflanzt waren und welche brachlagen. Bei jedem neuen Ausblick erneuerte sich meine Begeisterung, und ich wartete wieder auf den nächsten Ausblick.

Die letzte Stunde vor dem Zünden der Rückflugraketen verging schnell, ebenso wie die ganze übrige Zeit. Beim Flug durch den Weltraum spürte ich eine seltsame Verkürzung der Zeit, als ob die Fluggeschwindigkeit Auswirkungen auf die Länge der Augenblicke hatte, die ich da oben verbrachte, und sie allzu dicht aneinander preßte.

Nach dem Flug saß ich noch lange da und dachte über das Erlebte nach. Ich konnte gar nicht glauben, daß alles das wirklich geschehen war. Es war ein großartiges Erlebnis und obwohl ich es niemals einem anderen wirklich vermitteln könnte, freue ich mich doch darauf, anderen so viel wie möglich darüber berichten zu können ...

Russell L. Schweickart

Apollo 9

Russell L. Schweickart flog am 3. März 1969 mit Apollo 9 eine zehntägige Erdumlaufmission. Das war zwischen der dramatischen Reise von Apollo 8 zum Mond und der ersten Mondlandung von Apollo 11 im Juli 1969. Seit seinem Flug hat sich Schweickart an zahlreichen Aktivitäten beteiligt, einschließlich der Gründung der Association of Space Explorers.

Ein großer Teil seiner Erfahrungen, über die in Teil I und II berichtet wird, soll hier nicht wiederholt werden. Das folgende beruht auf

Notizen, die ich mir während eines telefonischen Interviews mit Schweickart am 29. Oktober 1985 machte.

WHITE: Hat Ihr Erlebnis fortdauernde Auswirkungen auf Ihr Leben?
SCHWEICKART: Ja. Es hat mein Leben verändert. Es ist nicht etwas, was kommt und dann wieder vergeht.
WHITE: Ich hatte eine durchaus transformierende Erfahrung, als ich über Ihr Erlebnis schrieb. Haben Sie bemerkt, daß Leute, die davon hören, sich verändern?
SCHWEICKART: Ja, das tun sie. Einigen wird überhaupt nichts vermittelt. Alles hängt vom Einzelnen und dem Rahmen ab. Oft ist der Wandel so tiefgreifend und unmittelbar, daß er mir Sorgen macht. Beim Umgang mit sehr starker Medizin könnte es besser sein, sie nur in kleinen Dosierungen zu sich zu nehmen. Die Leute sind gelegentlich so überwältigt, daß sie gar nicht ausdrücken können, was ihnen da vermittelt wurde, und man fühlt sich für das verantwortlich, was diesen anderen Menschen passiert.
WHITE: Können Sie etwas über die Association of Space Explorers sagen und die Wirkung, die Sie sich von ihr erhoffen?
SCHWEICKART: Gerne. Wir sind eine kleine Gruppe von etwa vierzig Personen aus sechzehn Ländern rund um den Planeten. Doch hat jede von ihnen die Erde mit eigenen Augen als einen einzigartigen Ort gesehen. Wenn wir als Individuen es schaffen, unsere Unterschiede zu überwinden und als Gemeinschaft zu handeln, dann könnte diese Vereinigung große Wirkung darauf ausüben, wie die Menschen den Weltraum sehen. Können wir ihnen das vermitteln, was Sie als Overview bezeichnen, daß wir alle dasselbe Leben haben und auf demselben Planeten leben, dann kann das eine sehr starke Wirkung haben. Wie weit uns das gelingen wird, ist unklar. Dafür ist es noch zu früh. Ich hoffe, es wird geschehen.
WHITE: Könnte sich das letztlich auch auf das Verhalten von Nationen auswirken?
SCHWEICKART: Das ist eine gute Frage, auf die ich aber keine Antwort habe. Ich möchte gerne die Vision der Gemeinschaft der Menschen auf der Erdoberfläche auf die Bedeutung der Umwelt des Weltraums lenken und darauf, wie er die Zukunft der Menschheit beeinflussen wird. Wir haben jetzt die Möglichkeit, das Leben auf

diesem Planeten auszulöschen, können ihn aber auch als Ganzes sehen. Die Technologie gestattet uns beides.

So habe ich beispielsweise meine Mutter, solange ich noch im Mutterleib war, ganz anders erlebt als nach meiner Geburt. Danach war ich in der Lage, mehr Verantwortung für sie zu übernehmen. Es hängt ja viel von der persönlichen Perspektive ab. Ich nenne das Kosmisches Geburtsphänomen.

Bis zu einem gewissen Grad muß die Wahl während unserer Lebensspanne getroffen werden, und zwar erheblich beeinflußt von der Wahrnehmung oder dem Kontext, in dem das geschieht. Geht man von der Perspektive aus «Die da drüben sind unsere Feinde», dann handelt man auch in Übereinstimmung mit dieser Anschauung. Von einer höheren Warte aus sieht man, daß wir alle in einem einzigen planetarischen Kontext miteinander verbunden sind und gemeinsam evolvieren. Das beeinflußt auch gewisse Handlungen.

Michael Collins

Gemini 10, Apollo 11

Michael Collins gehörte zur zweiten Gruppe von Astronauten, die nach der ursprünglichen «Gruppe der Sieben» des Mercury-Programms eingesetzt wurden. Er flog mit Gemini im Juli 1966 und war bei der ersten Mondlandung von Apollo 11 im Juli 1969 dabei. Als Pilot des Moduls umkreiste Collins den Mond, während Neil Armstrong und Edwin E. Aldrin Jr. in der Tranquillity Base landeten und die ersten Menschen waren, die den Mond betraten. Er verbrachte insgesamt mehr als elf Stunden im Weltraum.*

Collins ist der Autor von Carrying the Fire, *einer ausgezeichneten Beschreibung seiner Erlebnisse als Astronaut. Seine in vorangegangenen Kapiteln zitierten Äußerungen entstammen seinem Buch, die nachfolgenden einem telefonischen Interview, das ich am 17. Januar 1986 mit ihm führte.*

* im «Meer der Ruhe», dem auch die Gesteinsproben entnommen wurden (Anm. d. Übers.).

WHITE: Gab es einen größeren Unterschied zwischen Ihrer Gemini- und Ihrer Apollo-Mission?
COLLINS: Es war eindeutig ein ganz anderes Gefühl. Mit hundert Meilen Höhe streift man gerade so die Erdoberfläche und man erlebt die Erde noch nicht als Ganzheit. Leider haben wir es aufgegeben, uns in größere Entfernungen von der Erde zu begeben, wie es bei den Mondmissionen der Fall war. Ich meine damit ein *Minimum* von 100 000 Meilen. Der Flug im Orbit ist wie eine Fahrt auf der Achterbahn. Auf der Reise zum Mond hört dieses Gefühl von Bewegung auf. Das sind eindeutig zwei sehr unterschiedliche Elemente.

Aufregend ist es auch, den Mond von sehr nahe zu betrachten. Aus sechzig Meilen Entfernung erkennt man, welches Glück wir haben, auf der Erde zu leben. Man muß den «zweiten Planeten» (den Mond) sehen, um den ersten (die Erde) wirklich zu schätzen.
WHITE: In *Carrying the Fire* haben Sie einiges darüber gesagt, wie diese Reise Sie verändert hat. Haben Ihre Anschauungen sich seit der Herausgabe dieses Buches in den siebziger Jahren noch irgendwie verändert?
COLLINS: Nun, jeder hat da andere Erfahrungen. Während der letzten fünf oder sechs Jahre hatte ich mehr mit den militärischen Aspekten des Weltraums zu tun. Ich ärgere mich immer mehr über die Russen. Sie verhalten sich ausgesprochen scheinheilig, und es gibt erhebliche Unterschiede zwischen dem, was sie tun, und dem, was sie sagen. Sie sind dabei, Laser von großer Energie zu entwickeln, dazu auch ASAT (ein Anti-Satellitensystem). Sie bauen das alles, haben es aber bisher erfolgreich geleugnet. Daher glauben die Länder der Dritten Welt, wir Amerikaner seien diejenigen, die den Weltraum militarisieren, nicht die Russen.

Das steht der großartigen Idee einer winzigen Erdkugel entgegen, auf der wir alle wie Brüder leben sollten. Ich bin nicht überzeugt, daß dies so bald der Fall sein wird. Vielleicht bedarf es eines ganz besonderen Ereignisses, uns als Nationen zusammenzuführen, etwa ein Angriff der «kleinen grünen Männchen».

Ich bin heute weniger optimistisch über die Zusammenarbeit der Menschheit als noch vor zehn Jahren. Doch meine ich immer noch, es könnte eine heilsame Wirkung haben, wenn man mehr Menschen in den Weltraum schicken würde.

WHITE: Ich erwähnte gegenüber Joe Allen meine Vision einer Gipfelkonferenz in einer Weltraumstation. Er hielt das für einen recht guten Gedanken.

COLLINS: Ich würde die politischen Führer auch gerne da oben sehen. Hinsichtlich des Ergebnisses bin ich zwar nicht naiv. Doch halte ich es für eine gute Idee. Die Sowjets haben Angst vor SDI, weil sie Angst vor Reagan haben. Wer mit den Russen zusammenarbeiten will, für den wäre vielleicht Schweickarts Methode nicht gerade die beste. Man trifft sie nicht und ist nicht nett zu ihnen. Ich war zunächst auch mit Schweickart in der Association of Space Explorers, schied dann aber wieder aus. Ich fragte die Russen nach ASAT, und sie logen entweder oder wußten nichts davon. Natürlich ist es gut, miteinander zu reden. Es sollte Diskussionen zwischen den beiden Ländern geben, Ärzte mit Ärzten, Astronauten mit Kosmonauten und so weiter.

WHITE: Glauben Sie, daß die Erforschung des Weltraums zur Einheit der Welt beiträgt?

COLLINS: Ja. Spionagesatelliten sind nützlich und stabilisierend. Die Russen können keinen einzigen Lastwagen, Eisenbahnwaggon oder Rakete bewegen, ohne daß wir es wissen – und umgekehrt. Außerdem haben die Fernmeldesatelliten unsere Art der Kommunikation revolutioniert.

WHITE: In gewisser Hinsicht sagen Sie, die Erkundung des Weltraums trage zu größerer Einheit der Welt bei, nicht jedoch zwangsläufig zum Weltfrieden. Das ist vielleicht nicht dasselbe.

COLLINS: Ja, daran hatte ich zuvor nicht gedacht. Es gibt da noch einen anderen Sinn. Nach dem Erfolg von Apollo 11 machten wir eine Vortragsreise um die ganze Welt. Die Leute kamen zu uns und sagten «*Wir* haben es geschafft!». Sie sagten nicht «Ihr Amerikaner habt es geschafft». Sie meinten, «wir Menschen» haben es getan. Dieses Verhalten war zwar nur kurzlebig, doch kann ein Ereignis wie die Mondlandung eine solche Wirkung haben.

WHITE: Haben Sie dieses Gefühl gehabt, als Sie an der Landung auf dem Mond teilnahmen? Als Präsident Nixon mit Ihnen telefonierte, äußerte er, die Landung habe die ganze Menschheit vereint.

COLLINS: Nein. Ich dachte mir, wovon redet der Mann überhaupt? Meines Erachtens gab er eine politische Erklärung für die Vereinigten Staaten und die Welt ab. Darüber wollte ich nach meiner Rückkehr nachdenken. Zunächst war ich viel zu sehr damit beschäftigt, den einzelnen Bäumen auszuweichen, als daß ich an den Wald denken konnte.

WHITE: Wollen Sie damit sagen, daß Sie hauptsächlich daran dachten, gute Arbeit zu leisten?

COLLINS: Ja. Ich habe gesagt, die beste Crew für die Apollo-Mission wäre ein Philosoph, ein Priester und ein Dichter. Leider würden sie bei dem Versuch, das Raumschiff zu fliegen, umkommen. Also bleiben nur die Testpiloten. Wir sind diejenigen, die die beste Chance haben, heil wieder zurückzukommen. Vielleicht findet sich jemand, der beiden Anforderungen gerecht wird. Bisher habe ich noch keinen kennengelernt.

WHITE: Haben Sie sich jemals Gedanken darüber gemacht, wie die Erkundung des Weltraums die künftige Evolution des Menschen beeinflussen kann?

COLLINS: Darüber weiß ich nicht viel mehr als ein Science-fiction-Autor. Doch wenn man sich an den äußersten Rand des Universums begibt und zurückblickt, sieht man eine Menge Sterne. Einige von diesen Systemen werden von Planeten umkreist. Selbst bei der pessimistischsten Annahme sind davon immer noch Planeten in einer Zahl der zehnten bis fünfzehnten Potenz für Leben geeignet. Da sausen sie nun durch den Raum, solche mit Bewohnern, die nicht gelernt haben, wie sie ihren Planeten verlassen können, und andere mit einer Bevölkerung, die es kann.

Wir haben zwar gelernt, wie wir die Erde verlassen können, jedoch nicht, wie wir irgendwohin gelangen. Auf diesem Wege gibt es noch viele Hindernisse. Einstein hat gesagt, man würde sehr viel Zeit brauchen, um irgendwo im Universum anzukommen. Doch wird die Neugier die Menschen treiben, immer weiter zu gehen und zu sehen, was da draußen los ist. Wir werden «angenehme» Planeten entdekken und den Wunsch verspüren, sie zu besuchen. Auch SETI (die Suche nach außerirdischen Leben) kann die Menschen auf andere Weise als durch Raumflüge zusammenbringen.

Eugene A. Cernan

Gemini 9, Apollo 10 und Apollo 17

Unter den Astronauten mit mehr als einer Raumflugerfahrung zeichnet sich Eugene A. Cernan, ein ehemaliger Captain der U.S. Marine, wegen seiner vielfältigen Erfahrungen und seiner Berichte darüber aus. Er flog mit Gemini 9 im Jahre 1966. Er war an Bord von Apollo 10 im Mai 1969 und ging mit ihm bis neun Meilen über der Mondoberfläche hinunter. Als Mitglied der Crew von Apollo 17 war er der bisher letzte Mensch, der auf dem Mond spazierte. (Dezember 1972.) Er hält unter allen Weltraumfahrern den Rekord an Aufenthalten im Weltall außerhalb des Raumschiffs, nämlich insgesamt vierundzwanzig Stunden und zwölf Minuten. Seine Gesamtzeit im Weltraum beläuft sich auf 23 Tage. Er stellte auch den Rekord für EVA auf dem Mond auf, nämlich knapp über 22 Stunden, gemeinsam mit Harrison Schmitt. Nachfolgend eine Rekonstruktion meiner telefonischen Unterhaltung mit Cernan am 3. Dezember 1985.

WHITE: Ich bin an mehreren Fragen interessiert. Zunächst würde ich gerne wissen, ob es psychologisch einen Unterschied macht, wenn man das Universum von verschiedenen Standorten aus sieht. Zweitens interessiert mich gerade in Ihrem besonderen Fall, ob verschiedene Arten des Raumflugs unterschiedliche Wirkungen ausüben.

CERNAN: ... In der Erdumlaufbahn erlebt man alles auf einer viel winzigeren Skala, gewissermaßen einer Mikroskala. Da die Flüge so nahe der heimatlichen Erde stattfinden, neigt man dazu, das alles nicht richtig zu schätzen. Als ich mich draußen im All auf dem Mond befand, mußte ich mich plötzlich fragen: «Weißt du wirklich, wo du dich in Raum und Zeit sowie in der Geschichte befindest?»

Ich konnte beobachten, wie die Zeit auf der Erde verging, was uns da oben auf dem Mond aber nicht betraf. Ein Tag auf dem Mond sind vierzehn Erdentage. Während der drei Tage, die wir uns da oben befanden, wurde es nur wenig heller. Die Zeit in Form von Tag und Nacht stand dort praktisch still, jedoch nicht auf der Erde. Dreizehn Tage eines Menschenlebens vergingen, und wir konnten beobachten, wie das geschah. Doch uns hat die Erdzeit überhaupt nicht betroffen.

Und noch etwas: Man erkennt von dort aus nur die von Gott geschaffenen Grenzen der Natur, nicht die von Menschen gezogenen. Wir sahen das Schmelzen der Eiskappe des antarktischen Kontinents, beobachteten das Durcheinander im Mittleren Osten in vollem Bewußtsein der dort bestehenden Spannungen. Dabei konnten wir jedoch kein einzelnes Geschehen herauspicken.

WHITE: Das hört sich an wie das Höhlengleichnis von Plato, von Menschen, die in einer tiefen Höhle leben und dort immer nur die Schattenbilder der Wirklichkeit sehen. Eines Tages geht einer von ihnen hinaus, sieht die Sonne und kehrt in die Höhle zurück. Doch niemand versteht seine Erzählung. Eines hat mir diese Untersuchung gezeigt: Das Problem besteht nicht darin, daß die Astronauten ihre Erlebnisse nicht richtig darstellen können, sondern darin, daß die anderen Menschen keinen wirklichen Kontext haben, um zu hören, was ihr sagt.

CERNAN: Ja, darüber muß ich auch manchmal lächeln. Ich schrieb einmal an Jim Beggs (ehemaliger NASA-Verwaltungschef) wegen seiner Rechtfertigung der Teilnahme eines Journalisten am Shuttleflug. Er hatte dem Sinne nach geäußert, man hoffe, ein Journalist werde endlich imstande sein, das Erlebnis eines Raumflugs ausführlich zu beschreiben, nachdem die Astronauten das selbst nach einem Vierteljahrhundert noch nicht zuwege gebracht hätten. Ich habe ihm das sehr übel genommen, weil ich weiß, was es bedeutet, jemandem zu gestatten, sich mit diesem Erlebnis zu identifizieren – Antworten zu finden auf Fragen wie: «Wie ist es da oben? Was haben Sie da oben gedacht? Hatten Sie Angst?» An sich bin ich dafür, Journalisten in den Weltraum mitzunehmen, jedoch aus anderen Gründen.

Ich könnte lange darüber sprechen, da es eines der tiefsten und bewegendsten Erlebnisse war, die ich jemals gehabt habe...

Um dem Präsidenten einen Gefallen zu tun, reisten wir nach der Apollo 17-Mission um die Welt, um anderen Völkern unser Erleben zu vermitteln. Da war zum Beispiel die einheimische Bevölkerung von Westafrika, das doch scheinbar ganz außerhalb des Weltgeschehens liegt. Die Menschen dort waren fasziniert und wollten genau wissen, wie die Erde von oben aussieht, wie man sich fühlt, wenn man von dort auf sie herunterblickt. Sie wollten durch uns dort anwesend sein.

Die Menschen haben ein viel stärkeres inneres Verhältnis zu Gefühlen als zur Technologie. Und stellvertretend durch uns erlebten sie, was sie hätten sehen können. Alleine durch seine Existenz hat das Raumfahrtprogramm die Völker zumindest philosophisch einander nähergebracht. Ganz sicher gehört es zu den großartigsten Bemühungen in der Menschheitsgeschichte.

Der technologische Aspekt dieser Reise jedoch war wie im Falle des Lindbergh-Fluges schnell vergessen. Er wird heute für selbstverständlich gehalten.

Was die Leute bewundern und woran sie sich erinnern, das ist der Wagemut eines Mannes wie Lindbergh, der die Courage hatte, das zu tun. *Selbst heute* würden die meisten nicht tun, was er tat. Er ist der menschliche Geist derer, die es wagten, die Zukunft herauszufordern. Vielleicht waren wir unserer Zeit voraus, als wir zum Mond flogen – aber irgend jemand muß es ja schließlich sein.

WHITE: Einige Leute in Houston erwähnten, im Grunde habe nur das Raumfahrtprogramm den nationalen Geist Amerikas während der sechziger und siebziger Jahre intakt gehalten. Es sei fast so gewesen, als hätten wir über uns hinaus gegriffen, um die Leiden wettzumachen, die wir als Nation zu ertragen hatten.

CERNAN: Das Raumfahrtprogramm war das einzige, was uns erlaubte, den Kopf hoch zu tragen. Als Neil auf dem Mond umherging, wäre man überall auf der Welt als Amerikaner ein Held gewesen, vielleicht sogar in vietnamesischen Gefängnissen.

Es ist etwas Besonderes daran. Während der Arbeit an der Apollo-Soljus-Mission, waren Alan Bean und ich die einzigen, die tatsächlich auf dem Mond gewesen waren. Die russischen Kollegen konnten ihre Begeisterung nicht unterdrücken: «Da ist ein Mann, der mit seinen Füßen eine andere Welt betreten hat.»

WHITE: Das ist ein universales Gefühl.

CERNAN: ... Bis zu einer neuen Motivation werden wir nicht zum Mond zurückkehren, aber einmal wird es doch wieder geschehen. Über 240 000 Meilen in den Weltraum reisen, wird stets eine einzigartige Leistung bleiben, aber es wird geschehen. In den Weltraum zu fliegen, ist fast zur Routine geworden, zumindest zu einem annehm-

baren Risiko. Doch sollte man daran denken, daß die Reise über den nahen Weltraum hinaus, das Loslösen von der «Routine» unseres Planeten und der Flug hinaus ins Universum philosophisch doch immer noch etwas anderes sein werden.
WHITE: Ich nehme an, es ist ein Unterschied zwischen Erkunden und Entwickeln. Walt Cunningham (ein Apollo 7-Astronaut) sagte mir, die Shuttle-Astronauten erkunden im Grunde nicht den Weltraum, sie entnehmen ihm Stichproben.
CERNAN: Ich glaube schon, daß sie ihn erkunden. Ebenso bedeutsam ist jedoch: Sie beginnen, ihn auf eine positive und angemessene Weise zu nutzen. Wirtschaftliche Nutzung ist jetzt einer der Anreize. Doch Walt hat recht: Im wahren Sinne des Wortes erkunden sie nicht. Wir müßten zurück zum Mond oder müßten zum Mars gehen, um wieder richtige Entdecker zu sein.
WHITE: Sind Sie aus dem Raumfahrtprogramm ausgeschieden, weil es keine Entdeckertätigkeit mehr betreibt?
CERNAN: Der Shuttle ist immer noch ein Weltraumabenteuer. Ich wäre geblieben, um den Shuttle zu fliegen, nicht nur um im Orbit Sonnenauf- und -untergänge zu erleben; schließlich bin ich Pilot. Doch hätte ich fünf bis sechs Jahre warten müssen, um den Shuttle fliegen zu können, und ich meine, daß ich doch jetzt schon der glücklichste Mensch der Welt sein muß; was kann ich denn sonst noch tun?

Wenn wir dicht vor einer Mission zum Mond oder Mars stünden, das wäre etwas anderes. Ich glaube nicht, daß ich den Wunsch verspürt hätte, ein zweites Mal neunzig Tage im Skylab zu verbringen. Als man zum ersten Male nach oben ging, das war wirklich Erkunden.
WHITE: Trifft es zu, daß Sie jetzt für Firmen arbeiten, die sich mit der Entwicklung des Weltraums befassen?
CERNAN: Ja, mit Unternehmen, die auf die eine oder andere Weise etwas mit dem Weltraum zu tun haben. Doch muß ich eingestehen, daß es manchmal schwierig ist, eine vergleichbare Herausforderung zu finden ...

Alan L. Bean

Apollo 12, Skylab 3

Alan Bean war Pilot des Mondmoduls auf Apollo 12 am 14. November 1969. Später war er Kommandant der Skylab 3 Mission. Insgesamt verbrachte er knapp siebzig Tage im Weltraum, darunter fast zehn Stunden mit einer EVA außerhalb seines Raumschiffs. Seit seinem Ausscheiden aus dem Korps der Astronauten hat er einen für ehemalige Astronauten ungewöhnlichen Weg eingeschlagen – er wurde professioneller Künstler. Alles, was er bildlich darstellt, hat mit der Erkundung und Entwicklung des Weltraums zu tun. Mein Gespräch mit Bean fand am 28. Juli 1986 statt.

WHITE: Läßt sich das Skylab Erlebnis mit dem der Apollo-Mission vergleichen?
BEAN: Am deutlichsten fiel mir auf, wie leicht es ist, Interesse und Begeisterung wachzuhalten, solange die zu bewältigenden Aufgaben immer wieder neu sind. Man ist unterwegs zu einem Ziel; Tag für Tag, Stunde um Stunde gibt es neue Anreize, und das ist das Entscheidende einer Mission zum Mond. Es ist ein Trip von etwa zehn Tagen, bei dem unterwegs alles neu ist, ausgenommen vielleicht ein paar Tage auf dem Rückweg, wenn man sich praktisch nur im Gleitflug befindet.

Für Skylab galt das nicht. Die ersten Tage waren verschieden und ebenso die letzten, während dazwischen die Dinge unverändert blieben. Daher war der Einzelne meines Erachtens stärker gefordert, seine ihm aufgetragenen Arbeiten zu verrichten, dabei stets guter Stimmung zu bleiben und auf alles zu achten, was erforderlich ist, um Tag für Tag seine Pflichten tun zu können.
WHITE: Das Erlebnis, im Weltraum zu sein, ist demnach für sich allein nicht neuartig genug, um die Langeweile zu überwinden?
BEAN: Für kurze Zeit ist es neuartig genug, aber dann, wenn man aus dem Fenster blickt – was sonst gibt es da Neues? Es bleibt ein unglaubliches, stimulierendes Erlebnis, jedoch stets auf dieselbe Weise. Wirklich aufregend ist es natürlich, wenn man an bestimmten Tagen das Raumschiff zu einer EVA verläßt. Das macht Spaß und

man genießt es, und man würde es gerne noch öfters tun. Aber eine EVA gehört ja nicht zur Alltagsroutine. Man wacht auf, erledigt die aufgetragenen Experimente und sonstigen Aufgaben und könnte bezüglich der Wahrnehmungen genauso gut auf der Erde sein. Man befindet sich im Zustand der Schwerelosigkeit und weiß das; doch ist das bei Erledigung der täglichen Aufgaben kein wichtiger Aspekt.

WHITE: Und wie ist es mit dem Anblick der Erde? Einige Mondastronauten haben erklärt, es sei ein gewaltiger Unterschied, ob man sie aus großer oder geringer Entfernung sehe. Sind Sie auch dieser Ansicht?

BEAN: Ja, es ist unwirklicher, und das Gefühl des Losgelöstseins von der Erde ist stärker. Auch ist man sich mehr der Gefahr bewußt. Da gibt es schon erhebliche psychologische Unterschiede, ob man weiß, daß man immer und immer wieder die Erde umrundet, oder ob man sich von ihr fortbewegt und es lange dauern wird, bis man wieder zu ihr zurückkehrt. Die Besatzung von Apollo 13 hat erlebt, wie schwierig das sein kann. Tritt ein Problem auf dem Weg von der Erde weg auf, dann kann man nicht einfach umkehren und nach Hause fliegen. Die Kameraden mußten den ganzen Weg um den Mond herum machen und zurückkehren, in der Hoffnung, daß die Brennstoffvorräte lange genug reichen würden, was bei dieser Mission gerade noch klappte.

WHITE: Und wie war es mit der Landung auf dem Mond? Einige Astronauten sprachen von dem sehr großen Gegensatz zwischen der Erde und dem Mond, zwischen einem lebendigen Planeten, der Leben ermöglicht, und einem toten Planeten, der das nicht tut. Hat das Ihr Erlebnis beeinflußt?

BEAN: Im Augenblick der Landung eigentlich nicht. Auch zu Hause in den Vereinigten Staaten war ich schon an Orten, wo kein Mensch sonst außer mir selbst und ein oder zwei Freunden sich aufhielt. Den Gegensatz habe ich erst bemerkt, als wir wieder auf der Erde anlangten und durchs Fenster sahen, wie die Wellen des Ozeans wogten, die Wolken dahinzogen und das Bergungsschiff näher kam. Und selbst dann war es eher die Erkenntnis, daß ich während der vergangenen zehn Tage nichts dergleichen gesehen hatte. Nicht, daß ich das alles vermißt hätte, nachdem wir gestartet waren. Erst nach der Rückkehr machte mir ein Blick in die Runde bewußt, daß ich alle diese Dinge während der voraufgegangenen zehn Tage entbehrt hatte.

WHITE: Sie unternahmen vom Skylab aus eine EVA. Das Umhergehen auf dem Mond ist eine andere Art von EVA. Stellten Sie einen auffallenden Unterschied fest?

BEAN: Ich glaube, eine EVA außerhalb eines Raumschiffs wie dem Skylab erinnert mehr an Science fiction, weil es mit nichts vergleichbar ist, was man vorher getan hat. Würde man während des Fluges ein Flugzeug verlassen und an seinen Tragflächen entlang kriechen, dann wäre das etwa so wie bei Skylab. Das Herumspazieren auf dem Mond gleicht eher einem Erlebnis, bei dem man in gleißendem Licht oder in tiefer Dunkelheit in fremdartigen Gebieten durch Staub marschiert. Wegen der großen Entfernung zur Erde und der Tatsache, daß es sich tatsächlich um den Mond handelte, habe ich viel häufiger und tiefer über meine Spaziergänge auf dem Mond nachgedacht als über meine EVA vom Skylab aus.

WHITE: Ich habe Jerry Carr gefragt, ob er über seinen Aufenthalt im Weltraum viel nachgedacht habe, oder ob der mehr zu seinen verborgensten Gedanken gehöre. Er antwortete, irgend etwas pflegte von Zeit zu Zeit seine Gedanken zu stimulieren, und dann würde alles wieder vor ihm auftauchen. Haben Sie auch diese Erfahrung gemacht, oder ist das etwas, worüber Sie immer wieder nachdenken, um es zu einem festen Bestandteil Ihres Lebens zu machen?

BEAN: Als Künstler, der seine und anderer Leute Erlebnisse auf dem Mond malt, und zwar täglich mehrere Stunden lang, denke ich darüber vielleicht häufiger nach als andere, meistens jedoch in Augenblicken wie diesem, wenn man mich darüber befragt. Mehrmals im Monat halte ich Vorträge, bei deren Vorbereitung ich mir natürlich Gedanken mache, was für die Zuhörer wirklich interessant wäre.

WHITE: Die Situation ist ja irgendwie ungewöhnlich, weil bisher nur wenige Menschen im Weltraum gewesen sind. Denkt man an den Aufenthalt auf dem Mond, wird man sich bewußt, daß bisher nur zwölf Menschen dort gewesen sind. Das ist doch eine Belastung für die Astronauten, wenn alle von ihnen wissen wollen, wie es dort oben war ... Glauben Sie, daß die Medien eine gewissermaßen mythologische Beschreibung des Weltraumerlebnisses vermitteln? Vorhin sagten Sie, die Leute wollten mehr erfahren, als eigentlich da ist.

BEAN: Ich sagte, mehr als *vielleicht* da ist. Ich weiß es nicht, vielleicht ist wirklich mehr da. Das mit den Medien halte ich durchaus für möglich. Als Astronaut denkt man im Augenblick des Geschehens an ganz andere Dinge als das, was die Leute nach der Rückkehr von ihm hören wollen. Während der Arbeit droben denkt man wie in einer Einbahnstraße. Man konzentriert sich auf das spezielle Experiment, möchte damit in der vorgeschriebenen Zeit bleiben und zugleich alles beobachten. In dieser Situation tut man viele verschiedene Dinge, die Nachdenken und Geschicklichkeit erfordern, wenn sie richtig getan werden sollen. Das sind die vorherrschenden Gedanken. Nach der Rückkehr wollen die Leute ganz anderes hören. Es ist zwar schön und gut, daß man uns so viel Aufmerksamkeit widmet, doch sind diese philosophischen Gedanken nicht gerade das, woran man während der Ausbildungszeit gefeilt hat. Man denkt darüber erst nach, wenn man befragt wird. Vorher hat man andere Fähigkeiten verbessert.

Das ist so wie mit meiner Malerei. Ich beginne mit braunem Masonit und mit einem Haufen von Farbtuben, die alle gleich aussehen, außer daß sie andersfarbige Etikette haben. Dazu kommen noch ein paar Pinsel. Das ist alles. Und doch – bald nachdem ich diese Materialien benutze, wird das Gemälde zum Astronauten. Tag für Tag trage ich Farbe auf und versuche, die Schatten richtig zu setzen, das Ganze interessant aussehen zu lassen und auf andere technische Überlegungen zu achten. Am Ende möchten die Leute dann darüber sprechen, welche Story das Gemälde erzählt und welches sein verborgener Sinn ist. Ich habe etwas Schönes geschaffen, doch bestand meine Arbeit in ihren einzelnen Phasen nicht darin, Schönes zu schaffen, sondern jedes kleine Detail richtig auszuführen.

WHITE: Was hat Sie denn bewogen, aus dem Raumfahrtprogramm auszuscheiden und sich der Malerei zuzuwenden?

BEAN: Ich habe das Malen schon fünfundzwanzig Jahre lang als Hobby betrieben. Das begann zu der Zeit, als ich Testpilot war und in der Abendschule mit Wasserfarben, Zeichenstift und dergleichen umging. Im Lauf der Jahre habe ich dann bei verschiedenen Lehrern studiert und wurde zu einem etwas überdurchschnittlichen Amateurmaler. Doch hatte ich nie daran gedacht, das Malen zu meinem Beruf zu machen.

Eines Tages fragte mich die Frau meines Anwalts, was ich nach meinem Ausscheiden aus dem Weltraumprogramm tun würde. Ich antwortete, wahrscheinlich würde ich für irgendein Luftfahrtunternehmen arbeiten, und fügte dann hinzu: «Was sollte ich denn Ihrer Ansicht nach tun?» Sie antwortete sofort: «Ich denke, Sie sollten Künstler werden.» Damals schien mir diese Idee verrückt und ich antwortete ihr: «Ich glaube, Sie spinnen.»

Je mehr ich dann jedoch darüber nachdachte, desto klarer erkannte ich, daß sich hier eine einzigartige Chance bot, etwas Bedeutsames zu bewahren. Wenn *ich* nicht die Geburt unseres Raumfahrtprogramms künstlerisch porträtierte, dann würde niemand es tun, weil keiner der anderen Astronauten daran interessiert war. Je mehr ich daran dachte, meine Erlebnisse mit Apollo malend darzustellen, desto mehr gefiel mir der Gedanke, bis mir schließlich klar wurde, daß es genau dies war, was ich in Zukunft tun sollte. Ich schied früher aus dem Weltraumprogramm aus, als ich es bei einer anderen Berufswahl getan hätte, weil es mir nun darum ging, noch genug Zeit zu haben, etwas Repräsentatives zu schaffen ...

Apollo war ein großartiges Abenteuer und eine großartige Leistung des Menschen, der erste Besuch in einer anderen Welt. Ich erkannte, daß die Menschen gern davon erfahren würden und daß ich eine Funktion wie Thomas Moran oder Frederic Remington ausüben konnte. Deren Bilder habe ich oft betrachtet und mich an ihnen erfreut. Denn durch sie wissen wir, wie Cowboys wirklich ausgesehen haben. Sie sehen nicht aus wie John Wayne, sondern so wie Remington sie gemalt hat.

Die echten Astronauten sehen ebenfalls nicht aus wie Filmhelden und werden auch in hundert Jahren nicht so aussehen, wenn es vielleicht einen Film über Apollo geben wird. Ich glaube, einem Bedürfnis der Menschen zu entsprechen, und daß die Leute nach mehreren Generationen sagen werden: «Wie gut, daß dieser Bean aufgehört hat, Raumschiffe zu fliegen, und dann alle diese Bilder gemalt hat.»

WHITE: Würden Sie mir bitte noch etwas über Ihre Tätigkeit in der Association of Space Explorers sagen?

BEAN: Es ist schwer zu beurteilen, welche Wirkung eine solche Organisation haben kann, weil es sich um eine kleine Gruppe handelt und wir außerdem die Einschränkungen kennen, die sowjetischen Kosmonauten auferlegt werden, die ja auch dazu gehören. Meine Besuche in der Sowjetunion haben mir gezeigt: Selbst wenn die Kosmonauten etwas Bestimmtes denken und empfinden, haben sie nicht die Möglichkeit, das frei auszusprechen. Wenn die Kosmonauten klug sind, berichten sie nur, was der Parteilinie genehm ist. Und sie sind klug.

Doch meine ich, daß die Kosmonauten als Privatpersonen es mit dem Weltfrieden und der Zusammenarbeit ernst meinen. Die Arbeit mit den Sowjets hat positive und negative Seiten . . . Auf jeden Fall ist es besser, eine Zusammenarbeit zu versuchen, als von vornherein darauf zu verzichten, weil sie vielleicht nicht funktionieren könnte. Eines Tages werden diese Kosmonauten in ihrem Land vielleicht höhere Positionen bekleiden, und dann kann es sich positiv auswirken, wenn sie unsere Motive kennen.

WHITE: Glauben Sie, euer gemeinsames Erlebnis des Weltraums mit dem Anblick der Erde aus großer Entfernung spielt bei euren Zusammenkünften eine Rolle?

BEAN: Wir treffen uns ja meistens als Privatpersonen. Da gibt es eigentlich keine besonderen Unterschiede, sobald wir spüren, daß wir uns nicht gegenseitig an der Nase herumführen wollen. Man merkt, daß der einzelne Sowjetmensch keinen Krieg mit Kernwaffen wünscht, daß auch er sich darum sorgt, ob seine Kinder ohne Strahlenschäden und dergleichen aufwachsen können. Man erkennt, daß ihre Wortwahl ganz natürlich ist und sie also aufrichtig sprechen. Zugleich jedoch weiß man, daß sie jederzeit das tun werden, was ihre Regierung von ihnen verlangt, ebenso wie wir tun werden, wozu unsere Regierung uns auffordert.

WHITE: Was ist Ihrer Ansicht nach der stärkste Einfluß des Raumfahrtprogramms auf die Gesellschaft?

BEAN: Meines Erachtens hat der Challenger-Unfall die Leute aus folgendem Grund tief getroffen. Das Raumfahrtprogramm hatte den Amerikanern ein Gefühl der Kompetenz vermittelt, daß sie die Nummer eins in der Welt seien und alles tun können, was sie sich vornehmen. Als dann Challenger explodierte, geriet dieses Gefühl unserer Perfektion ins Wanken. Wir waren nicht mehr die Nummer eins, und das gefiel den Amerikanern nicht. Schließlich war der große Erfolg des Raumfahrtprogramms eines der Grundlagen ihres Glaubens an die Führungsrolle Amerikas gewesen.

Ich meine, das Gefühl, wir könnten Großes leisten, hat die größte Wirkung auf die Gesellschaft. Es ist ein Maßstab für das Beste, was unsere Gesellschaft leisten kann, wenn wir es richtig tun. Immerhin tun wir vieles, was nicht eben lobenswert ist. Das Raumfahrtprogramm war eine schwierige Aufgabe, die dennoch funktionierte. Und das verlieh uns ein gutes Gefühl. Gegenwärtig fühlen wir uns nicht so wohl.

WHITE: Wenn es etwas gibt, was die Leser dieses Buches Ihrer Ansicht nach über den Weltraum wissen sollten – was ist es?

BEAN: Ich möchte sagen, die Menschheit wird ins All reisen, ob es einzelnen Menschen oder Nationen recht sein wird oder nicht. Ein Blick in die Geschichte zeigt, daß die Menschen stets dorthin gegangen sind, wohin zu gehen sie in der Lage waren.

Ebensowenig spielt es eine Rolle, ob der Kongreß die finanziellen Mittel dafür verdoppelt oder beschneidet. Für Kolumbus mag es wichtig gewesen sein, ob er 1492 oder 1496 oder 1502 hier landete. Für uns heute ist das ohne Belang. Und so denke ich auch über die Erkundung des Weltalls. Sie ist nun einmal im Gange, und wir brauchen uns keine Sorgen darüber zu machen.

Viele Leute machen sich wegen des Challenger-Unglücks Gedanken. Mir tut es natürlich um die Betroffenen leid. Langfristig gesehen wird es jedoch so sein wie mit den Schiffen, mit denen Magellan um die Welt segelte. Meines Wissens ist nur eines von der Reise zurückgekehrt; doch das haben wir längst vergessen. Wir erinnern uns nur, daß er schließlich die Welt umrundet hat.

Genauso sind wir jetzt auf dem Weg ins Weltall, und das ist wundervoll. Wir sollten uns auf die Auswirkungen vorbereiten und darüber nachdenken, so wie Sie es in Ihrem Buch tun, weil es nun einmal weitergehen wird ...

Edgar D. Mitchell

Apollo 14

Edgar Mitchell wurde 1966 für NASA Gruppe 5 ausgewählt. Er nahm im Februar 1971 als Modulpilot an der Mondlandung von Apollo 14 teil. Insgesamt verbrachte er neun Tage im All, was ihm tiefgreifende Erlebnisse bescherte. Nach seinem Abschied von der NASA gründete er das Institute of Noetic Sciences zur Förderung des menschlichen Bewußtseins. Außerdem schrieb er ein Buch über SDI. Nachfolgend die Rekonstruktion meines Interviews mit D. Mitchell in Palm Beach, Florida, am 18. November 1986.

WHITE: Alle bisherigen Interviews für mein Buch haben bestätigt, daß meine Ausgangsidee richtig, jedoch bei weitem zu einfach war. Die Vielfalt der Erlebnisse ist erheblich größer, als ich erwartete.

MITCHELL: Das möchte ich bestreiten. Die Vielfalt der *Interpretation* der Erlebnisse ist sehr viel größer, die Erlebnisse selbst sind dieselben. Ich habe eine ganze Philosophie um die Feststellung aufgebaut, daß das Erleben als solches für jeden Menschen gleich ist. Das Problem ist nur, wie der Betreffende es deutet und ausdrückt.

Das hängt mit der persönlichen Weltanschauung zusammen, dem Schlüssel für alles, wie man Geschehnisse sieht und interpretiert. Akzeptiert sie die neuen Informationen als unterschiedlich, dann erweitert sie sich. Verschließt sie sich ihnen und gibt sich mit den bisherigen Anschauungen zufrieden, dann lehnt der Mensch die Informationen ab, und es geschieht nichts.

Die Information kann aber auch als zu große Herausforderung oder Bedrohung empfunden werden. Dann wird sie abgelehnt und verdrängt. Andererseits kann sie von der Weltanschauung absorbiert und verarbeitet werden, was eine neue Sicht der Dinge bewirkt.

Für mich liegt darin der Unterschied zu dem, was uns im Weltall widerfuhr. Einige Raumfahrer nahmen das Erleben an, zeigten sich für alles aufgeschlossen und bemühten sich, den Sinn zu erforschen. Andere dagegen hatten fertige Antworten auf alle Sinnfragen. Die neuen Informationen, die sie erhielten, änderten ihre Auffassung überhaupt nicht.

WHITE: Ich habe das Raumfahrterlebnis in zwei Arten aufgeteilt. Einige Leute hatten ein Erlebnis der *Bestätigung*. Ihnen wurde *bestätigt,* was sie bereits wußten – daß die Erde ein Ganzes ist, fragil, und dergleichen mehr. Andere, zu denen ich auch Sie zähle, erlebten eher eine *Bekehrung,* eine Verschiebung zu einer neuen Denkweise. Sie haben doch beispielsweise immer davon gesprochen, Sie seien ein ausgesprochen wissenschaftlich und rational denkender Testpilot gewesen, der erst nach dem Weltraumerlebnis zu einer intuitiveren Denkweise gelangt sei.

MITCHELL: Aber das ist doch dasselbe Phänomen. Ich war stets der Philosophie zugeneigt, interessierte mich für fundamental kosmologische und theologische Fragen. Das gehörte jedoch nicht zu meinem Alltag, denn ich war Testpilot und Ingenieur. Dann jedoch geschah folgendes. Mein Weltraumerlebnis beförderte mich explosionsartig zum anderen Ende des Spektrums. Darauf war ich vorbereitet, da ich von Natur aus neugierig bin und alles in Frage stelle.

Ich hatte keine vorgefaßte weltanschauliche Meinung über den Sinn meiner Erlebnisse und wußte vorher, was ich sehen würde. Die *Bedeutung* hat sich jedoch gewandelt. Und das ist die Rolle des Systems von Wertvorstellungen, der Weltanschauung, wenn es gilt, die Informationen aufgrund der unterschiedlichen Sicht zu einer anderen Struktur zu organisieren.

Damit habe ich siebzehn Jahre verbracht. Für einige von uns war der Raumflug ein sehr eindrucksvolles Erlebnis, weil wir für alles, was es bedeuten konnte, sehr aufgeschlossen waren, ohne vorwegzunehmen, was es sein könnte. Das mag der Grund dafür sein, daß einige Kameraden, mit denen Sie gesprochen haben, es als Bestätigung empfanden. Das waren Astronauten späterer Missionen. Wir hatten ihnen zuvor die entsprechenden Informationen vermittelt, darum waren sie vorbereitet auf das, was sie sahen. Wahrscheinlich verarbeiteten sie noch mehr Informationen, wenn sie aufnahmebereit waren und sagten: «Wir wollen uns das doch mal ansehen.»

Für mich besteht der Unterschied, ob man zu einem «Aha»-Erlebnis kommt oder nicht, darin, ob es die eigenen Strukturen ein wenig verändert. Erhältst du ein Gespür für Freiheit und innere Bereicherung, weil du eben etwas erlebt hast, was sich von allen bisherigen Erlebnissen und Anschauungen unterscheidet?

Wir haben stets von «Gipfelerlebnissen» gehört, in der Dichtung, bei großen Kunstwerken und dergleichen. Du siehst etwas, was dich anrührt und dich auf eine höhere Seinsebene erhebt, weil dein Organismus eine neue Information aufgenommen hat. Für mich ist dies das Entscheidende. Wenn ich vielleicht meine Empfindungen etwas anders ausgedrückt habe als einige Kameraden, dann wohl deswegen, weil ich aufgeschlossener war, bereiter für das Neue, weil ich auf etwas wartete. Ich sagte mir: «Das wird eine großartige Sache werden, und ich will doch mal herausfinden, was es bedeutet.» Ich hielt nach dem verborgenen Sinn Ausschau, wollte nicht nur objektive Beobachtungsdaten sammeln. Ich war offen für alles und erhielt auch alle benötigten Informationen, um einen neuen Sinn zu finden. Doch habe ich sechzehn Jahre gebraucht, um sie in den richtigen Zusammenhang zu bringen und etwas zu tun, was mich befriedigt.

Ich kann heute so klar über diesen Prozeß sprechen, weil ich ein ähnliches Erlebnis in einem Flugzeug auf dem Rückflug von San Francisco hatte. Alles, was mich als Ergebnis des Raumflugerlebnisses verwirrt hatte, wurde plötzlich als Resultat meines sechzehnjährigen Nachdenkens in einen Kontext gebracht.

WHITE: Haben Sie im Flugzeug einfach dagesessen oder aus dem Fenster geschaut?

MITCHELL: Nun ja, es gab schon einen kleinen Anstoß. Ich hatte an einigen philosophischen Konzepten gearbeitet, und urplötzlich, «Klick», rasteten sie alle an der richtigen Stelle ein. Das Raumfahrterlebnis hatte mir eine Flut von Informationen vermittelt, die mich veranlaßten, meine Anschauungen zu überprüfen und mich zu fragen: «Paßt das alles noch so zusammen, wie ich es mir bisher vorgestellt hatte?» Die Antwort war nein. Also mußte ich meine Anschauungen neu strukturieren, wobei mir jedoch noch einige Teile fehlten. Jetzt jedoch hat sich alles zusammengefügt, und ich bin so froh darüber. Es ist ein wunderbares Erlebnis, ein Gefühl, daß ich jetzt alles erklären kann. Ich bin glücklich, daß meine Weltanschauung wieder voll integriert ist. Vorher konnte ich noch nicht alle losen Enden zusammenfügen. Aber jetzt ist es mir geglückt, wie ich meine.

WHITE: Sie haben immer gesagt, das Raumfahrterlebnis beginne nicht erst, wenn man an Bord des Raumschiffs geht, und ende auch nicht mit der Landung. Sie haben viele Jahre damit verbracht, etwas zu interpretieren, was nur ein paar Tage dauerte.

MITCHELL: Diese Verhaltensweise, von der Sie sprechen – und ich hoffe, mein nächstes Buch wird mehr darüber aussagen –, wird die Psychologie und den bewußtseinsändernden Aspekt des Raumfahrterlebnisses stärker und bedeutungsvoller herausstellen, als bisher beschrieben. Die große Wirkung liegt gerade in dieser veränderten Anschauung und in dem, was dies für die Befähigung des Menschen impliziert. Bis vor zwanzig Jahren waren alle Philosophen, Denker, Wissenschaftler und Dichter an die Erde gebunden und ihre Anschauungen auf die Erde fixiert. Ein Raumflug ist eines der eindrucksvollsten Erlebnisse, die der Mensch überhaupt haben kann, und das Sprengen der Fesseln der Erde ist wegen dieser Perspektive viel bedeutsamer als die dafür aufgewendete Technologie.

Die Historiker mögen entscheiden, ob der Unterschied so bedeutend ist. Für mich ist Raumflug eine Metapher für die Technologie des zwanzigsten Jahrhunderts, in dessen Verlauf Naturwissenschaften und Technologie einen geradezu explosiven Aufschwung erlebt haben. Unser Pech ist nur, daß unser System von Moral- und Wertvorstellungen immer noch im dreizehnten oder vierzehnten Jahrhundert wurzelt. Der Flug in den Weltraum, das Loslösen von der Erde und ihr Anblick aus einer anderen Perspektive, diese Art explosiven Gewahrseins, die einige von uns erlebten, diese bleibende Sorge und das Mitgefühl für das Wohlergehen unseres Planeten – mit Ihren Worten also ein universalerer Standpunkt – alles das wird unsere Weltanschauung und Wertvorstellungen unmittelbar beeinflussen.

Wir beginnen ja jetzt erst, eine strukturierte Weltanschauung zu entwickeln. Denn aus der Philosophie muß ja nicht nur der physikalische, sondern auch der metaphysische Aspekt hervorgehen. Die Metaphysik muß das Wertesystem schaffen, mit dem wir die Technologie des zwanzigsten Jahrhunderts lenken. Noch haben wir es nicht, doch es muß bald kommen. Sonst wären wir ein steuerloses Schiff im Ozean.

Was Sie als Overview bezeichnen, empfinde ich als plötzliche Ausdehnung eines universaleren Gewahrseins, als Explosion der Weltanschauung. Für mich ist es ein sehr bedeutsames psychologisches Geschehen, mit Wirkungen nicht nur auf die Psychologie, sondern auch auf die Philosophie und moralische Systeme. Die Psychologie kann es näher untersuchen. Was dabei jedoch herauskommt, ist eine neue Metaphysik.

WHITE: Haben Sie sich inzwischen auch wieder einmal mit der erdgebundenen Philosophie beschäftigt, um zu sehen, wie sie als Grundlage da hineinpaßt?

MITCHELL: Das habe ich seit meinem Raumflug ständig getan. Ich habe mich praktisch mit allen Richtungen von Philosophie und Theologie beschäftigt und mich auch dem Studium fernöstlicher Überlieferungen zugewandt. Descartes, Locke und Spinoza waren auf der richtigen Spur, wenn sie aufzuzeigen versuchten, daß das Universum Geist *und* Materie ist, nicht Geist *oder* Materie. Diese Integration steht meines Erachtens nahe bevor. Wir brauchen eine Philosophie, die das tut, was Descartes und Spinoza nicht vermochten, nämlich aufzuzeigen, daß es keine undurchlässige Membran zwischen Bewußtsein und Materie gibt. Es ist vielmehr eine Paarheit, eine Dyade.

Beides gehört zusammen, muß zusammen entstehen. Sie sind wie die Pole eines Magneten; man kann nicht nur den Nordpol oder den Südpol allein haben, sondern Nordpol *und* Südpol. Es ist ein dyadisches Konzept, und aus dieser Perspektive befasse ich mich damit. Ich beschäftige mich auch mit der Phänomenologie des zwanzigsten Jahrhunderts und der Perspektive, die sie hervorbringt.

Meine jüngste Erfahrung ergab sich aus meiner Erkenntnis, daß der dyadische Ansatz plötzlich alles zusammenfügt und man die meisten Paradoxa der alten Kosmologie beiseite lassen kann. Sie erweisen sich als sinnlos oder einfach als ein Standpunkt, aus dem ein Paradox entstehen kann. Nimmt man einen anderen Standpunkt ein, ergibt sich ein anderes Paradoxon. Erkennt man jedoch, daß es nichts als ein x-beliebiger Standpunkt ist, dann verschwindet das Paradoxon.

WHITE: In einem Artikel in *Omni* heißt es, Sie hätten auf dem Rückflug vom Mond beim Anblick der Erde erkannt, daß Geist und Materie nicht getrennt sind.

MITCHELL: Das kann ich heute besser erklären, seit ich über eine Struktur verfüge, innerhalb deren ich es beschreiben kann. Es geschah einfach folgendes: Ich wußte auf einmal, daß die materialistische Anschauung, alles sei nur das Ergebnis von Materie, nicht die richtige Philosophie ist. Sie schloß das Bewußtsein aus, und das war falsch. Was mir widerfuhr, war eine echte Bewußtseinserfahrung. Es stellt sich also die Frage: Haben die Idealisten recht? Kann man eine in sich stimmige Philosophie schaffen, in der Materie eine Projektion des Geistes ist?

Natürlich haben wir alle das getan. Überall in der Welt gibt es Formen des Theismus, der diese Linie verfolgt. Also muß man sich wieder der Anschauung von Descartes zuwenden, die jedoch niemals voll entwickelt und zu einem Ganzen zusammengefügt wurde. Wir mußten auf die rechten Begriffe warten, und die entstanden erst in unserem Jahrhundert. In diesem Jahrhundert, so meine ich, können wir Geist und Materie in einer stimmigen Philosophie vereinen, die einen wirklichen Sinn ergibt. Und das ist es, was ich zu tun versuche.

WHITE: Enthält Ihre Methode eine Definition von Bewußtsein?

MITCHELL: Ja, alles hängt von der Genauigkeit der Definition ab. Das war eines der Probleme früherer Philosophien, die Definitionen mit Denkprozessen vermengten. Dadurch ergaben sich Nebenbedeutungen von Worten, die alles komplizierten. Die damaligen Philosophen versuchten zu erfahren und gleichzeitig zu beschreiben, und das kann man nicht. Man muß zunächst eine Erfahrung haben und alle vorgefaßten Meinungen über ihren Sinn ausschalten. Anschließend erst läßt sich die Erfahrung deuten. Wenn man aus dem Empirismus der Naturwissenschaft lernen kann, vor allem der unseres Jahrhunderts, dann ist diese Methode sehr ergiebig. Als Philosophie taugt die Naturwissenschaft nichts, als Methode ist sie hervorragend. Zu lernen, wie diese naturwissenschaftliche Methode auf die eigenen Beobachtungen und das Bewußtsein angewandt werden kann, ist ein ganz entscheidender Teil des Vorgangs. Man darf nicht interpretieren und erklären, während die Erfahrung noch nicht abgeschlossen ist. Auf diese Weise gehen Daten verloren.

WHITE: Stimmt meine Annahme, daß Ihr Aufenthalt im Weltraum der Erfahrungsteil war und alles andere seither Interpretation?

MITCHELL: Ja.

WHITE: Es ist vernünftig, das zu tun. Bei wissenschaftlichen Experimenten würde uns das selbstverständlich erscheinen, niemals jedoch bei unseren eigenen Erfahrungen.

MITCHELL: Genau das will diese philosophische Methode erreichen,

und deshalb wurde das subjektive Erleben in der Vergangenheit nicht als gültig akzeptiert. Erfahrung und ihre Deutung werden ständig vermengt. Die Deutungen sind oft unsinnig, doch die Erfahrung bleibt bestehen. Man muß sich schulen, Beobachter und Interpret des eigenen subjektiven Erlebens zu sein, so wie man sich schult, Experimentator und Interpret eines physikalischen Experiments zu sein. Das ist nur eine andere Art der Schulung.
WHITE: Das wußten Sie aber noch nicht, bevor Sie zum Mond flogen?
MITCHELL: Nein. Ich hatte das für einen Dr. phil. vom MIT und einen Testpiloten typische Wissen, und das alles mußte zunächst einmal geordnet werden. Was ich tat, geschah rein zufällig, wobei ich nicht einmal wußte, was ich tat. Ich saß bei diesem Erlebnis einfach da und sagte: «Irre... toll!», ohne zu versuchen, daraus für mich etwas Neues zu machen.
WHITE: Ich habe die Ansicht vertreten, Erfahrungen hätten normalerweise keine transformierende Wirkung, weil wir sie in unser schon vorhandenes Modell einfügen können. Das versuchen wir auch beim Flug in den Weltraum. Anders als bei erdgebundenen Erfahrungen, gelingt uns das jedoch nicht. Wir werden gezwungen, das zu tun, was wir nach Ihren Aussagen öfters tun sollten.
MITCHELL: Ich möchte Ihnen nur in diesem einen Punkt widersprechen. Wir werden dazu nicht *gezwungen*. Wer eine bestimmte Erfahrung nicht akzeptieren *will*, hat die vollkommene Kontrolle über sein Glaubenssystem und seine Erfahrungen. Man sollte also besser *erlauben* statt zwingen sagen. Der eigenen Weltanschauung wird erlaubt, sich der Information dieser Erfahrung zu öffnen und zu sagen: «Das ist doch wirklich interessant, nicht wahr?»
WHITE: Was den Informationswert des Erlebens angeht, so scheint mir der Flug zum Mond eindrucksvoller zu sein als der im Erdorbit.
MITCHELL: Sagen wir lieber, er ist anders – eine andere Gruppierung von Informationen. Sie sagen «eindrucksvoller». Ich verwende einen anderen Begriff: Die Entfernung und der umfassendere Blick bringen uns einer universalen Erfahrung näher. Man identifiziert sich mehr mit dem Universum als mit der Erde.

Dyadisch ausgedrückt: Es ist die Dyade individuell/universal. Auf dem breiten Spektrum des Bewußtseins kann man an jeder beliebigen Stelle irgendwelche Standpunkte einnehmen, wobei die meisten

Menschen sich um individuelle Standpunkte scharen. Das Erlebnis der Reise zum Mond hat uns zum anderen Ende des Spektrums katapultiert.

WHITE: Darin scheinen sich typische Anschauungen des spirituellen Prozesses widerzuspiegeln. Der spirituelle Wachstumsprozeß neigt zur Identifizierung mit umfassenderen, ganzen Systemen.

MITCHELL: Ja. Ich möchte hier das Wort *spirituell* nur beiläufig verwenden. Wenn es darum geht, bestimmte Dinge philosophisch genau zu definieren, dann benutze ich das Wort nicht. Ich möchte seinen Zusammenhang mit dem Bewußtsein aufzeigen und setze diesen Begriff daher dort ein, wo er unsere Fähigkeit zum Gewahrwerden ausdrückt. Wir sagen ja auch, wir seien uns einer Sache bewußt.

Ebenso wie das Energiefeld der fundamentale Stoff ist, aus dem die Materie entsteht, ist das Bewußtseinsfeld der fundamentale Stoff, aus dem Gewahrsein entsteht. So wie die Physiker ihr Quantenfeld haben, versuche ich, das Bewußtseinsfeld zu beschreiben, das die Informationen ebenso organisiert, wie das Quantenfeld Energie und Materie organisiert.

Auf ähnliche Weise organisiert das Bewußtsein Informationen, weshalb es mit der Materie eine Dyade bildet. Alle Materie ist auf einer bestimmten Ebene ihrer Organisation bewußt, wobei das Elektron nur wenig organisierte Information besitzt, jedoch immer noch einen bestimmten Informationsinhalt. Sie erkennen daran, wie nahe wir da der Physik kommen. Der Geist ist organisiertes Bewußtsein. Er ist ein auf besondere Weise organisiertes Bewußtseinsfeld mit gewissem informatorischen Inhalt.

WHITE: Wie paßt Perspektive da hinein?

MITCHELL: Der persönliche Standpunkt oder die Weltanschauung ist dann nur ein konstruiertes Gebilde des Geistes, das die Informationen der Erfahrung organisiert.

WHITE: Wenn man also den Standpunkt wechselt, von dem aus man eine Erfahrung hat –

MITCHELL: Der Informationsgehalt ändert sich, und damit die gesamte Anschauung, die irgendwie in die neue Weltanschauung, in eine stimmige Wirklichkeitsstruktur integriert werden muß. Daran leidet das ganze Gebiet der Bewußtseinsstudien, weil es im Gegen-

satz zur Naturwissenschaft nicht präzise ist. Es muß erst noch so präzise wie die Naturwissenschaften gemacht werden.
WHITE: Und das ist Ihr Ziel?
MITCHELL: Ja, das ist mein Ziel.

Edward G. Gibson

Skylab 4

Ed Gibson, ein Sonnenwissenschaftler, gehörte zur dreiköpfigen Crew von Skylab 4 während der dritten und letzten Mission in den Jahren 1973–74. Sie stellte einen amerikanischen Rekord auf – vierundachtzig Tage im Orbit. Skylab war die erste und einzige amerikanische Raumstation. Sie nutzte wiederverwendbare Apollotechnologie und war weniger hoch spezialisiert, als die für die neunziger Jahre geplante permanente Raumstation es sein wird. Doch verschaffte sie uns erste Eindrücke davon, wie es Menschen ergehen wird, die längere Zeit im Weltraum verbringen. Ich habe Gibson am 15. August 1985 telefonisch interviewt.

WHITE: Hat Ihr Aufenthalt im Skylab ihre Anschauung vom Leben verändert?
GIBSON: Ja und nein. Man muß darüber mit Vorsicht sprechen, weil oft die Natur der beteiligten Personen dafür ausschlaggebend ist und nicht der Raumflug allein. Bedenken Sie, daß wir acht Jahre lang gewissermaßen Schlange gestanden haben, um an einer Mission teilnehmen zu dürfen. Wenn es dann soweit ist, dann ist das wie ein zweifacher Doktortitel. Man empfindet zweierlei: Euphorie über das endlich Erreichte, und dann Erschlaffung, weil man es geschafft hat und nun nach neuen Zielen suchen muß. Das ist typisch für derlei Erfahrungen und nicht nur auf den Weltraum oder das Raumfahrtprogramm beschränkt.

Es gibt Bereiche, in denen sich wirklich etwas ändert. Erstens ist man nach dem Aufenthalt im All in der Lage, das physikalische Universum wirklich zu beschreiben. Es ist nicht mehr nur eine begriffliche Vorstellung. Man hat tatsächlich die Farben und die physikalische Substanz der Erde gesehen. Nachdem ich nunmehr die roten windgepeitschten Wüsten Nordafrikas und andere typische Erdregionen gesehen habe, besitze ich ein körperliches Gespür für sie, das sich von den Erfahrungen hier unten auf der Erde unterscheidet, ausgenommen kurze Aufenthalte in Flugzeugen.

Dann sieht man auch die Sonne vor dem Hintergrund des tiefschwarzen Himmels und wird sich darüber klar, daß sie nur einer von unzähligen Sternen ist. Man kann jetzt besser schätzen, was wir hier auf Erden haben und was draußen im Universum möglich ist. Es ist etwa so, als habe man immer nur die Beschreibung eines Rosengartens gehört und besuche dann wirklich einen. Dort sagt man dann: «Aha, das also ist ein Rosengarten!»

WHITE: Haben Sie diese Empfindungen seit Ihrem Flug im Skylab beibehalten?

GIBSON: In gewissem Sinne, ja. Andere Dinge haben nun nicht mehr so viel Bedeutung. Man sieht, wie winzig das eigene Leben und die Sorgen sind im Vergleich zu anderen Dingen im Universum. Natürlich sind Ihr Leben und Ihre Sorgen für *Sie selbst.* Doch sieht man ein, daß viele Dinge, um die man sich Gedanken macht, in einem umfassenderen Sinne nicht wirklich ins Gewicht fallen. Daher genießt man das Leben, das man noch vor sich hat. Man müht sich nicht mehr gar so sehr, den nächsten Meilenstein zu erreichen, fühlt sich wohler. Der Dampf ist raus. Mit der anderen Perspektive ist der Mensch nicht mehr frustriert, weil er vermeintlich keine Zukunft hat. Er hat echten inneren Frieden gefunden.

WHITE: Hat es dabei eine Rolle gespielt, daß es eine so lange Mission war?

GIBSON: Ja, diese Gefühle haben sich festgesetzt, obwohl wir Probleme mit der Bodenkontrolle hatten, die unsere Mission so streng zu reglementieren versuchte, daß wir wenig Zeit zum Nachdenken hatten.

WHITE: War das Beobachten der Erde so wichtig, wie in einigen Berichten dargestellt?

GIBSON: Ja. Wir hatten nicht genug Zeit dafür. Es gab viele Anweisungen für Erdbeobachtungen, und wir verbrachten ziemlich viel Zeit mit Absprachen mit den leitenden Wissenschaftlern über das, was wir beobachten sollten. Es gab immer wieder etwas Neues zu sehen. Man konnte beispielsweise die sehr dünne Atmosphäre sehen. Interessanterweise ist immer wieder davon die Rede, wie überfüllt die Erde sei. Aber oft konnte man gar nicht sagen, ob ein Kontinent bewohnt sei, bis man eine kleine isolierte Stadt erkannte.

WHITE: In einigen Berichten heißt es, man hätte sehen können, wie alles miteinander verwoben ist.

GIBSON: Ja. Man lernt, daß man nichts von Meteorologie wissen kann, ohne Ozeanographie zu verstehen, und so weiter.

WHITE: Würden solche Erkenntnisse auf einer permanenten Raumstation vertieft werden?

GIBSON: Wahrscheinlich. In einer Raumstation werden die Leute mehr Zeit haben, darüber zu sprechen und nachzudenken. Das könnte einen wesentlichen Unterschied ausmachen.

WHITE: Und was halten Sie von der Zukunft? Wie könnten die Erlebnisse der Astronauten die Anschauungen der ganzen Gesellschaft verändern?

GIBSON: Wenn wir nach der Rückkehr aus dem Weltraum unsere Erfahrungen austauschen, dann ist das so wie ein Tropfen Farbstoff im Ozean; er löst sich schnell auf. Meines Erachtens haben die Bilder von der Erde Eindruck hinterlassen. Doch wird die Wirkung wie bei einer Osmose lange Zeit auf sich warten lassen. Je mehr Menschen in den Weltraum fliegen, desto mehr Wirkung wird das haben. Andererseits werden die Weltraumflüge mit zunehmender Zahl weniger Publizität erhalten.

WHITE: Und wie steht es um die Wirkung der EVAs?

GIBSON: Ich habe dreimal eine EVA unternommen. Zum Vergleich mit anderen Raumflugerfahrungen kann man sagen: Es ist wie der Unterschied, ob man auf einem hohen Gebäude steht und über die Brüstung blickt, oder ob man an der Brüstung hängt, während Sie jemand an den Fußgelenken festhält. Das verändert die Perspektive. Da befindet man sich wirklich ganz im Freien, hat das Gefühl, selbst ein Satellit zu sein. Da spürt man das Herz kräftig schlagen. Man begreift, daß man ganz persönlich mit dem Universum konfrontiert ist, und man fühlt sich wirklich als Individuum.

Gerald P. Carr

Skylab 4

Gerald Carr war Kommandant der dreiköpfigen Besatzung von Skylab 4, mit Bill Pogue und Ed Gibson an Bord. Seither ist er als Berater für die geplante permanente Weltraumstation tätig. Er ist mit einer Künstlerin und Psychologin verheiratet, und beider Tätigkeit hat bedeutsamen Einfluß auf die Struktur künftiger Weltraumsiedlungen. Nachfolgend eine Rekonstruktion meines telefonischen Interviews mit Carr am 6. Februar 1986. Es war das erste Interview für dieses Buch nach der Challenger-Katastrophe.

WHITE: Könnten Sie zunächst etwas über Ihre Tätigkeit für das Raumfahrtprogramm sagen?
CARR: Ich war Raumkapsel-Kommunikator auf Apollo 8 und Apollo 12. Wahrscheinlich wäre ich auch an Bord von Apollo 19 gewesen, wenn man diese Mission nicht abgesagt hätte. Für mich war es ein schwarzer Tag, als das Apollo-Programm gekürzt wurde. So wie die Dinge sich entwickelten, war ich dann Kommandant der Skylab-Crew, und ich glaube, mit Skylab einen größeren Beitrag geleistet zu haben, als es bei Apollo der Fall gewesen wäre.
WHITE: Wie meinen Sie das?
CARR: Wir begannen damit, uns im Weltraum ökonomisch zu verhalten. Militärisch ausgedrückt: Der Mensch hatte einen Brückenkopf errichtet, von dem aus er seine Präsenz im All ausweiten konnte. Wir begannen uns mit der Frage zu befassen, was erforderlich ist, um ständig im All zu leben. Wir hatten daher die Aufgabe, zunächst die Wirkung von Null-G auf den Körper zu studieren und zu untersuchen, ob wir uns diesbezüglich Sorgen machen mußten. Insbesondere prüften wir nachteilige Auswirkungen auf das Herz/Kreislaufsystem und die Abnahme der Knochensubstanz. Beide Mechanismen deuten darauf hin, daß es für die Länge des Aufenthaltes im All Grenzen gibt.

Zweitens sollten wir uns die Sonne von außerhalb der Erdatmosphäre ansehen und drittens die Erde von oben daraufhin anschauen, ob es da noch unentdeckte Bodenschätze gibt. Das war gewisserma-

ßen die Konsolidierung des Brückenkopfes. Wir gingen nachsehen, was man dort zum Leben braucht, und konnten den bisherigen Wissensstand erheblich erweitern. Außerdem konnten wir dabei viele Ausrüstungen aus den Vorratslagern von Apollo verwenden, ausgenommen den MDA (multiple docking adapter = multiples Gerät zum Andocken an eine andere Raumkapsel).
WHITE: Ich hatte im Johnson Raumfahrt Center Gelegenheit, mir alle Modelle für Skylab anzusehen, und es machte mich traurig, daß ein so erfolgreiches Programm aufgegeben wurde. Das erinnert mich an etwas, was David Webb, ein Mitglied der Nationalen Raumfahrt-Kommission, im Fernsehen gesagt hat: daß wir es zuließen, daß unsere technologischen Projekte durch finanzielle Erwägungen zunichte gemacht werden. Wie dem auch sei – was war an Ihrem Skylab Erlebnis so einzigartig?
CARR: Wenn man einmal von der Schwerelosigkeit absieht, dann war das Leben und Arbeiten im Skylab ziemlich ähnlich dem Training in den Modellen und Simulatoren. Wirklich bemerkenswert war jedoch der Blick hinunter auf die Erde. Kurz nach der Ankunft im All ist man zunächst reichlich desorientiert. Dann freut man sich, wenn man schließlich etwas sieht, was man erkennt. Ich erinnere mich, wie ich beim Blick aus dem Fenster Italien sah. Es hat wirklich die Form eines Stiefels! Es war großartig!

Während der vierundachtzig Tage da oben wurde ich niemals müde, die Erde zu betrachten. Ich erinnere mich eines besonderen Abends, als es in Houston elf Uhr nachts war. Ich schwebte zum Kommandomodul hinüber, als wir über Japan flogen, wo es Nachmittag war. Japan war mir vertraut, da ich dort ein Jahr lang gelebt habe. Ich sah einen Vulkanausbruch, es war unser achter oder zehnter Überflug des Eruptionsgebietes. Dann schwebten wir über den 51. Breitengrad, und ich erkannte die Aleuten. Der Wind blies sanft aus südlicher Richtung und schob tiefe Wolken vor sich her. Ich konnte erkennen, wie sie sich zwischen den Vulkanen wie Schlagsahne aufeinanderhäuften. Vom 51. Breitengrad flogen wir in südöstlicher Richtung herunter über Oregon und Nordkalifornien, über die Tag- und Nachtscheide, den sogenannten Terminator, und hinein in die Dunkelheit. Ich konnte klar von der Bucht von San Francisco bis nach dem unteren Kalifornien sehen. Von oben sieht die Bucht wie eine Bohne aus. Ich konnte sie und die Golden Gate Brücke mit den darüber fahrenden Autos sehen.

In Südkalifornien glich das Becken von Los Angeles einer samtenen Schale voller Perlen. Ich konnte sogar die weiß-grünen Lichtblitze auf dem Lindbergh-Flughafen in San Diego erkennen. Der Blick nach unten während der Nacht zeigte tatsächlich die Aktivitäten von Menschen. Tagsüber war davon nicht viel zu erkennen.

WHITE: Hat Ihr Erlebnis Ihnen ein anderes Lebensgefühl vermittelt?

CARR: Ja, ein größeres Gefühl von Universalität, für die Gemeinschaft aller Menschenwesen. Wie Ed Gibson gesagt hat, kann man nicht die von Menschen errichteten Grenzen sehen, nur die der Natur. Man muß es im Gefühl haben, daß dort unten Menschen sind. Ich kehrte mit einem echten Interesse für Menschen zurück, mit einer humanistischen oder behavioristischen Haltung, könnte man sagen. Ich bin inzwischen viel durch die Welt gereist und habe Vorträge gehalten. Das hat dazu beigetragen, das Gefühl von Universalität zu festigen.

In meinen Vorträgen schildere ich kurz, was wir im Weltraum getan haben. Mercury-, Gemini- und Apollo-Flüge galten im Grunde dem Transportproblem. Skylab gab einen ersten Eindruck von den Problemen eines permanenten Aufenthalts im Weltraum. Der Shuttle beschäftigt sich wieder mit dem Transportproblem. Anschließend spreche ich darüber, wo wir im Augenblick in bezug auf Transportprobleme und kommerzielle Unternehmungen stehen. Die Weltraumstation wird unsere erste permanente Präsenz im Weltraum sein.

Ich spreche auch über Kolonien auf dem Mond und große Raumstationen, dann von der Hypothese, daß Kinder in einer schwerelosen Umwelt geboren werden, sowie von der Möglichkeit einer Artentrennung innerhalb der menschlichen Spezies – wegen der unterschiedlichen Weise, in der die Körper sich als Folge der Schwerelosigkeit entwickeln werden.

WHITE: Was wird Ihrer Ansicht nach dann geschehen?

CARR: Das macht mir nur wenig Sorgen. Die meisten Körperfunktionen werden von Schwerelosigkeit nicht beeinflußt. Doch sorge ich mich um die Auswirkungen auf einen Embryo. Natürlich kann es sein, daß auch bei ihm sich alles normal und natürlich entwickelt.

WHITE: Die körperlichen Veränderungen infolge des Aufenthalts im Weltraum sind in Wirklichkeit Anpassungen an die Schwerelosigkeit.
CARR: So ist es.
WHITE: Wie steht es mit dem Bau von Raumstationen? Wird man sie mit einem Schwerefeld ausstatten?
CARR: Nein, es wird dort keine Schwerkraft geben. Um Schwerkraft künstlich herzustellen, muß man eine Struktur mit großem Durchmesser rotieren lassen. Die Menschen am Rand einer rotierenden Raumstation mit künstlicher Schwerkraft müssen die Geschwindigkeit linear statt kurvenförmig erleben, sonst würde das wegen der Coriolisbeschleunigung am inneren Ohr nicht funktionieren.
WHITE: Das eigentliche Problem mit der Schwerkraft und den Auswirkungen der Schwerelosigkeit ist überwiegend dann relevant, wenn man voraussetzt, daß die Menschen wieder auf die Erde zurückkehren werden. Beabsichtigen sie, im Weltraum zu bleiben, dann würden sie wahrscheinlich so evolvieren, daß sie im Null-G normal leben können. Das ist so wie bei vielen anderen mit dem Weltraum zusammenhängenden Problemen – eine Folge unserer geozentrischen statt heliozentrischen Anschauung.
CARR: Ja, auch ich dachte geozentrisch. Wir haben ja keinen Augenblick daran gedacht, nicht mit Skylab zurückzukehren.
WHITE: Meinen Sie, daß der Anblick der Erde als Ganzheit sich politisch auswirken wird? In meinem Gespräch mit Michael Collins äußerte dieser sich besorgt wegen der Russen.
CARR: Ich glaube schon, daß es Wirkung haben könnte. Die Erkundung des Weltalls könnte ein Vehikel sein, mit dem die Großmächte sich über die Regelung ihrer Probleme verständigen. Kosmonauten und Astronauten kommen großartig miteinander aus, wenn sie sich treffen. Wir sind ja nichts weiter als ein Haufen von Kampffliegern, die niemals Zeit gehabt haben, tiefer nachzudenken. Es würde mich interessieren, den Grund für Mikes Befürchtungen zu erfahren.

Meine Frau Pat und ich haben allerlei Interessantes getan. Sie ist als Psychologin auch Verhaltenswissenschaftlerin. Als wir uns zum ersten Mal begegneten, fragte sie mich: «Welche psychologische Studien werden an den Astronauten betrieben?» So etwas gab es nicht; und gerade das war die Stärke der ersten sieben Astronauten. Die hätten keine rektalen Thermometer oder Psychologen geduldet!

Pat beschloß dann, den Weltraum in einen Kreativitätslehrgang einzubeziehen, den sie an der University of Houston abhielt. Die Teilnehmer bildeten eine hypothetische Gruppe, ausgewählt, um den Kern einer größeren Gruppe von Menschen in einer imaginären Weltraumkolonie zu bilden. Dann sagte sie ihnen: «Sie stehen an der Spitze einer Gruppe von tausend Menschen, die zehn Jahre lang in einer Weltraumkolonie leben sollen. Ihre Aufgabe ist nun zu entscheiden, welche Wertvorstellungen, Gesetze und dergleichen dort angewendet werden sollen. Sie können übernehmen, was Ihnen von der Erde übernehmenswert erscheint. Vielleicht müssen Sie aber auch ganz neuartige Wertvorstellungen erarbeiten.»

Man erkennt allmählich, daß im Weltraum neue Wertvorstellungen, Normen und Gesetze angewendet werden müssen. Auf Erden genießt man viel Freiheit. In einer Raumstation kann es die nicht geben. Die individuelle Freiheit wird durch die stärker eingeschränkte Umwelt in Grenzen gehalten. Man kann nicht einfach losgehen und «seinen eigenen Kram erledigen». In Pats Lehrgang gibt es während der ersten Wochen Konflikte und Fehlkommunikationen. Dann merken die Teilnehmer, daß sie wirklich aufeinander hören und einen Kompromiß anstreben müssen. Die am häufigsten gewählte Regierungsform ist der Gemeinderat, der eine einzelne Person oder Gruppe daran hindert, zu viel Autorität zu erlangen.

WHITE: Wie war es denn in dieser Hinsicht an Bord von Skylab?

CARR: Die Befehlsverhältnisse waren klar. Doch erzielten wir eine stillschweigende Übereinkunft, wer welche Rolle spielen mußte, damit alles richtig getan wurde. Wir paßten als Besatzung an Bord gut zueinander. Tatsächlich waren wir nach der Rückkehr bessere Freunde, als wir es beim Start gewesen waren. Pogue hatte die kreativen Ideen, Gibson wußte, wie man sie am besten umsetzte, und ich selbst war gut bei der praktischen Durchführung. Wir nahmen also Rollen an, die unserer Persönlichkeit entsprachen. Keiner von uns war Experte für alle Systeme, also teilten wir die Systeme untereinander auf und erledigten auf diese Weise unsere Aufgaben.

WHITE: Soweit ich gehört habe, sind EVAs eine ganz besondere Erfahrung. Ist das auch Ihre Meinung?

CARR: Ja. Ich war dreimal außerhalb des Raumschiffs, insgesamt fünfzehn Stunden. Da draußen bekommt man ein Gefühl von Offenheit. Ich glaube, am erregendsten war es, als ich oben auf dem ATM (Apollo Telescope Mount) stand, mich umblickte und die Erde ohne jeden lokalen Bezugsrahmen sah. Es war ein großartiges Erlebnis. Ich blickte auch zum Kometen Kohoutek und bekam dabei ein Gefühl für die Unendlichkeit des Universums. Es gibt Milliarden Sterne, viele, die man von der Erde aus gar nicht sehen kann. Es ist eine desorientierende Matrix, in die unsere üblichen Navigationssterne eingebettet sind. Man sieht Millionen neuer Sterne, und das Navigieren ist schwierig. Ihre relative Helligkeit hat sich wirklich verändert.

WHITE: Hat es bei Ihnen eigentlich einen Langzeiteffekt gegeben? Denken Sie oft an Skylab?

CARR: Er verflüchtigt sich, und dann bringt irgendein Anreiz ihn wieder zurück. Doch sind die Daten und das Erlebnis jederzeit abrufbar.

WHITE: Was sagen Sie zum Challenger-Unfall?

CARR: Er erinnert uns daran, daß ein Weltraumflug eine ernste und gefährliche Sache ist. Er schien allmählich zu leicht. Der Verlust der Crew hat die Erkundung des Weltraums mehr zu einer «causa» gemacht. Jetzt erscheint sie den Menschen wichtiger, wenn erkennbar wird, daß Gewinnen und Erfolg nicht ohne Verluste möglich sind. Aber ich habe noch niemanden getroffen, der etwa gesagt hätte: «Jetzt sollten wir damit aufhören.» Die Sache ist zu wichtig, und die Menschen wissen das. Die Erforschung des Weltraums gehört weiterhin zu unseren nobleren Aktivitäten.

Valentin Lebedew

Sojus 13, Sojus T-5

Zusammen mit Anatoli Beresowoi verbrachte Valentin Lebedew 211 Tage im Weltraum. Es war die Sojus T-5 Mission, die im Mai 1982 gestartet wurde. Vorher war der Flugingenieur auf Sojus 13, der im Dezember 1973 in den Weltraum flog. Lebedews Sojus 13-Mission fand zur selben Zeit statt wie die Skylab 4-Mission von Jerry Carr, Ed Gibson und Bill Pogue. Dies war das erste Mal, daß Amerikaner und

Russen gleichzeitig im Weltraum waren. Später dann, 1982, fiel Lebedews Sojus T-5-Flug zeitlich mit zwei amerikanischen Shuttleflügen zusammen, darunter dem von Joe Allen. Die folgenden Auszüge aus Lebedews Tagebuch wurden am 15. August von der Prawda abgedruckt.

18. Juni Heute schauten Tolja und ich auf eine Insel nahe Kap Horn. Ein schneebedecktes Bergmassiv vor dem Hintergrund des blauen Ozeans und Fetzen verschiedener Wolkenarten. Wunderschön. Zum ersten Mal sah ich im Wasser Dutzende winziger weißer Schiffe (Eisberge). Die Spitze von Kap Horn ist ganz weiß. In diesen Breitengraden ist jetzt Winter.

Jeden Abend überträgt man uns die neuesten Nachrichten. Tolja und ich sitzen am ersten Empfänger, die Arme über der Brust gekreuzt, während wir ruhig über die Erde hinwegfliegen und Radio Moskau hören. Wir bewundern das Blau des Mittelmeers und die italienischen Berge, während Afrika und das Rote Meer ins Blickfeld kommen. Wir studieren Geographie und sind voller Bewunderung für unseren Planeten.

Über meinem Bett hängt ein Foto von meinem kleinen Witali, und daneben eine ganze Sammlung von Fotos: Liuscha und ich selbst, mein Vater und Freunde. An jedem Abend küsse ich das Foto meines Sohnes. Er blickt mich so freundlich an, daß ich, wenn es Schwierigkeiten gibt, zu ihm sage: «Es ist nichts, mein Sohn. Das kriege ich schon hin. Papa wird dich nicht im Stich lassen.»

31. Juli Nun habe ich alles hinter mir. Der Spaziergang im Weltraum ist geschafft. Er dauerte zwei Stunden und achtunddreißig Minuten. Der Weltraum ist wunderschön. Der Himmel ist sammetschwarz, die Erde hat einen blauen Halo, und die Seen, Flüsse und Felder rasen vorbei. Um mich herum herrscht tiefes Schweigen; die Geschwindigkeit des Fluges spürt man nicht. Kein Pfeifen des Windes in den Ohren, kein Gewicht lastet auf dem Körper. Das Panorama ist ruhig, majestätisch . . .

Tatsache ist, daß man die Kugelgestalt der Erde im Weltraum stärker spürt als beim Blick durch die Luke des Raumschiffs. Und alles, was man auf der Erde sieht – Seen, Flüsse, Berge –, wird als riesiger rotierender Globus wahrgenommen. Die große Stille fällt auf. Die Weltraumstation ist im Weltraum eingefroren wie ein Eisblock.

10. Dezember Nun ist alles vorbei; das Reisen ist beendet! Wir sind wieder daheim. In der Luke wird die Erde sichtbar, rosafarben in den von der niedrigstehenden Sonne angestrahlten Wolken, mit einem blauen Licht am äußeren Rand des strahlenden Sonnenuntergang-Horizonts. Wunderschön.

Anatoli N. Beresowoi

Sojus T-5

Kosmonaut Beresowoi flog als Kommandant von Sojus T-5 zusammen mit Valentin Lebedew im Mai 1982. Obwohl das sein einziger Weltraumflug war, gehört er zu den erfahrensten Raumfahrern, mit etwas mehr als 211 Tagen im All. Wie Lebedew führte er ein detailliertes Tagebuch. Teile davon wurden im Juli 1983 in der Zeitschrift Aviatsija I Kosmonautika *veröffentlicht. Beresowoi gehört auch zu den Gründern der Association of Space Explorers. Hier einige Auszüge aus dem veröffentlichten Bericht.*

Auf Patrouillengang. Wie viele meiner Kameraden liebe ich vor allem visuelle Beobachtungen. Warum das so ist, kann ich schwer mit einem Satz beantworten. Ich bemerkte beispielsweise, wie glücklich Jean-Louis Chrétien war, als er durch die Luke seine geliebte Bretagne und Paris beobachtete.

Es muß einmal gesagt werden, daß man das normale Leben auf der Erde schätzen lernt, je länger man im Orbit bleibt. Jeder, der einmal im Weltraum gewesen ist, pflegt seinen eigenen Platz auf Erden auf ganz neue Weise zu schätzen. Er denkt dann mehr über alles nach, und seine Gedanken werden umfassender und sein Wesen gütiger.

Die visuelle Beobachtung aus dem Weltraum war für uns ein einzigartiger Weg, mit unserer eigenen Natur zu kommunizieren, was uns dieselbe Freude bereitete wie auf der Erde. Aus dem Orbit beobachteten wir alle Jahreszeiten. Der Start erfolgte im Frühling; wir flogen durch Sommer und Herbst in den Winteranfang.

Es war sehr interessant zu verfolgen, wie unser Planet sich durch dic Aufeinanderfolge der Jahreszeiten bewegt. Zuerst wich das Weiß dem Ansturm des Grün, dann waren Felder und Wälder goldfarben, bis sie wieder weiß wurden. Nur daß die ganze Sache sich nunmehr in umgekehrter Richtung vollzog. Ganz allgemein hatten wir jedoch nicht viel Zeit, die Schönheit der Erde zu bewundern. Wir mußten die Anordnungen einer ganzen Reihe von Organisationen befolgen.

Die Rückkehr. Die 211 Tage sind vorbei. Die Zeit war gekommen, dem Sojus auf Wiedersehen zu sagen. Wir waren nicht so fröhlich, wie wir uns das gedacht hatten. Ich hatte gemischte Gefühle. Einerseits war da das Verlangen, endlich wieder nach Hause zu kommen. Andererseits empfanden wir ein Gefühl der Unzufriedenheit: Unserer Meinung nach hätte auf einer so langen Reise mehr getan werden können. Ja, während dieser sieben Monate war uns die Raumstation zu einem Heim geworden. Aber – nun war es an der Zeit!

Joseph P. Allen

STS 5, STS 51-A

Als Naturwissenschaftler mit einem Doktorat in Physik flog Joe Allen als Spezialist bei zwei Shuttlemissionen mit – mit Columbia STS 5 im Jahr 1982 und mit Discovery STS 51-A im Jahr 1984. Sein Flug im Jahr 1982 war zur selben Zeit im Orbit wie die Sojus-Mission von Lebedew und Beresowoi. Allen verbrachte etwas mehr als dreizehn Tage im All und war an einer dramatischen Rettungsaktion für einen Satelliten während der Mission 1984 beteiligt. Als ausgezeichneter Fotograf ist er Autor des Buches Entering Space: An Astronaut's Odyssey. *Allen ist heute Vizepräsident von Space Industries, Inc., Houston, Texas. Dieses Interview, das erste für mein Buch, beruht auf Notizen, die ich während meines Telefongesprächs mit Allen am 14. Mai 1985 machte.*

WHITE: Wie hat der Aufenthalt im Weltraum Ihre Weltanschauung beeinflußt?
ALLEN: Ich muß gestehen, daß ich niemals philosophische, religiöse

oder historische Neigungen hatte. Ich bin ein typischer Vertreter der harten Naturwissenschaften, so daß mich diese Art philosophischer Fragen nicht besonders interessierte. Ich war an einigen allgemeinen Dingen wie Reisen und neuen Erlebnissen interessiert, habe an den Nutzen einer guten Bildung geglaubt, vertraue anderen Menschen und habe mich stets bemüht, noch mehr zu lernen.

In diesem Bestreben, mehr zu lernen, habe ich Reisen und neue Erlebnisse genossen. Meine Reaktion auf meine Flüge in den Weltraum war schließlich ein Extrapolieren der eben genannten Interessen, eine noch großartigere Reise. Ich habe stets gemeint, Reisen sei gut, weil der Reisende eine Menge über die Gegenden lernt, die er besucht. Als ich beispielsweise nach Deutschland ging, lernte ich durch Vergleiche eine Menge über die Vereinigten Staaten.

Ich fand heraus, daß die Reise ins All eine großartige Ausweitung des Prinzips ist, wonach Reisen eine gute Sache sei. Im Vergleich zu meinen früheren Erfahrungen war sie kein auffallender Bruch. Es war keine größere Anomalie, zwar außergewöhnlich anders, jedoch nicht anormal. Ich wurde davon nicht überwältigt. Schließlich habe ich stets empfunden, daß es für alles einen bedeutsameren Grund gibt. Ich wurde auch nicht von einem Gefühl der Brüderlichkeit für meine Mitmenschen überwältigt. Das habe ich ohnehin stets gehabt.

Ich meine, die Soziologen sollten sehr darauf achten, daß sie nicht zu exakt in einem Bereich werden, in dem noch nichts wirklich gesichert ist. Es lohnt, Studien über Gruppenpsychologie zu lesen, beispielsweise über Gruppen in der Antarktis oder in einem U-Boot. Der Weltraum ist eine Umwelt, aus der man nicht heraus kann, was auf den Menschen einen gewissen Druck ausübt. Das ist etwas anderes, als in einem Büro oder einer vergleichbaren Arbeitsumwelt zu sitzen, weil man den Verhältnissen nicht entfliehen kann. Doch vielleicht besteht kein großer Unterschied zwischen einem Raumschiff und einem U-Boot. In mancher Hinsicht ist ein Raumschiff psychologisch weniger beengend. Denn der Anblick der Erde mit allen Feinheiten und Nuancen ist atemberaubend.

WHITE: Stimmen Sie mit Michael Collins überein, daß es die Perspektive der politischen Führer grundlegend verändern würde, wenn sie die Erde aus einer Entfernung von 100 000 Meilen sehen könnten?

ALLEN: Collins hat recht. Leute wie Senator Garn oder ein steter

Strom von Weltführern sollten in den Orbit gehen. Es würde tiefgreifende Wirkung auf ihre Weisheit haben.
WHITE: Ich träume von einer Gipfelkonferenz in einer Weltraumstation.
ALLEN: Ich hoffe, es wird kein Traum bleiben und noch zu unseren Lebzeiten geschehen. Ich bezweifle nicht, daß der Mann auf der Straße heute ein ganz anderes Bild vom Universum hat, als das früher der Fall war. Das ähnelt dem Zeitalter von Kopernikus. Wir verfügen jetzt über eine umfassendere, geschulte Ansicht über unseren Platz im Universum; das rein intellektuelle Verstehen wird durch ein intuitives, emotionales Verstehen ersetzt.
WHITE: Manchmal meine ich, daß die Auswirkungen auf die Erde der Hauptgrund für das Raumfahrtprogramm sein könnten.
ALLEN: Ja. Wahrscheinlich hätte man vor der Veröffentlichung der Bilder aus dem Orbit nicht einen Penny für die amerikanische Umweltbehörde bewilligt. Im Rahmen aller Argumente pro und kontra Reise zum Mond ist niemand auf die Idee gekommen, wir sollten es tun, um von dort aus auf die Erde zu blicken. Doch könnte dies tatsächlich der wichtigste Grund sein.

Die den Besuch anderer Länder rechtfertigenden Argumente gelten auch für Reisen in die «dritte Dimension» des Weltraums. Dazu kommt noch, daß Reisende früherer Jahrhunderte viele Dinge zum ersten Mal sahen. Das moderne Zeitalter macht quasi jeden einzelnen zum Reisenden. Die Erfindung der Kamera hat die Astronauten in die Lage versetzt, wunderschöne Fotos zu machen, mittels deren alle Erdenbürger an ihren Flügen Anteil haben können.

Eine Spur davon ist in jedermanns Bewußtsein eingedrungen. Als die späteren Astronauten ins All flogen, war das für sie kein solcher Schock mehr, weil sie bereits «dort gewesen» waren. Der eigentliche Unterschied liegt im tatsächlichen Erleben der großen Stille, der Schwerelosigkeit und dergleichen. Es ist wie der Unterschied, einen guten Film über den Grand Canyon zu sehen oder wirklich dort zu sein.

Byron K. Lichtenberg

STS 9

Byron Lichtenberg war an Bord der neunten Shuttlemission, die am 28. November 1983 startete. Es war der erste Flug des Weltraumlabors (Spacelab) der European Space Agency (ESA – Europäische Raumfahrt-Behörde). Dieses Raumschiff hatte erstmals sechs Personen an Bord und beförderte als erstes zahlende Nutzlastspezialisten, zu denen auch Lichtenberg gehörte. Lichtenberg hatte schon viele Jahre lang darauf hingearbeitet, in den Weltraum zu gehen. Er war Jagdflieger in der US Air Force gewesen und hatte beim MIT Forschungsarbeiten mit dem Ziel betrieben, Astronaut zu werden. Während der zehn Tage und sieben Stunden im unteren Orbit nahm er an mehr als siebzig Experimenten teil. Nachstehend eine Rekonstruktion des Gesprächs, das ich mit Dr. Lichtenberg in seiner Firma Payload Systems, Inc. in Wellesley, Massachusetts, am 19. August 1986 führte.

LICHTENBERG: Das Anstrengende an diesem Flug war, daß wir so viele Leute an Bord waren und es so viel zu tun gab – wir sind wirklich ins Schwitzen gekommen. Drei Stunden nach dem Start richteten wir das Spacelab ein, und fünf Stunden später führten wir bereits die ersten Experimente durch. Ich gehörte zur ersten Schicht, die gleich weitermachte, mit zehn Stunden Arbeit nach dem Start. Das ergab einen Arbeitstag von fünfzehn bis sechzehn Stunden und gab den Ton für den ganzen Flug an.

Ich beklage mich nicht darüber, denn wie oft im Leben darf man schon in den Weltraum fliegen? Ich empfand ein Gefühl der Verantwortung gegenüber den Wissenschaftlern, für die ich stellvertretend im Orbit war. Ich will damit nur sagen, daß unsere Zeit unglaublich mit Experimenten ausgefüllt war, so daß wir kaum Zeit hatten, uns einmal hinzusetzen und nachzudenken oder die Erde zu betrachten.

Deshalb würde ich Leute beneiden, die für längere Zeit ins All reisen, etwa für einen dreimonatigen Aufenthalt in einer Weltraumstation. Da würde man dann gute acht bis zehn Stunden arbeiten und danach zehn oder fünfzehn Stunden für sich selbst haben...

WHITE: Das ist ein Charakteristikum von Raumflügen gewesen: zwei

Ebenen der Erfahrung. Die eine davon ist eine außergewöhnliche Umwelt. Doch haben die Menschen da oben wegen der hohen Kosten und der Verantwortung nicht genug Zeit, sie wirklich zu erleben.
LICHTENBERG: Genau, so ist es. Deshalb halte ich es auch für eine gute Idee, Journalisten oder Lehrer mit nach oben zu nehmen. Ich bin ein großer Musikfreund und würde es gerne sehen, wenn ein Musiker oder ein Dichter nach oben ginge. Denn oft kann ich diese mentalen Eindrücke in ein Lied oder ganz allgemein in ausdrucksstarke Musik umwandeln.

Die meisten von uns waren geschulte Wissenschaftler oder logische Denker, daher mehr in den technischen Aspekten des Raumflugs bewandert. Vielleicht drückt man sich da um etwas, doch unterdrückt man oft etwas von sich selbst, um sich besser auf eine bestimmte Sache konzentrieren zu können. Bei der Ausbildung zu einem technisch guten Experimentator oder Piloten lernt man, diesen ganzen Stoff in sich aufzunehmen, zu verarbeiten und dann mit A,B,C,D,E als Ergebnis abzuschließen. Nur nicht denken «Himmel, was ist das doch für ein großartiges Erlebnis» – und dann stürzt die Maschine ab.
WHITE: Welche Empfindungen oder Eindrücke hatten Sie, unter Berücksichtigung dieser Beschränkungen?
LICHTENBERG: Das erste, was jeder spürt, ist die Schwerelosigkeit. Die ersten Worte, die ich in mein kleines Aufnahmegerät gesprochen habe, beschreiben sie als absolut euphorisches Gefühl. Das erste Erlebnis kam, als ich, wie jeder es tat, meinen Sitzgürtel aushakte und zu gehen versuchte. Ich setzte meine Füße auf den Boden und hing im selben Augenblick auch schon wie eine Fliege mit dem Rücken und herabhängenden Händen an der Decke. Ich blickte auf die anderen hinunter und sagte: «Nun hört doch mal. Wir sind ja hier in Negativ-G, nicht in Null-G.» Mein Partner Owen Garriott antwortete: «Nein, das ist nur so, weil du den Boden mit dem Fuß berührt hast.» Dann hob ich die Hand, berührte die Decke und schwebte nach unten. So fing die Sache an. Es war verblüffend, daß man auf diese Weise überall hin konnte, entweder nach oben in eine Ecke schweben oder mit dem Kopf nach unten an der Decke hängen. Es gab kein «oben» oder «unten» mehr.
WHITE: Hat diese Euphorie angehalten?

LICHTENBERG (lachend): Das blieb etwa zwei Stunden so und wurde dann von einem Gefühl der Übelkeit verdrängt. Wir waren ja sehr beschäftigt, versuchten, die Experimente vorzubereiten und alles dafür an den rechten Platz zu bringen, und bewegten uns darum recht viel. Natürlich waren unsere MIT-Experimente darauf abgestellt, die Weltraumkrankheit zu untersuchen und festzustellen, wie Körper und Gehirn sich anpassen und wie die Sinnesdaten interpretiert werden.

Ich hatte das nicht erwartet, weil ich im Alltag sehr viel fliegen muß. Während der Tests am Erdboden war ich im allgemeinen für diese Form von Bewegungskrankheit nicht empfänglich gewesen. Ich hatte gedacht, wenn das eher ein psychologischer Aspekt sei, würde mir das keine Probleme bereiten, weil ich wußte, daß ich nicht krank werden würde. Daher war ich sehr überrascht, als mir plötzlich doch recht übel wurde. Bei den meisten Menschen ist das nach drei Tagen vorbei, und zwar vollständig. Dann kehrt das Gefühl der Euphorie zurück und bleibt.

Ich konnte mich beispielsweise ins Spacelab begeben, dort nach den Haltegriffen fassen und mir dann sagen: «Ich möchte zu dem Knopf an der Schublade dort am anderen Ende des Lab schweben.» Dann konnte ich mich abstoßen und direkt zu diesem Punkt schweben, den ich dann bis auf wenige Zentimeter auch erreichte. So war es auch, wenn man versuchte, vom einen Ende des Spacelab zum anderen zu gelangen. Man stieß sich einfach ab und begann zu schweben. Dabei konnte man um sich schauen, beobachten, was vor sich ging, und zugleich eine vollkommene Flugbahn durch die Mitte des Spacelab einhalten, mit dem Kopf nach unten, bis zu der anvisierten Stelle. Dort betrieb man dann eine Art Bodengymnastik, mit den Händen am Boden und den Füßen an der Decke. Man hielt einfach inne – und da war man.

Dieses Gefühl verließ mich nie. Noch nach zehn Tagen staunte ich über eine Umwelt, die es mir erlaubte, mich auf diese Weise zu bewegen und solche Empfindungen zu haben. Es war einfach toll.

WHITE: Dann könnte man also annehmen, daß eine in Null-G lebende Gesellschaft eine andere Psychologie haben wird als eine Ein-G-Gesellschaft?

LICHTENBERG: Das könnte sein. Ich weiß es nicht. Aber man lebt

dann ja in einer anderen Dimension. Und alle Erfahrungen sind so anders als die total zweidimensionalen auf der Erde, es sei denn, man ist Trampolinkünstler. Piloten erleben das meiner Ansicht nach, weil sie drei Dimensionen beherrschen, auch wenn dies nicht den eigenen Körper betrifft, sondern ihr Flugzeug.
WHITE: Charles Walker berichtete mir, die Schwerelosigkeit habe ihm das Gefühl vermittelt, über viele Möglichkeiten zu verfügen. Ich habe mir gedacht, die Umsetzung dieses Gefühls in eine größere Kultur könnte ein Gemeinschaftsgefühl für vermehrte Möglichkeiten unter verringerten Einschränkungen bewirken. Die Schwerkraft ist ja in unserem Leben eine einschränkende Kraft. Wir nehmen sie einfach hin und denken nicht über sie nach.
LICHTENBERG: So ist es. Bis vor einigen Jahren hatten wir gar nicht die Möglichkeit, etwas anderes zu erleben. Schwerelosigkeit kann in vieler Hinsicht wunderbar sein, doch bereitet sie andererseits auch mancherlei Probleme. Meines Erachtens müßte es angenehm sein, problemlos von einem Zustand in den anderen gelangen zu können. Natürlich stellt sich die Frage, wie der Körper sich anpassen und zurück-anpassen kann, und ob das überhaupt machbar ist. Man könnte auch noch über die langfristigen Probleme des Lebens in Schwerelosigkeit und die Frage diskutieren, was mit den Knochen und dem Kreislaufsystem geschieht.

Es könnte durchaus zu einer totalen Umstellung kommen, wenn mehrere Generationen von Organismen da oben leben würden. Ich denke, Sie würden überrascht sein, wie schnell der Mensch sich einer neuen Umwelt anpaßt. Diese Anpassung könnte ihn für die Rückkehr zur Erde absolut ungeeignet machen. Das sind Fragen, die wir genauer untersuchen müssen.
WHITE: Und wie war es mit dem Anblick der Erde?
LICHTENBERG: So viele Leute fragen mich: «Wie sah die Erde aus, wie ein kleiner freischwebender Ball?» Ich mußte ihnen sagen, daß es kein kleiner Ball war. Stellt man sich einen Globus vor, dann war ich nur eine Daumennagelbreite über der Erdoberfläche, ganze 135 Meilen. Man sah zwar die Rundung der Erde, die immer noch riesig war und etwa die Hälfte des Gesichtsfeldes ausfüllte.

Als ich während der ersten Tage krank war, wollte ich nicht einmal wissen, wo die Erde war. Es war so entmutigend, an einem Fenster vorbeizugehen und einen kurzen Blick auf sie an einer Stelle zu erhaschen, wo sie meines Erachtens gar nicht sein sollte. Das mag seltsam klingen. Aber wenn ich gerade an etwas andres dachte und plötzlich durch ein Fenster einen Teil der Erde erblickte, sagte ich mir: «Ich will mich jetzt nur auf meine vor mir liegende Arbeit konzentrieren. Das hier ist unten, und ich muß mich vergewissern, daß ich aufrecht stehe und daß alles, woran ich denke, unten ist. Wenn ich die Erde auf einmal da oben sehe, dann werde ich wirklich verrückt.»

Erst als ich meine Raumkrankheit zum größten Teil überstanden hatte, fühlte ich mich fähig, die Erde zu betrachten. Während einer Arbeitsschicht kamen wir selten dazu, weil es nicht viele Fenster gab, an denen außerdem gewöhnlich Kameras oder Instrumente installiert waren, die Daten hereinholen mußten.

Die einzige Chance bot sich mir nach einer Arbeitsschicht. Dann schnappte ich mir mein Abendessen, schwebte hoch zum Cockpit und nahm dort Platz. Während des Essens unterhielt ich mich gewöhnlich mit John Young, der zu einer anderen Schicht gehörte und deshalb gerade arbeitete. Er war da stets ziemlich alleine, weil die Kameraden hinten im Spacelab beschäftigt waren. Es war fast wie der Werbespot im Magazin einer Luftfahrtgesellschaft: Das Tablett mit dem Abendessen, Silberbesteck, Serviette und Weingläser, und durch das Fenster schauten der Mond und die Erde herein. Nur daß *wir* weder Silberbesteck noch Wein hatten.

Wir waren angeschnallt, vor uns standen Büchsen und kleine Päckchen in Folien, dazu Plastikbecher, also nicht so elegant wie in der Werbung. Die Sicht war jedoch genauso gut. Wenn man daran denkt, daß man während eines Abendessens in neunzig Minuten die Welt umkreist, dann ist das schon etwas. Ich habe diese Zeit genutzt. Dann pflegte ich aufzustehen und mich nach der anderen Hälfte des Orbits umzusehen, um schließlich erschöpft schlafen zu gehen ...

Das großartigste an der Umrundung der Erde ist jedoch, daß die Perspektive sich ändert. Man blickt nach unten und sieht Land, das man identifizieren kann. Man bemerkt keine der vielen Grenzen, keine Kulturen, noch die verschiedenen Sprachen. Alles fließt ineinander.

Man fragt sich, wo wohl die Grenzen zwischen Indien und Tibet, zwischen Nepal und China oder Afghanistan und Pakistan sein mögen. Man sieht sie nicht, und das ist so auffallend, weil die Trennungslinien auf jedem Globus, den man betrachtet, da sind und einem ständig nahegebracht werden. Es wäre interessant, einen Globus ohne Grenzen herauszubringen, ohne die Namen der einzelnen Länder, nur die Kontinente und physischen Merkmale. Man hat also ein Gefühl, daß es keine Unterschiede gibt, nur ein subtiles Ineinanderfließen von einer Region in die andere . . .

Ich meine, das ist etwas, was uns zu allem motiviert hat, dieses universale Gefühl, daß es rund um die Welt nicht viele Unterschiede gibt. Wenn man einmal in neunzig Minuten die Erde umrundet hat, dann wird einem klar: Das war es denn schon, mehr gibt es nicht, du hast alles gesehen. Auch wenn ich vielleicht nicht jeden Fleck gesehen habe, so . . .

WHITE: Das ist genau das, was ich das Wirken des Overview Effekts genannt habe. Es geht dabei nicht nur um das Erleben, sondern daß man damit auch etwas anfängt.

LICHTENBERG: Richtig. Ich glaube, wir alle empfinden so, und einer der Gründe, warum ich viele Vorträge halte, ist der, daß ich den Leuten etwas für ihr Geld geben möchte. Denn schließlich haben die Steuerzahler das alles bezahlt. Ich versuche, diese Gedanken den Leuten realistisch nahezubringen, so gut es mir möglich ist, und ihnen das Gefühl zu vermitteln, direkt am Raumfahrtprogramm teilzuhaben.

Es wäre wirklich interessant, die Weltpolitiker in einem Raumschiff zu versammeln, damit sie dieselbe Erfahrung machen können. Wenn das Raumfahrtprogramm später einmal reibungslos funktioniert, dann könnten sie, statt nach Camp David oder einem Kurort in den Bergen zu jetten, sich für eine Woche in einer Raumstation treffen und dort eine Konferenz abhalten.

WHITE: Je mehr man darüber nachdenkt, desto mehr bekommt das Sinn, vorausgesetzt, man hat ein zuverlässiges Fahrzeug und den entsprechenden Platz. Was das anbetrifft, so können die Führer in zwanzig Jahren ehemalige Astronauten sein.

LICHTENBERG: Das stimmt. Lassen Sie mich noch etwas anderes sagen. Im Augenblick ist ein Flug in den Weltraum so etwas wie ein Campingausflug. Man entscheidet sich dafür und sagt: «Also, wir werden jetzt für eine Woche, zehn Tage oder zwei Wochen einen Campingausflug machen.» In Gedanken fixiert man die vorgesehene Dauer, macht einen entsprechenden Plan und beschafft sich die notwendigen Vorräte.

Die Leute fragen: «Wären Sie gerne noch länger oben geblieben oder wollten Sie endlich wieder nach Hause zurück?» Es war interessant da oben, weil man nach unten schaut und starke Eindrücke empfängt. Im Weltraum ist es dunkel und hell, und ein Raumschiff ist nicht gerade der gastfreundlichste Ort in der Welt. Wenn man so neun oder zehn Tage da oben gewesen ist, dann sagt man sich: «Es wäre jetzt doch ganz nett, wieder nach Hause zu kommen. Irgendwie vermisse ich das Säuseln des Windes in den Bäumen, die Gänseblümchen auf den Feldern, das Gurgeln der Bäche und Flüsse und den Anblick der Blumen.»

WHITE: Wenn Sie eine wichtige Botschaft über den Weltraum und das Raumfahrtprogramm zu verkünden hätten – wie würde sie lauten?

LICHTENBERG: Um das Programm so zu gestalten, wie andere Programme sich entwickelt haben, muß man sich eine breite Unterstützung dafür sichern. Man braucht Hilfe von der Regierung, weil alles so viel kostet, daß man nicht irgendein Wirtschaftsunternehmen auffordern kann, sich als Sponsor einzuschalten und etwas dafür zu tun. Vergleichen Sie das mit dem Bau des Eisenbahnnetzes. Wenn man an die Eisenbahnen, Wasserwege und Fernstraßen denkt – das ist eine Infrastruktur, die wirklich von der Regierung finanziert wurde. Der Staat subventionierte das, baute es und zahlte dafür – und doch ließ er die Gräben und Straßen nicht von den Pioniereinheiten der Armee bauen. Das machte die Privatwirtschaft.

Viele Leute fragen auch: «Wozu ist das überhaupt gut? Warum machen Sie so etwas Verrücktes wie Weltraumflüge?» Diese Fragerei erbittert mich. «Wenn wir zum Mond fliegen können, warum können wir dann nicht...» In die freigelassenen Stellen können Sie einsetzen, was immer Sie wollen, etwa die Hungernden ernähren, den Krebs heilen, Kriege ausschalten, oder was sonst noch. So ist das aber nicht. Das Raumfahrtprogramm ist kein Allheilmittel; so etwas gibt es nicht. Doch erschließt sich mit ihm für den Menschen ein ganz neues Gebiet.

In meinem tiefen Inneren weiß ich jedoch, daß es größer ist als wir alle zusammen und daß es der Menschheit helfen wird, den ersten riesigen Schritt zu tun. Die Möglichkeit zu haben, daran mitzuwirken, und wenn es nur so viel ist wie der kleine Anstoß eines Fingers zum ganzen Programm – das ist es, was mich wirklich antreibt und veranlaßt, mich dieser Sache voll zu widmen. Wir können nicht voraussagen, was da draußen zu finden ist, wir sind noch in einem frühen Lernstadium und können nicht mehr tun, als dorthin gehen und Fehler machen. Doch häufig lernt man aus Fehlern mehr als aus Erfolgen. Und schließlich ist da noch der Umstand, daß das Raumfahrtprogramm ein Bereich sein kann, in dem die Welt sich zu gemeinsamen Projekten zusammenfindet, sei es eine Mission zum Mars oder eine planetare Expedition. Viele Leute interessieren sich mehr und mehr für ein wirklich bedeutendes Projekt echter Zusammenarbeit.

Es ist verblüffend: Solange man die anderen nicht kennt, heißt es «die da und wir». Trifft man sie dann direkt und persönlich, dann heißt es: «Wir kennen uns, und wir sind alle eins.» Man hat Kontakt, spricht mit ihnen. Und ob es nun Tschechen, Russen, Saudis oder Mexikaner sind – man spricht von seinen Kindern, wohin man in Urlaub reist, oder ob die Tochter in der Woche zuvor vom Pferd gefallen ist.

Das sind alles Dinge, über die man sich unterhalten kann, weil alle Menschen eben Menschen sind und weil es viele Unterschiede rund um die Welt gibt. Wenn wir jedoch die Dinge betonen können, die uns vereinen und zusammenführen, dann halte ich das für äußerst wichtig. Und das ist vielleicht die Hoffnung hinter dem Raumfahrtprogramm. Und wäre es nur das, dann hätte es sich bereits hunderttausendfach bezahlt gemacht. Das ist der Traum.

Ronald E. McNair

STS 41-B

Ron McNair starb im Januar 1986 beim Challenger-Unfall. Er war schon am 3. Februar 1984 als Spezialist mit Challenger geflogen.

McNair besaß einen Doktorgrad in Physik und war auch Musiker. Während er über der Erde schwebte, spielte er passende Melodien auf seinem Saxophon. Der erste Textteil, offensichtlich aus einem Brief von McNair, wurde bei der Gedächtnisfeier des MIT am 12. Februar 1986 verlesen, der zweite dem Bericht über diese Feier in der Studentenzeitung The Tech *vom 14. Februar 1986 entnommen.*

Es gibt wirklich keinen schöneren Anblick als den der Erde aus dem Weltraum. Dieser Planet ist eine köstliche Oase. Betrachtet man die Erde aus dem Weltraum, dann wird einem warm ums Herz. Bei diesem Anblick hätte ich ebensowenig an etwas Böses denken können, wie mir etwa beim Anblick eines lächelnden kleinen Knaben oder Mädchens ein Bankräuber einfallen würde. Es ist unmöglich, etwas anderes als Gutes zu sehen. Ich wünsche mir, wir sollten es diesem Planeten erlauben, die wunderschöne Oase zu bleiben, die er ist, und uns selbst ermöglichen, mehr von dem Frieden zu genießen, den sie uns schenkt.

McNair hatte an sich beabsichtigt, während des für Januar geplanten Fluges eine Botschaft zu vervollständigen, die er während des ersten Shuttlefluges im Jahre 1984 begonnen hatte, aber nicht beenden konnte. Seine Witwe Cheryl verlas die Botschaft ihres Mannes während der Trauerfeier und spielte ein Tonband mit einem seiner Saxophonstücke ab – seidenweiche Töne, die das Auditorium zum ersten und vielleicht letzten Male füllten.

McNair schrieb: «Während der vergangenen 25 Jahre haben Raumfahrer wiederholt von der erstaunlichen Schönheit der Erde gesprochen, wenn man sie aus der einzigartigen Perspektive des Alls betrachtet. In den kommenden Jahren wird die NASA auch private Bürger in den Weltraum schicken, die begabt und erfahren genug sind, das Raumfahrterlebnis besser zu beschreiben. In der Zwischenzeit müssen Sie sich mit Leuten abfinden, wie wir es sind: Naturwissenschaftler, Piloten, Ingenieure.

Es hat sich so ergeben, daß ich mein Saxophon mitgenommen habe... Ich möchte Ihnen jetzt ein Medley von Liedern vorspielen... gewidmet jedem Manne, jeder Frau und jedem Kind auf jedem Kontinent des Planeten. Das erste Stück bietet eine Lösung für das Böse unter uns. Das zweite handelt von dem, was wir als

Einzelne tun können, um die Welt zu einem besseren Ort für jedermann zu machen.»

Er spielte die Lieder «Was die Welt jetzt braucht, ist Liebe» und «Strecke Deine Hand aus und suche die eines anderen».

Charles D. Walker

STS 41-D, STS 51-D, STS 61-B

Charles D. Walker, einst Designspezialist der McDonnel Douglas Astronautics Company in St. Louis, ist heute Berater des Präsidenten dieses Unternehmens. Als einer der aktivsten Nutzlastspezialisten nahm er an den Shuttleflügen vom August 1984, April 1985 und November 1985 teil. Er beschäftigte sich dabei mit Experimenten der Elektrophorese, die zu einem bedeutenden Durchbruch bei der Entwicklung eines Purifizierungsprozesses und zu einem patentrechtlich geschützten Medikament führen können. Ich führte mit Walker zwei getrennte Interviews. Das erste war eine telefonische Unterhaltung am 2. Juli 1985. Das zweite fand während der Konferenz über die Entwicklung des Weltraums statt, die von der L-5 Society in Seattle, Washington, gesponsert wurde. Später schickte er mir noch einen schriftlichen Zusatz.

WALKER: Für mich ist das Erlebnis des Weltraumflugs eine Erweiterung früherer Wahrnehmungen und Erfahrungen. Schon vor fünfzehn Jahren beteiligte ich mich an Umweltaktivitäten in meiner Gemeinde... Das Erleben der Welt als herausgehobene Entität wurde für mich zu einer Art Erleuchtung. Ich erfuhr mit meinen eigenen Sinnen die Vernetzung der Umwelt rund um den Erdball und die Großartigkeit des Universums, in dem dieser Erdball sich befindet. Das verstärkte mein Verlangen, ein Gefühl für die uns umgebende Welt aus erster Hand zu bekommen, und veranlaßte mich, soviel wie möglich über den Zusammenhang der Umwelt zu lernen.

Das schuf in mir mehr Sinnesreize, als ich absorbieren konnte. Bewegt man sich mit Umlaufgeschwindigkeit im Orbit, dann hat man etwa neunzig Sekunden lang etwas ganz deutlich im Blickfeld. Es stürzen so viele visuelle Informationen auf den Betrachter ein, daß man nur versuchen kann, viele davon aufzunehmen und zu deuten.

Ich kehrte mit einer Menge gespeicherter Daten zurück und wollte über sie nachdenken und testen, wie sie sich auf meine Erfahrungen hier auf der Erde auswirken. Das erfordert sehr viel Zeit, und ich glaube nicht, daß ich alles während meiner eigenen Lebenszeit verarbeiten kann. Ich werde es jedoch versuchen.

WHITE: Spielt die Erkundung des Alls eine Rolle bei der Evolution der Menschheit?

WALKER: Das tut sie. Im Verlauf von Jahrzehnten und Jahrhunderten war die Erforschung der Erdoberfläche eine starke Unterströmung des gesellschaftlichen Wandels. Wandlungen der Perspektive pflegen umfassende gesellschaftliche Strukturen zu beeinflussen. Man kann das mit dem europäischen Erleben der Neuen Welt vergleichen. Doch war das nur eine von vielen Perspektiven. Das Erlebnis der Kolonisierung Afrikas war nicht dasselbe wie im Fall Nordamerika. Man sollte auch daran denken, daß die Chinesen sich als Reaktion auf die Entdeckungsreisen anderer Völker zurückzogen und isolierten. Deshalb wäre die europäische Analogie alleine etwas sehr vereinfacht.

Heute verfügen wir über viele Kommunikationsmöglichkeiten, die damals nicht existierten, und die verschiedenen Gesellschaften haben ähnliche Perspektiven und Gemeinsamkeiten, die es früher nicht gab. Die Weltraumperspektive wird recht schnell Allgemeingut. Dabei wird sie jedoch verwässert und nicht als ein Segen für die Menschheit empfunden. Es wird wohl einige Zeit brauchen, bis sie die Gesellschaft weitgehend beeinflußt.

Der lokalisierbare gesellschaftliche Einfluß ist größer. Für die Sowjets wird der Raumflug durch dialektische und ökonomische Prinzipien gefördert. Für sie ist der Weltraum ein integraler Bestandteil ihrer Zukunft. Sie impfen ihrer Bevölkerung die Idee von Kolonien auf anderen Planeten und im Orbit ein.

Wir Amerikaner tun das nicht. Wir sehen unser manifestes Schicksal in der Besiedlung unseres Kontinents. In unserer Kultur sind die Auswirkungen der Raumfahrt begrenzter als in anderen . . .

WHITE: Wie wirken sich mehrfache Flüge auf den Astronauten aus? Paßt man sich schließlich leichter an?

WALKER: Ja, mit jedem weiteren Flug paßt sich jeder besser an, fühlt er sich angenehmer und weiß auch, was er psychologisch zu erwarten hat. Die Perspektiven und Ausblicke wirken weniger verblüffend. Doch hat man jedesmal gemischte Gefühle hinsichtlich dessen, was man sieht und fühlt. Ich weiß nicht, ob *das* mit der Wiederholung abnimmt. Die Wahrnehmungen werden von den vorangegangenen Flügen geformt...

Jedesmal nahm ich mehr Details von Eindrücken wahr, mit denen ich ganz allgemein vertraut war. Die unmittelbaren und oberflächlichen Eindrücke, die auf mich einstürzten, wurden weniger. Ich konnte alles sorgfältiger verarbeiten.

WHITE: Wird der Weltraum jemals zur Heimat werden oder immer fremd bleiben?

WALKER: Während des Shuttlefluges fühlte ich mich im Weltraum nicht zu Hause, weil ich nach wenigen Tagen zur Erde zurückkehrte. Es war ein anderer Ort und ein anderes Erlebnis, angenehm und aufregend zugleich, aber nicht wirklich Heimat... Bis es einmal einen festen Ort im Weltraum geben wird, an dem man im echten Sinne verweilen kann, wird niemand den Shuttle für einen angenehmen Aufenthalt halten. Es wird sogar lange dauern, bis die Menschen das später von einer Weltraumstation sagen können.

WHITE: Wie war die Wirklichkeit verglichen mit Ihren Erwartungen?

WALKER: ... Viele von uns drücken bei ihren Gedanken an Raumflüge ihre Hoffnungen, Wünsche und Träume aus. So war es auch bei den ersten Pionieren, die diesen Kontinent besiedelten. Aus ihren Tagebüchern geht hervor, daß viele von ihnen auf die Wirklichkeit nicht vorbereitet waren. Heute mag es uns ähnlich ergehen. Die menschliche Natur hat sich in dieser Hinsicht nicht verändert; es ist dieselbe Reaktion, jedoch auf eine neue Umwelt.

WHITE: Dann halten Sie also das Pionier-Image für zutreffend?

WALKER: Es liegt nahe. Analogien finden wir auch bei den Männern, die beispielsweise zum Südpol gegangen sind. Die Umwelt dort ist nicht ganz so künstlich und fremdartig wie die im Orbit, aber doch ähnlich. Die Männer, die in den fünfziger Jahren in die Antarktis gingen, waren zweifellos Pioniere. Selbst heute noch sind sie Pioniere, die große Unannehmlichkeiten auf sich nehmen. Es wird noch einige Zeit brauchen, bis Weltraumstationen so ähnlich sein werden.

WHITE: Möchten Sie auf eine Raumstation gehen, wenn sie gebaut wird?
WALKER: Ja. Ich versuche, mich dafür fit zu halten.
WHITE: Welche Auswirkungen wird das Challenger-Unglück haben?
WALKER: Ich schätze, in etwa fünf Jahren wird daraus eine Art Legende bei Astronauten und der Öffentlichkeit entstehen. Man wird die sieben Angehörigen der Challenger-Crew mit den ersten sieben Astronauten vor zwanzig Jahren vergleichen. Immer weniger Amerikaner werden Vorbehalte gegenüber den Realitäten und der Notwendigkeit von Raumflügen haben. Umfragen haben ergeben, daß siebzig bis achtzig Prozent des amerikanischen Volkes für die Fortsetzung der Raumfahrt sind.

Was die verwaltungstechnischen Aspekte anbetrifft, so weiß ich nicht, wie es laufen wird. Die Bemühungen von Gramm-Rudmann haben spürbare Auswirkungen und könnten zur Privatisierung des Programms führen. Wenn dann nicht Großartiges geschieht, könnten die Menschen enttäuscht sein. Fragt man sie, ob sie die Finanzierung der NASA für richtig halten, dann merkt man, daß die meisten keine Ahnung von ihrem Umfang haben. Sie wissen gar nicht, wie gering sie ist. Ich meine schon, daß die Bürger für das Programm sind. Doch könnten sie frustriert werden.

(Die nachfolgenden Bemerkungen vom 7. August 1986 wurden von Walker der Kopie des ursprünglichen Transkripts hinzugefügt.)

Aus der Challenger-Katastrophe entsteht ein neuer Heldenmythos. Auch die Sowjets haben ihre Helden, doch sind deren Namen im Westen nicht sehr bekannt. Wir haben unsere eigenen. Ich hoffe, diese Post-Challenger-Periode wird nicht das finstere Zeitalter für die amerikanischen bemannten Raumflüge werden. Am meisten jedoch fürchte ich, daß zu viele von uns zweidimensional und zu kurzsichtig sind, gefesselt an die Oberfläche unseres Planeten, wie wir es nun einmal sind. Und in dieser Existenz behindert die Schwerkraft nicht nur unsere Erwartungen und Wahrnehmungen dessen, was möglich ist. Ein Unfall aufgrund menschlichen Versagens kann ausreichen, das finstere Zeitalter einzuleiten. Vielleicht wird dann die «Legende» die Entscheidungsträger wieder zurück zum Licht führen ...

Marc Garneau

STS 41-G

Marc Garneau, einer der sechs von Kanada im Jahre 1983 ausgewählten Nutzlastspezialisten, war der erste Kanadier im Weltraum. Er flog am 5. Oktober 1984 mit Challenger, verbrachte acht Tage im Weltraum und führte vom kanadischen Raumfahrtprogramm entworfene Experimente aus. Nachfolgend ein Teil meines Interviews mit Garneau in Ottawa am 11. Juli 1986.

WHITE: Können Sie berichten, was Sie bei 41-G im Oktober 1984 getan haben?

GARNEAU: Ich erinnere mich noch, wie ich das Schulungsgerät betrat und sagte: «Du liebe Güte, in dem bißchen Raum sollen sieben Leute leben?» Als ich dann die Crew besser kennenlernte, vergrößerte sich der Raum rein psychologisch. Und am Ende des Trainings sagte ich: «Nun, da haben wir ja massenhaft Platz. Kein Problem.»

Der wichtigste Faktor sind im Grunde nicht die Schulaufgaben und das praktische Training, sondern psychologische Anpassung und zwischenmenschliche Beziehungen...

WHITE: Welches war der wichtigste Aspekt des Erlebens selbst, und wie war es im Vergleich zu Ihren Erwartungen?

GARNEAU: Bei einer solchen Frage fällt einem vieles ein. Ich würde es ein traumähnliches Erlebnis nennen. Mit zeitlichem Abstand mag es manchmal eine andere Qualität annehmen. Wenn ich jedoch versuche, objektiv zu sein und zurückzudenken, wie ich es damals empfand, dann war es ein traumähnliches Erlebnis, weil der Weltraum ein durchaus magischer Ort ist.

Ich versuche hier nicht, überspannt oder seltsam zu erscheinen. Wenn man jedoch an einem Ort herumschwebt, wo man fast im Zeitlupentempo zu leben und zu arbeiten scheint, wenn man sich zudem noch über dem Planeten befindet und diesen in neunzig Minuten umrundet, dann ist dies von magischer Qualität. Es ist ein wenig wie bei Alice im Wunderland. Die Dinge ergeben da oben einen Sinn. Es geht nicht so chaotisch zu wie in einem normalen Traum, doch begibt man sich da in etwas hinein, was seltsam ist im Vergleich zu allen anderen Erfahrungen, die man im Leben gemacht hat.

Das behindert nicht die Arbeit. Ich glaube nicht, meinen Kopf verloren zu haben oder so sehr abgelenkt gewesen zu sein, daß ich meine Arbeit nicht richtig ausführen konnte. Doch war ich ständig von Staunen erfüllt. Während der ganzen Zeit da oben ging mir nichts von dieser magischen Qualität verloren...

Letzten Endes erledigt man eine Menge Arbeit, die Minute für Minute genau vorgeschrieben ist, und man muß da schon ein wenig Zeit für sich selbst herausholen, damit man nach diesem einzigartigen Erleben nicht zur Erde zurückkommt und sich sagen muß: «Ich hatte keine Zeit für mich selbst, um das Geschehen wirklich zur Kenntnis zu nehmen.»

Ich habe getan, was alle anderen auch getan haben, zumindest während unserer Mission. Wenn ich etwas freie Zeit hatte, suchte ich mir einen Platz, von dem aus ich auf die Erde blicken konnte.

Es gab da wirklich Leute, die mich fragten, ob ich ein Buch zum Lesen mitgenommen hätte. Das ist wohl die lächerlichste Frage der Welt. Man fliegt nicht da hinaus, um ein Buch zu lesen. Vielleicht fragen sie so etwas, weil sie überhaupt keine Ahnung haben, welcher Anblick sich dort bietet.

WHITE: Welcher Art war das Erleben, die Erde so zu sehen?

GARNEAU: Da mischte sich vieles miteinander. Einerseits ist es das reine Staunen, weil die Erde sehr, sehr schön ist. Da unten werden Kriege ausgefochten, die Umwelt wird verschmutzt, aber das sieht man ja von oben nicht. Man hat nur den Anblick eines wunderschönen Planeten, vor allem, wenn man ihn vor dem tiefschwarzen Hintergrund des Weltraums sieht. Da bekommt man plötzlich das Gefühl: du meine Güte, so ein kleiner Planet, verloren inmitten des Weltraums... Man hat wirklich das Empfinden, durch ein gewaltiges Universum zu driften.

Man erkennt dann auch, daß die Erde ein freundlicher Ort ist, auf dem Menschen gut leben können, und daß es weit und breit im All wahrscheinlich nicht zu viele von dieser Art gibt. Das macht einem bewußter, daß wir auf der Erde nicht so törichte Dinge tun sollten, wie uns bekämpfen und umbringen.

Ich bin sicher, daß schon oft berichtet wurde, wie man da oben das Gefühl für seine nationale Zugehörigkeit verliert. Wir flogen mit einem Neigungswinkel von 57 Grad, so daß wir ziemlich viel von

Kanada sehen konnten. Die Amerikaner, die normalerweise einen Neigungswinkel von 28 Grad flogen, sahen einen großen Teil der Vereinigten Staaten, den sie sonst nicht sehen, nördlich von Florida. Man konnte nicht sagen, wann man von Kanada in die USA gelangte... Ich hatte nahezu erwartet, diese Grenzlinien zu sehen – aber es gibt sie nicht. Ebensowenig gibt es sie, wenn man über ganz Südamerika oder Asien hinwegfliegt, und nach einer Weile erkennt man, daß es etwas Willkürliches ist, Grenzen zwischen uns zu errichten. In diesem Sinn wird man zum Weltbürger und sorgt sich auch weniger um persönliche Alltagsprobleme, zumindest solange man da oben ist... Während dieser kurzen Zeit ist alles Teil eines magischen Traums, der uns auf eine Ebene hebt, auf der man sich als höchst privilegierte Person fühlt. Man wird sich der Tatsache bewußt, daß dieses Erlebnis nicht vielen Menschen beschert wird.
WHITE: Wie war es mit der Schwerelosigkeit? Sie erwähnten vorhin das Schweben und dessen traumähnliche Natur.
GARNEAU: Das Schweben im Raum und die Schwerelosigkeit habe ich wirklich genossen, und alle Astronauten werden wohl dasselbe sagen, weil es wirklich Spaß macht und durchaus nicht kompliziert ist. Ich liebte das Schweben so sehr, daß ich sogar auf diese Weise geschlafen habe. Die meisten Kameraden krochen in einen Schlafsack oder gurteten sich an. Ich tat das nicht, ich schwebte einfach.

Man kann sich da oben nicht verletzen, und ich fühlte mich vollkommen wohl, wenn ich zur Nachtzeit die Augen schloß. Viele Leute meinen, sie müßten sich irgendwie festbinden, weil es nicht angehe, kreuz und quer durch die Gegend zu schweben. Für mich war das kein Faktor, weil ich mich vollkommen aus meinem Bezugssystem löste. Und selbst wenn ich mir vorstelle, ich müßte zehn Jahre dort oben verbringen, dann würde mir das Schweben immer noch so viel Spaß machen, wie das während der acht Tage der Fall war.
WHITE: Mir kommt folgendes in den Sinn. Wenn jemand in der schwerelosen Umgebung bliebe und nicht mehr zur Oberfläche eines Planeten zurückkehrte, dann müßte er eigentlich fischähnlich werden. Haben Sie schon mal ähnlich gedacht?
GARNEAU: Vielleicht gibt es dort etwas, was wir noch nicht kennen, das nach fünf Jahren jeden töten würde, der im Weltraum lebt. Bisher ist ja noch niemand so lange da oben gewesen.

Man wird eine Menge Kalzium verlieren, doch besitzen wir wirklich noch nicht genug Informationen darüber. Wir extrapolieren über die gegenwärtige Maximalzeit im Weltraum hinaus, die bei einem Jahr liegt. Mit einiger Vereinfachung würde ich annehmen, daß die Muskeln in Armen und Beinen an Schwund leiden und abmagern werden. Am Ende würden die Beine ganz verschwinden, weil sie nicht gebraucht werden. Man kann sich ja sehr gut überallhin nur mit den Augen bewegen.

Auch die Arme würden wahrscheinlich nicht denselben Umfang haben, weil man nicht viel Kraft braucht. Man braucht ihre Geschicklichkeit und Fähigkeit zum Manipulieren von Dingen, um sich anzuhalten, wieder abzustoßen und sich umherzubewegen. Doch brauchen sie dazu nicht so groß oder stark zu sein, wie sie normalerweise sind.

Ich kann mir nicht vorstellen, daß unsere Augen und Ohren sich sehr verändern. Man braucht da oben weiterhin alle Sinne. Auch der Gefühlssinn würde bleiben. Ganz allgemein würde ich jedoch meinen, daß unsere Glieder sich erheblich verändern würden.

Vermutlich werden unsere Wissenschaftler mit künstlicher Schwerkraft experimentieren. Da ist es durchaus möglich, daß es eines Tages, sobald wir Raumstationen haben, die Tendenz zum Erzeugen künstlicher Gravitation geben wird. Im Augenblick jedoch spielt das noch keine besondere Rolle.

WHITE: Mich interessiert vor allem, wie wir als Gemeinschaft im Weltraum evolvieren werden und wie sich das auf das Leben auf der Erde auswirken wird. Was meinen Sie, was geschehen wird, wenn Menschen längere Zeit im All verbringen?

GARNEAU: Meine persönliche Vision ist wohl ziemlich allgemein verbreitet. Und ich glaube fest an sie. Ganz gewiß zieht es die Menschen in den Weltraum. Das halte ich für unwiderruflich, und wir werden unseren Weg dahin fortsetzen. Dabei mag es Verzögerungen und Hindernisse geben, je nach dem finanziellen Budget und der politischen Szene. Doch werden wir dem Weltraum nicht mehr den Rücken kehren, das scheint mir undenkbar. Das wird wohl so sein wie zu Kolumbus' Zeiten, als er vor fünfhundert Jahren den Anstoß gab, die Welt jenseits der europäischen und asiatischen Küsten zu erkunden. Er gab den Anstoß zu «jetzt wollen wir den Rest der Welt anschauen», und selbst in unserem Jahrhundert wurden noch neue Gebiete erforscht.

Meines Erachtens werden wir eines Tages mit der Umwelt im Weltraum problemlos umgehen können. Wir werden zum Mond zurückkehren, dort eine feste Station bauen und sie als Ausgangsbasis nutzen. Es wird Menschen geben, die dort für längere Zeit leben werden. Wir werden eine Raumstation haben, die wie eine Blume Knospen erzeugt – in Form von mehreren Raumstationen, die entweder im gleichen Takt im Orbit kreisen oder polare Plattformen sind. Noch zu meinen Lebzeiten werden wir Menschen zum Mars schicken.

Darüber hinaus werden in den nächsten fünfzig bis hundert Jahren Menschen im Weltraum geboren werden und dort leben, zunächst vielleicht nicht ihr ganzes Leben lang, doch zumindest für eine längere Zeit. In ein paar Jahrhunderten werden Menschen wahrscheinlich ihr ganzes Leben an Orten wie dem Mond oder den großen Raumstationen verbringen, die die Erde umkreisen.

In den nächsten vierhundert bis fünfhundert Jahren werden wir unser ganzes Sonnensystem erkunden, werden jedoch nicht in der Lage sein, darüber hinaus zu gehen... Um das tun zu können, müßten wir einen magischen Schritt zu Antriebssystemen tun, die uns eine Annäherung an die Lichtgeschwindigkeit erlauben. Ich halte das zwar für technisch möglich, doch wird das noch sehr lange dauern. Sollten wir diese Fähigkeit wirklich erlangen, dann werden wir die benachbarten Sonnensysteme besuchen. Schließlich werden wir auch anderem intelligenten Leben begegnen.

Ich glaube, daß es da draußen intelligentes Leben gibt. Es könnte jedoch durchaus noch Millionen Jahre dauern, bevor es Kontakt mit uns aufnimmt. Irgendwie werden wir ungeduldig, wenn dies nicht zu unseren Lebzeiten geschieht. Vielleicht beobachtet man uns jetzt schon, vielleicht auch nicht. Möglicherweise werden wir die ersten sein, die den Kontakt herstellen. Meines Erachtens wird es irgendwann einmal geschehen, doch werden wir dazu noch lange Zeit nicht in der Lage sein.

Ich halte das für sehr aufregend. Auch meine ich, daß noch zu meinen Lebzeiten ein Kind im Weltraum geboren wird, was für das Kind und seine Eltern ein höchst spannender Augenblick sein wird.

WHITE: Haben Sie eine Vorstellung, wie die politischen und gesellschaftlichen Beziehungen sich entwickeln könnten?
GARNEAU: Ich glaube nicht, daß wir auf der Erde jemals «eine Welt» werden, in dem Sinne, daß wir alle Freunde werden. Nicht bis jemand uns aus dem All kontaktiert. Meines Erachtens brauchen wir einen Anstoß von außen, damit wir zusammenfinden. Sonst dürften weiterhin regionale Interessen vorherrschen. Das liegt in der menschlichen Natur und ist zu stark, um überwunden zu werden. Auch wenn wir uns alle zu Brüderlichkeit und Freundschaft bekennen, ist es unrealistisch anzunehmen, daß wir alle plötzlich durch den frommen Wunsch zusammengebracht werden, zum Wohle aller etwas im Weltraum zu unternehmen.

Natürlich werden wir mehr als bisher kooperieren und zivilisierte Beziehungen pflegen; die einzelnen Länder werden jedoch nach wie vor ihre Autonomie bewahren. Erst wenn irgendwann einmal andere Wesen aus dem All mit uns Kontakt aufnehmen, werden wir uns zusammenreißen und erkennen, daß es wichtiger ist, eine echte Gemeinschaft zu bilden.
WHITE: Was sollten Ihrer Ansicht nach die Menschen über den Weltraum und seine Erkundung wissen?
GARNEAU: Da kommt mir im Augenblick nur in den Sinn, daß seine Erforschung unausweichlich ist. Das ist kein Thema, über das man diskutiert, ob wir es tun sollten oder nicht. Es ist vielmehr etwas, was auf jeden Fall geschehen wird und was durch nichts mehr aufgehalten werden kann.

Natürlich gibt es Leute, die sich von all dem zurückziehen möchten. Die Tatsache, daß wir hier auf Erden viele Probleme haben, ist für sie unvereinbar damit, daß wir sehr viel Geld für Reisen ins All ausgeben. In Wirklichkeit läßt sich beides ohne weiteres miteinander vereinbaren, je nach der Perspektive, aus der man die Dinge betrachtet. Letzten Endes wird die Raumfahrt weitergehen, ganz gleich, was wir mit dem Geld des Staates tun. Nichts wird uns davon abhalten. Dazu ist der Instinkt des Menschen zu stark.

Jeffrey A. Hoffman

STS 51-D

Jeff Hoffman, ein Astronom, erlebte seinen ersten Raumflug als Spezialist an Bord von STS 51-D, der am 12. April 1985 gestartet wurde. Dabei unternahm er eine ungeplante EVA, um einen schlecht funktionierenden Satelliten zu bergen. Ich hörte Hoffman im Smithsonian Center for Astrophysics der Harvard University im Oktober 1985 und interviewte ihn im November 1985 im Johnson Space Center in Houston. Es folgen Auszüge aus seinem Vortrag in Harvard, Antworten auf Fragen aus dem Publikum sowie Material aus unserem Gespräch.

Als Vorbereitung auf das Verlassen des Raumschiffs im Weltraum hatten wir fünfzig Stunden unter Wasser trainiert. Einige Sekunden lang war ich überwältigt. Es ist jedoch erstaunlich, wie schnell das Training sich praktisch bewährt. Ich war eine Stunde draußen und «beobachtete, wie die Welt an mir vorbeizog». Es war unbeschreiblich, der Höhepunkt der ganzen Reise.

Während meiner Arbeit konnte ich nur schwer der Versuchung widerstehen, zu lange auf die Erde zu schauen. Vom oberen Deck des Shuttle aus beobachtet man die Erde wie aus einer Gondel. Man erhält ein Gefühl für die dreidimensionale Natur der Wolken, mit deren Fotografieren ich viel Zeit verbrachte. Auch die globalen Wetterstrukturen sind recht gut auszumachen. Vor dem Flug hatten wir uns lange damit beschäftigt, eine Liste der aufzunehmenden Fotos zu erstellen, und auch ökologische Probleme studiert. Überall auf der Erde sieht man Dinge geschehen, die atemberaubend sind.

Man kann ganze Kontinente überschauen und aus dreihundert Meilen Entfernung mit starken Ferngläsern sogar einzelne Gebäude erkennen. Wir fotografierten viele Sonnenauf- und -untergänge, und ich zählte nicht weniger als zwanzig Schichten Erdatmosphäre. Die Erde ist von einem Halo, einem Strahlenkranz, umgeben, der etwa acht Minuten nach Sonnenuntergang sichtbar wird.

Bei der Rückkehr in die Erdatmosphäre ist der Blick zurück wirklich dramatisch. Eine gewaltige stehende Schockwelle wird sichtbar, selbst nachdem die Sonne hervorkommt. Dies ist ein spektakuläres

Phänomen. Ein strahlend weißes Licht im Zentrum ist einer riesigen Totemfigur ähnlich. Als ich es der mitfliegenden Spezialistin Rhea Seddon zeigte, sagte sie: «Vielleicht sollten wir uns verneigen und es anbeten.»

WHITE: Sie haben einen Teil meines Manuskripts gelesen. Daher könnten wir unser Gespräch mit Ihrer Reaktion auf meine Vorstellung beginnen, daß Raumflüge die persönliche Lebensperspektive beeinflussen.

HOFFMAN: Ich glaube nicht, daß man in den Weltraum fliegen muß, um diese psychologische Wirkung zu erzielen. Nehmen wir etwa die Vorstellung von der Erde als einem geschlossenen Ökosystem, das Gespür für die Zerbrechlichkeit allen Lebens oder die bemerkenswerten Unterschiede zwischen Erde, Venus oder Mars.

Wir halten das für ein Ergebnis des Raumfahrtprogramms. Doch ist diese Perspektive nicht nur Personen vorbehalten, die in den Orbit fliegen und das dann sehen. Was ich da oben erlebt habe, hat eher schon vorhandene Gefühle verstärkt als neue geschaffen.

Das gilt meines Erachtens für den größten Teil meines Erlebens. Wer vor seinem Flug nicht so viel Zeit damit verbracht hat wie ich, über bevorstehende Erfahrungen nachzudenken und nachzulesen, mag das anders sehen. Zwar habe ich unglaublich viel Überraschendes erlebt. Doch hat das meine Weltanschauung nicht so verwandelt, wie einige Raumfahrer das von sich behaupten.

Die unmittelbare Erfahrung eines Aufenthalts im Orbit läßt sich nicht durch Lektüre ersetzen. Doch ziehe ich daraus keine unmittelbaren psychologischen oder philosophischen Konsequenzen. Philosophische oder mentale Folgerungen zieht man aus einer Erfahrung nur, wenn man viel über sie nachdenkt. Viele Leute fliegen ins All, ohne sich dabei tiefere Gedanken zu machen. Nach ihrer Rückkehr war das für sie nichts als ein phantastisches Abenteuer.

Ich weiß von dem Phänomen, daß jemand nach Tibet geht, dort zwei Jahre lang auf einem Berg meditiert und urplötzlich eine Erleuchtung, Offenbarung oder sonstwas erlebt. Vielleicht kann auch eine Weltraumerfahrung so etwas bewirken, jedoch nicht, wenn die Bodenkontrolle den Astronauten so sehr beschäftigt. Das Nachdenken erledigen wir meistens während der Dämmerperioden vor dem Einschlafen.

WHITE: Ich habe Ihren Rundfunkvortrag gehört «Warum habe ich sechs Jahre meines Lebens geopfert, um das zu tun». Dabei sagten Sie dem Sinne nach: «Rückblickend betrachtet, ist der Raumflug vielleicht das wichtigste, was wir jemals getan haben.»
HOFFMAN: Ich bin der festen Überzeugung, daß dies Teil einer langfristigen Entwicklung der menschlichen Zivilisation ist, und daß wir augenblicklich erst am Anfang des Weges stehen. Natürlich bin ich mit Science-fiction-Literatur aufgewachsen, so daß mir der Gedanke nicht fremd ist, daß auf anderen Planeten vernunftbegabte Wesen leben und zu anderen Sternen reisen.
WHITE: Als Astronom sind Sie natürlich dafür prädisponiert, dies für eine ganz natürliche Lebensweise anderer Lebewesen zu halten.
HOFFMAN: Ja. Viele Einschränkungen des menschlichen Lebens sind auf Gewohnheiten zurückzuführen. Oft hört man, es sei unmöglich, zu anderen Sternen zu reisen, weil sie zu weit entfernt sind. Dieser Standpunkt geht davon aus, daß alle Reisenden wieder zur Erde zurückkehren wollen, eine Annahme, die ich nicht für gerechtfertigt halte. Sie gilt nur für unser augenblickliches Entwicklungsstadium. Doch wird es sicher einmal Menschen geben, die nicht auf unserer Erde leben. Ich glaube nicht, daß es wirklich sinnvoll ist, die Menschheit als kosmisch zu bezeichnen. Sie ist sehr irdisch, und das sollte sie auch sein, weil wir ganz real von der Erde abhängig sind. Das wird jedoch nicht zwangsläufig immer so bleiben.
WHITE: Ganz sicher erleben wir jetzt einen primitiven Anfang. Doch haben wir jetzt schon die Situation, daß fast ständig einige wenige Menschen sich zumindest eine Woche lang im Weltraum aufhalten.
HOFFMAN: Wir warten alle auf die Chance, für längere Zeit im Weltraum leben zu können. Leider werden wir uns noch lange gedulden müssen. Inzwischen sammeln die Russen da reichlich Erfahrung. Soweit mir bekannt, gehört es irgendwie zu ihrer Tradition, den Weltraum als neues Siedlungsgebiet zu betrachten – für eine Gesellschaft, die einer vergangenen Revolution entstammt und nun in die Zukunft blickt. Meines Erachtens ist die Erkundung des Weltalls für sie nicht nur aus militärischen Gründen sehr wichtig, sondern allgemein als weltanschauliche Grundlage für ihre ganze Kultur.
WHITE: Ja, das sieht ganz so aus. Unsere amerikanische Kultur möchte einen neuen Lebensraum rein physikalisch erobern; die Rus-

sen dagegen suchen Neuland für eine neue Gesellschaftskultur. Der Aufbau einer Gesellschaft beschäftigt sie stark. Um wieder auf Ihr Erleben zurückzukommen – was war das Wichtigste daran?

HOFFMAN: Ignoriert man die rein technischen Aspekte, dann würde ich das Erleben in mehrere Elemente unterteilen. Das wichtigste Ergebnis unseres Fluges war eindeutig der Beweis unserer Fähigkeit, Menschen ins All zu schicken, die schnell auf unerwartete Situationen reagieren können.

Am Beginn des Erlebens steht die überwältigende Erfahrung der Schwerelosigkeit, eine äußere wie innere Erfahrung zugleich. Man sieht, wie die anderen sich bewegen, spürt die eigene Bewegungsfreiheit und zugleich ein Wohlbefinden des eigenen Körpers. Sobald man sich daran gewöhnt hat, daß dieser Zustand nicht schon nach dreißig Sekunden vorbei ist, wird er zu einer einzigartigen Erfahrung.

Diese hat wohl keine fundamentale philosophische Bedeutung, abgesehen davon, daß sie innerlich faszinierend ist. Äußerlich ist sie nur recht interessant. Zum ersten Mal kann man sich in allen drei Dimensionen frei bewegen – sogar besser als Vögel oder Flugzeuge, weil es keiner Kraft bedarf, um dort zu bleiben, wo man gerade ist. Natürlich können wir diesen Zustand nicht voll auskosten, weil der Shuttle klein ist. Vorausschauend sehe ich jedoch gerade wegen dieser Freiheit phantastische Möglichkeiten für Bauten im Weltall.

Es ist eine vollständig neue physikalische Umwelt. Irgendwann wird es im Bauwesen und Design ganz neue Fachbereiche für Konstruktionen geben, die nicht ihr eigenes Gewicht statisch abstützen müssen, die neuartige Baustoffe verwenden und auch sonst alles ausnutzen, was diese grundlegende dreidimensionale Freiheit noch ermöglicht. Zwar gibt es da oben immer noch Gravitation; als Kraft ist sie jedoch sehr verschieden.

Ganz gewiß wird der Mensch ein neues Gespür für Schwerkraft entwickeln. Da wir hier auf der Erde entweder stehen oder sitzen, denken wir normalerweise nicht daran, daß Schwerkraft physikalisch eine konstante Beschleunigung ist. Für uns scheint sie etwas, was uns am Boden, auf unserer Erde, festhält. Wenn jedoch der Shuttle landet und man aussteigt, spürt man sie als Beschleunigung in Richtung zum Erdboden.

WHITE: Spürt man tatsächlich, daß sie einen stets zur Erde zieht?

HOFFMAN: Ja. Das vermittelte mir viele physikalisch fundierte Einsichten. Ich spürte, wie diese Grundkräfte, Schwerkraft und fließende Bewegung, funktionieren. Das ist ein Teil der Faszination, zu beobachten, wie unterschiedlich sich die Dinge im freien Fall verhalten.

Der erste Teil des Erlebens ist also das Konzept der Schwerelosigkeit. Der andere Teil ist eine Folge des Beobachtungsortes, weil man aus dem Orbit sehen kann, was vom Erdboden aus nicht sichtbar ist. Das bleibt faszinierend vom Anfang bis zum Ende der Mission. Aus dem Fenster sieht man immer wieder Neues.

WHITE: Es ist schon ein besonderes Erlebnis, die Erde von dort aus sehen zu können. Aber es wandelt sich auch ständig.

HOFFMAN: Ich meine nicht nur die Erde, sondern das ganze Umfeld des Weltraums, die Atmosphäre, die nähere Umgebung des Shuttle und die Sterne. Von A bis O ist es eine sehr unterschiedliche Perspektive.

WHITE: Dann bekamen Sie also ein Gefühl nicht nur für die Erde, sondern für das ganze Sonnensystem?

HOFFMAN: Ja. Trotz unserer Nähe zur Erde konnte ich mir im Geist ein Bild von der Erde im All machen. Der Himmel ringsum ist tiefschwarz. Man sieht von oben tatsächlich die Atmosphäre, das Obere der Wolken und das Flimmern der Luft am Horizont. Natürlich ist es nicht wie auf dem Mond, wo man den kleinen Erdball am Firmament sieht. Mit ein wenig Einbildungskraft ist es jedoch möglich, sich auch das vorzustellen.

WHITE: Und wie war es mit dem Zeitgefühl?

HOFFMAN: Ich habe die irdische Uhr in meinem Kopf schnell abgestellt. Die wurde unwichtig. Natürlich, wenn ich hätte wissen wollen, wie spät es gerade in Houston war, wäre das einfach gewesen. Aber dafür bestand niemals Bedarf, und nach ein paar Stunden im Orbit war mir das auch völlig gleichgültig. Alles wickelte sich nach unserer Umlaufuhr ab, nach der abgelaufenen Missionszeit, weil unsere Aktivitäten darauf abgestellt waren. Auch für meine interne Planung zog ich die Orbitzeit als grundlegende Zeiteinheit vor. Manchmal, wenn ich mich anschickte, ins Bett zu gehen und dort planmäßig acht Stunden zu schlafen, sagte ich mir: «Wozu brauche ich überhaupt acht Stunden Schlaf. Ich werde lieber während des nächsten Umlaufs aus dem Fenster schauen, und erst danach zu Bett gehen.» Ich wußte natürlich, daß dies anderthalb Stunden waren, doch dachte ich in Orbitzeit (eine Erdumrundung in neunzig Minuten).

WHITE: Zeit hat mich stets in ihrer engen Verbindung mit Raum interessiert. Außerdem ist mir klar, daß wir Zeit in Wirklichkeit an dem messen, was die Erde tut.

HOFFMAN: Zeit wird auf subjektiver Ebene gemessen an der Veränderung, nicht nur der Erde, sondern aller Dinge. Ein Jahr ist ein Jahr. Subjektiv jedoch vertieft sich der Eindruck von Zeit, je mehr Dinge sich verändern. Darum kommt Kindern ja auch ein Jahr viel länger vor als uns Erwachsenen, weil sich während eines Jahres in einem Kinderleben viel mehr ändert als bei Ihnen und mir. Und in einer Woche im Orbit passiert eindeutig sehr viel mehr ...

WHITE: Ein wesentliches Element des ganzen Erlebens scheint das Aufregende und das Abenteuerliche zu sein.

HOFFMAN: Heute stellen Ausbildung und Vorbereitung überhaupt kein Abenteuer mehr dar. Man lernt, wie man die gestellten Aufgaben erledigt und wie man im Weltraum funktioniert ... Es ist ja nicht wie beim Bergsteigen, wo das Ziel darin besteht, den Gipfel zu erklimmen. ... Man schickt mich nicht mit großem finanziellen Aufwand in den Weltraum, damit ich dort Abenteuer erleben kann. Unsere ganze Ausbildungszeit verbringen wir mit Lernen, wie man da oben nützliche Arbeit leisten kann.

Meines Erachtens ist das an sich schon ein Abenteuer, im größeren Rahmen gesehen. Immerhin legen wir damit die Fundamente für die nächsten Jahre menschlicher Entwicklung und alles, was die Menschheit im Weltraum unternehmen wird. Das ist ein Abenteuer, und es ist die viele harte Arbeit wert.

WHITE: Ich habe mich mit Zen beschäftigt, das eine großartige Erfahrung verspricht, von der jedoch nie gesprochen wird. Man spricht nur vom Weg der Erfahrung; das Gewicht liegt auf dem praktischen Üben.

HOFFMAN: Das hat wohl andere Gründe. So wie ich Zen verstehe, spricht man nicht von der Erfahrung, weil man sie nicht herbeizwingen will. Sie muß von sich aus kommen und vom Menschen Besitz ergreifen. Wer gezielt danach greift, wird sie nie erreichen. Das gilt jedoch keineswegs für die Reise ins All. Man kann darüber nachdenken, soviel man will: Kommt man oben an, dann ist man eben da. Dann ist alles gelaufen. Insofern ist der Vergleich nicht zutreffend. Wir reden unter anderem deswegen nicht so viel darüber, weil wir uns auf späteres Erzählen überhaupt nicht vorbereitet haben, sondern nur auf die oben zu leistende Arbeit.

Zu wem soll man schon darüber sprechen? Mit einem Astronauten, der oben gewesen ist, brauche ich nicht zu erörtern, wie ein Sonnenuntergang im Weltall aussieht. Er hat ihn ja selbst gesehen. Wir versuchen auch nicht, einander zu erzählen, wie wir die Schwerelosigkeit empfunden haben, weil wir voraussetzen, daß jeder ungefähr das gleiche empfunden hat. Viel lieber unterhalten wir uns über einzigartige Dinge, die andere vielleicht während des Flugs getan haben. Allmählich sprechen wir dieselbe Sprache.

Wichtig ist, Laien davon zu berichten. Deshalb habe ich auch der Veröffentlichung meines Tagebuchs zugestimmt... Ich glaube, wir können unsere Erlebnisse am besten durch Bilder weitergeben. Jeder erwartet von uns, daß wir gute Fotos zur Erde zurückbringen. Und auf diese Weise vermitteln wir unser Erlebnis.

WHITE: Glauben Sie damit Erfolg zu haben?

HOFFMAN: Im großen und ganzen sagen mir die Leute, ich hätte es ihnen recht gut nahegebracht. Ich genieße das. Ich spreche gerne über etwas, was mich interessiert und dem die Menschen gerne zuhören.

WHITE: Hatten Sie das Gefühl, daß einige Menschen im echten Sinne von Ihren Erzählungen beeindruckt waren?

HOFFMAN: Einige erklärten, mein Tagebuch habe ihnen ein so unmittelbares Gefühl dafür gegeben, was während eines Raumflugs tatsächlich geschieht, wie das vorher nie der Fall gewesen sei. Die Leute hören sonst ja nur die Gespräche zwischen der Bodenkontrolle und den Astronauten, und das ist ja nicht, was während einer Mission abläuft.

Die meisten Leute können mangels Erfahrung ja nicht wissen, wie künstlich diese Sprache ist, die speziell für diesen Zweck entwickelt wurde, weil die Zeit für den Funksprechverkehr immer sehr kostspielig war. Mit dem Einsatz von Relais-Satelliten ändert sich das. Jetzt können wir Wissenschaftler ans Mikrofon setzen und uns ohne jede Funksprechdisziplin mit ihnen unterhalten.

Beim Funksprechverkehr sind selbst Gemütsbewegungen verpönt, weil sie ganz einfach überflüssig sind. In der Luftfahrt und im Seefunkverkehr war es Tradition, Funkstille zu halten, bis man etwas wirklich Wichtiges zu sagen hatte. Ohnehin sagt da oben jeder immer nur: «Du meine Güte, was für ein toller Anblick!» Das ist mittlerweile zum Klischee geworden. Manch einer kann vielleicht nichts Besseres sagen; eine überraschend große Zahl von Leuten kann es aber doch. Sie tun es nur nicht. Und dadurch kommen wir in schlechten Ruf.

WHITE: Sprechen wir nun über EVA. Ich habe den Eindruck, für viele ist das das aufregendste Erlebnis.

HOFFMAN: Ich glaube schon, daß wir alle gerne einmal außerhalb des Raumschiffs frei schweben würden, vor allem diejenigen, die ein EVA-Training absolvieren. Es ist nicht nur ein weiterer abenteuerlicher Schritt; man bekommt auch ein unmittelbares Gespür für den Weltraum...

WHITE: Hatten Sie nach dem Shuttle oder während der EVA das von Schweickart beschriebene Gefühl einer Identitätsverschiebung – man identifiziert sich nicht mehr mit einem bestimmten Ort auf der Erde, sondern mehr mit der Erde selbst?

HOFFMAN: Ich glaube nicht, daß so etwas ausschließlich bei einer EVA vorkommt. Vielleicht war es für ihn anders, weil er im Raumschiff eine nur beschränkte Sicht hatte. Im Shuttle hatten wir jedoch ein sehr reales Empfinden für unsere Position gegenüber der Erde, weil rundum Fenster sind und man einen großen Teil der Erde sehen kann.

Mein ungewöhnlichstes Erlebnis war wohl das Gefühl, sich vom Shuttle lösen und zu einem unabhängigen Satelliten werden zu können. Rein gedanklich hätte ich dieses Erlebnis auch im Shuttle haben können, weil ich nach den Gesetzen der Physik innerhalb der Kabine schwebe und ein unabhängiger Satellit bin, ein Satellit innerhalb eines Satelliten. Aber das ist doch noch anders, wenn man sich draußen befindet und der Shuttle ein Stück weiter weg ist. Das war wirklich aufregend. Ich glaube nicht, daß es philosophisch von Bedeutung ist, doch war es für mich interessant, wie relativ leicht ich ein Gefühl des Losgelöstseins erreichte.

WHITE: Physikalisch gesehen, waren Sie tatsächlich ein planetarer Körper. Waren Sie angeseilt?

HOFFMAN: Oh ja, während der ganzen Zeit. Der Shuttle war ein riesiges, massives Objekt, auf das ich eine Kraft ausübte, wenn ich mich hin und her bewegte, arbeitete oder mich von einem Teil zum anderen begab. Natürlich war *ich* derjenige, der sich bewegte, und der Shuttle stand still, weshalb sich alles, was ich tat, auf den Shuttle auswirkte. Wenn ich meine Hand nur leicht auf dem Verbindungsseil habe und im Raum schwebe, so daß keine Kraft zwischen mir und dem Shuttle wirkt, dann bin ich diesem gleich, es gibt keinen Unterschied zwischen uns. Wir sind gleichberechtigte Satelliten, die die Erde umrunden, und ich bin denselben physikalischen Gesetzen unterworfen wie der Shuttle. Ich hatte genug freie Zeit, das eine Weile lang tun zu können und zu genießen...

WHITE: Konnten Sie übrigens irgendwelche Unterschiede bei Ihren Träumen feststellen?

HOFFMAN: Ich erinnere mich nur an den Traum einer Nacht. Da träumte ich tatsächlich von diesem Flug. Ich träumte, ich sei wieder auf der Erde und fragte die Leute unten, wie der Flug da oben verlaufe. Und die antworteten: «Sollten Sie nicht eigentlich da oben sein?»

WHITE: Ich fragte mich, ob man im Shuttle anders träumt, ob die Schwerelosigkeit sich darauf auswirken könnte.

HOFFMAN: Ich wäre überrascht, wenn das der Fall wäre. Vielleicht fällt es in Zukunft leichter zu träumen, man sei schwerelos. Ich erinnere mich nur selten meiner Träume. Und in denen, an die ich mich seit meinem Flug erinnern kann, gab es nichts, was mit ihm in Verbindung stand. An sich ist es schade, weil das für mich eine Möglichkeit wäre, wieder das Gefühl der Schwerelosigkeit zu haben. Was verloren ist, das ist dahin. Man kann es nicht mehr zurückholen. Ich konnte dieses Gefühl in etwa zurückrufen, als ich mich in der ersten Nacht nach der Rückkehr zur Erde zu Bett begab. Wahrscheinlich ist es nicht sehr unähnlich dem, wenn ein Hypnotiseur Ihre Arme dazu bringt, sich schwerelos zu fühlen. In Wirklichkeit hat man diese Empfindung im ganzen Körper.

WHITE: Ich habe sehr viel über die langfristigen Auswirkungen des Raumflugprogramms auf die Gesellschaft nachgedacht. Haben Sie sich eine Meinung gebildet, wie diese Erfahrung die Auffassungen der Mitmenschen beeinflußt hat?

HOFFMAN: Ich glaube, die technologischen Auswirkungen werden in naher Zukunft bedeutender sein als die weltanschaulichen. Der Einfluß der weltweiten Kommunikationen ist ja bereits außerordentlich groß. Im Vergleich zur gesamten Vergangenheit haben sich Politik und Wirtschaft im zwanzigsten Jahrhundert auf fast revolutionäre Weise geändert. Im großen und ganzen ereignet sich heute nichts auf der Welt, ohne daß die Menschen in anderen Regionen davon wissen. Das ist wahrscheinlich die bisher größte Leistung des Raumfahrtprogramms, sein Einfluß auf die Veränderung des menschlichen Bewußtseins, auch wenn nur wenige das als Auswirkung dieses Programms erkennen. Doch es ist so, weil es so etwas wie einen geosynchronen Orbit mit den Satelliten da oben gibt.

Der Zeitpunkt ist bestimmt noch nicht nahe, an dem die Menschheit den Weltraum als Ausweichraum für Auswanderer betrachten könnte. Irgendwann mag das vielleicht geschehen. Vielleicht werden in Raumkolonien oder auf dem Mars einmal neue Arten von Kulturen und Gesellschaften entstehen. Intellektuelle werden sagen, das sei als Metapher wichtig. Ich dagegen halte es für wichtig, weil es die Weltmeinung über Amerika beeinflußt, und im Hinblick darauf, daß die Amerikaner auf dem Mond landeten.

Interessant ist auch die Existenz des Raumfahrtprogramms für die Motivation junger Menschen. Aus meiner Sicht sind viele andere Gebiete genauso aufregend: die Erforschung des Meeresbodens oder des menschlichen Gehirns, Dinge, die ebenso revolutionär sind wie der Weltraum. Doch Reisen in den Weltraum sind etwas Besonderes – vielleicht trägt Science fiction dazu bei, weil ein Gefühl von Abenteuer und Spannung damit verbunden ist. Unter den Ozeanen gibt es kein Äquivalent für «Raumschiff Enterprise». Insofern ist der Weltraum eine Metapher und motiviert viele junge Leute, etwas härter zu arbeiten.

WHITE: Noch etwas zum Abschluß unseres Gesprächs. Wenn Sie den Lesern eine bestimmte Botschaft übermitteln wollten – wie würde sie lauten?

HOFFMAN: Da das Shuttleprogramm immer mehr zur Routine wird, besteht meines Erachtens die Gefahr, daß die Leute aus den Augen verlieren, wie sehr wir noch im dunkeln tappen. Heute erwartet man, daß jede Mission perfekt abläuft. Und ich weiß tatsächlich nicht, wie das Land einen größeren Fehlschlag verkraften würde. (Diese Bemerkung machte Hoffman vor dem Challenger-Unglück.) Doch wir arbeiten immer noch in einer Umwelt, die keine Nachsicht kennt. Deshalb steht an erster Stelle das physische Überleben der Crew und des Raumschiffs. Schließlich sinken immer noch Schiffe auf den Meeren, stürzen Flugzeuge ab. Wir bereiten unsere Raumschiffe viel gründlicher für jeden Flug vor als ein normales Flugzeug. Wir wollen jedoch realistisch sein, eines Tages . . . wer weiß? Raumflüge sind nicht immer hundertprozentig sicher.

Das ist einer der Aspekte. Wichtiger ist, daß wir weiterhin ins All fliegen und versuchen, auch mit Dingen fertig zu werden, die nicht funktionieren. Ich meine damit nicht so etwas, was während unseres Fluges geschah. Wir versuchten, einen Satelliten zu richten, und das erwies sich als ein Problem, mit dem wir nicht fertig wurden. Die Leute scheinen sich gar nicht bewußt zu sein, in welch neuartiger Umwelt wir tätig sind. Wir müssen noch unerhört viel lernen.

WHITE: Dann besagt Ihre Botschaft also: Obwohl es wie Routine aussehen mag, ist es keine.

HOFFMAN: Ja. Wir würden es gerne als Routine erscheinen lassen, weil das bedeuten würde, daß alles gut funktioniert. Doch sollten wir da nicht selbstgefällig werden.

Edwin Garn

STS 51-D

Edwin Garn, republikanischer Senator des Staates Utah, war an Bord von STS 51-D, der am 12. April 1985 mit Charles Walker und Jeff Hoffman als Besatzung startete. Garn war einmal Pilot der US Navy und Vorsitzender eines Senatsausschusses, der das NASA-Budget kontrolliert. Es folgt eine Rekonstruktion meines Interviews mit dem Senator in Washington, D. C. am 23. Juli 1986.

WHITE: Welches Erlebnis war für Sie der Anblick der Erde aus großer Entfernung? Hat sich seit der Wiederaufnahme Ihrer Arbeit hier Ihre Anschauung von unserem politischen System geändert?

GARN: Zunächst möchte ich sagen, daß es praktisch unmöglich ist, die Schönheit der Erde zu beschreiben. Dazu fehlen mir die Worte, und ich war sehr frustriert bei dem Versuch, sie zu beschreiben. Man kann zwar den Leuten den Film *The Dream is Alive* vorführen. So spektakulär er auch ist, an die Wirklichkeit reicht er nicht heran. Denn Sie sehen die Erde ja nicht nur mit eigenen Augen aus einer Perspektive, die noch weiter ist als die einer Weitwinkelkamera. Sie haben vielmehr den ganzen Horizont im Blickfeld, erleben fünfundvierzig Minuten Tageslicht im Wechsel mit fünfundvierzig Minuten Nacht. Verbinden Sie das dann noch mit der Beweglichkeit in Schwerelosigkeit, dann erhalten Sie ein absolut euphorisches Gefühl.

Gegen Ende unserer Mission, nachdem wir versucht hatten, den Satelliten zu bergen, wollte ich einen vollen Orbit ungestört erleben. Dabei schwebte ich auf dem Flugdeck im freien Raum und lauschte der Musik zu «Schwanensee»: Das war so phantastisch und wunderbar, daß ich gegenüber meiner Frau und den sieben Kindern Schuldgefühle hatte. Ich hatte das Empfinden, ich habe alles gesehen und alles getan, und es würde mir gar nichts mehr ausmachen, nicht mehr zur Erde zurückzukehren. Es hätte mir wirklich nichts ausgemacht. Natürlich wollte ich wieder nach Hause. Wenn aber etwas geschehen wäre, was uns an der Rückkehr hinderte ... Nun gut, dann sollte es eben so sein. Hier oben war nichts als eitel Frieden, Befriedigung und Erfüllung.

Ferner hatte ich das Gefühl – und das ging nicht mir alleine so, ich hatte es schon jahrelang von anderen Astronauten gehört –, daß es da draußen keine politischen Grenzen gibt. Man sieht keine Markierungen für Staaten, Hauptstädte oder sonstige politische Abgrenzungen. Da ist nur eine Welt, und man erkennt, wie unbedeutend der Planet Erde ist, wenn man zehn Milliarden Sterne in der Milchstraße sieht und weiß, daß unsere Sonne nur ein ziemlich kleiner von ihnen ist. Man blickt in Entfernungen von Millionen Lichtjahren, und es erweist sich als unmöglich, die Weite des Raumes zu begreifen.

Ich habe stets daran geglaubt, daß es andere menschliche Wesen auf anderen Planeten gibt, wenn auch nicht in unserem Sonnensystem. Doch persönlich glaube ich, daß Gott unsere Erde und das Universum geschaffen hat, und daß wir nicht die einzigen Kinder Gottes im Universum sind.

Als ich das nach unserer Rückkehr zu einem meiner Kameraden sagte, antwortete er: «Das glaube ich nicht, Jake, wirklich nicht. Wir sind der einzige Ort, wohin Gott seine Kinder geschickt hat.»

«Nun denk doch mal nach», erwiderte ich, «dort draußen siehst du Milliarden Sterne und Planeten in einer Entfernung von Millionen Lichtjahren – die ist schon gar nicht mehr zu errechnen, 300 000 Kilometer pro Sekunde mal sechs oder sieben Millionen Jahre. Dabei ist die unglaubliche Weite dieses Systems aus zehn Milliarden Sternen nur unsere eigene Galaxis. Wie viele Planeten sind da draußen, die wir gar nicht mehr sehen können, ebensowenig wie wir von dort aus gesehen werden.»

Selbst wenn ich nicht an Gott glaubte, würde ich wegen des Gesetzes der großen Zahlen zu dieser Schlußfolgerung gelangen. Denn auch ein atheistischer Mathematiker sollte die statistische Wahrheit zugeben, daß es irgendwo da draußen in dieser unermeßlichen Zahl von Sternen einen oder mehrere Planeten gibt, die über dieselben atmosphärischen Bedingungen verfügen und was sonst noch zum Leben gehört.

Ob ich nun einen kreationistischen oder einen evolutionistischen Standpunkt einnehme: Ich hege keinen Zweifel daran, daß es da draußen vernunftbegabte Wesen gibt. Nicht bloß Leben ganz allgemein, sondern Wesen wie du und ich – nicht mit Ohren wie Dr. Spock (im Film «Raumschiff Enterprise») und nicht die kleinen grünen Männchen mit ganz anderen Körperformen.

Neben dem Gefühl für die großartige Schönheit hat man da oben aber auch ein Gefühl tiefer Traurigkeit. Zumindest ging es mir so, weil man beim Überfliegen Äthiopiens die eindringlichen Bilder von verhungernden Kindern vor dem geistigen Auge hat. Oder man fliegt über Irak und Iran, Afghanistan oder Nikaragua und blickt hinunter auf umkämpfte Gebiete. Über Afrika denkt man an das, was in so vielen Ländern der Dritten Welt vor sich geht, und wie traurig das alles ist, weil wir an sich über die notwendigen Ressourcen verfügen, alle Kinder Gottes zu ernähren ...

So also denkt man. Das Problem sind die Regierungen, nicht die Völker ...

Im Anschluß an solche Äußerungen hat man mich oft gefragt: «Glauben Sie denn an eine Weltregierung?» Oh nein, nein! Es wurde sogar mein Patriotismus gestärkt! Denn während ich da oben im Orbit über die Unterschiede der Regierungsformen und darüber nachdachte, warum wir in unserem Amerika so viel Freiheit, Chancen und materielle Vorteile haben, wurde mir klar, daß dies alles eindeutig der Freiheit des Individuums zu verdanken ist.

In dieser Hinsicht hat sich mein Verhalten verändert und gemildert – ich empfinde jetzt mehr Mitgefühl für Völker, die sehr viel ärmer sind als wir Amerikaner. Wir haben uns so an unsere Lebensweise gewöhnt, daß wir sie für selbstverständlich halten und glauben, alle anderen leben auch so ... Ich bin viel in der Welt herumgereist, hatte dabei aber nicht die Perspektive des Weltraums «Hier ist der Planet Erde». Astronauten haben vom Raumschiff Erde gesprochen. Wir reisen tatsächlich alle miteinander, weshalb es auf Erden mehr Chancengleichheit geben sollte. Wir sind Gottes Kinder; warum dann solche Ungleichheiten?

WHITE: Viele Astronauten haben erklärt, sie hätten zunächst eine rein intellektuelle Vorstellung vom Raumschiff Erde gehabt; jetzt sei sie jedoch realistisch. Keiner von ihnen hat gesagt: «Wegen meines Aufenthalts im Weltraum habe ich meine Weltanschauung total geändert», aber «Ich *fühle* jetzt etwas, was ich vorher nicht kannte.»

GARN: Wenn man hier so sitzt, festgehalten von der Schwerkraft, oder sich auf der Erdoberfläche bewegt, dann kann man kaum einsehen, daß diese Erde sich um ihre eigene Achse dreht und gleichzeitig die Sonne umrundet. Man mag noch so oft auf den Globus blicken oder auf Modelle, die unsere Stellung im Sonnensystem verdeutlichen – es ist für den normalen Menschen nicht ganz real. Man weiß es nur verstandesmäßig ...

Wenn man jedoch da oben war, hat man ein spirituelles Gefühl dafür. Es ist nicht mehr so, daß jemand uns das erzählt oder daß man es in einem Lehrbuch gelesen oder ein Modell des Universums betrachtet hat. Nun hat man mit eigenen Augen gesehen, daß die Dinge wirklich so sind, wie es in der Schule gelehrt wurde.

WHITE: Denken wir mal an die Zukunft. Wie sehen Sie nunmehr die Evolution der Gesellschaft auf ihrem Wege zu einer Raumfahrtgesellschaft? Glauben Sie an beträchtliche Veränderungen des menschlichen Verhaltens?

GARN: Ich sehe keine schnellen Veränderungen voraus. Doch

zweifle ich nicht an folgendem: Wenn mehr Menschen in den Weltraum fliegen, wird auch das Verständnis für das wachsen, wovon ich gesprochen habe.

Don L. Lind

STS 51-B

Don Lind wartete fast neunzehn Jahre auf seinen ersten Shuttleflug. Er startete am 29. April 1985 mit Challenger, als Spezialist im Raumlabor 3. Als Mormone und Physiker bringt er eine interessante Kombination von spirituellem und wissenschaftlichem Training in seine Erfahrung als Astronaut ein. Er hat insgesamt etwas mehr als sieben Tage im All verbracht. Mein Interview mit Dr. Lind fand im Johnson Space Center in Houston am 12. November 1985 statt.

LIND: Im Zusammenhang mit dem Apollo-Programm habe ich allerlei gelesen. Da war die Rede von Leuten, die tiefe, religiöse Erlebnisse hatten und ihre gesamte Lebensanschauung änderten. Das meiste davon halte ich für blanken Humbug. Denn zumindest damals war ich so sehr an allem interessiert, was ich gelesen hatte, daß ich fast jeden ausgefragt habe, der zum Mond geflogen ist.

Natürlich wurden Menschen, die tief religiös waren, bevor sie nach oben starteten, in dieser Hinsicht beeindruckt. Und diejenigen, die vorher zu beschäftigt waren, um religiös sein zu können, waren nach ihrer Rückkehr zu beschäftigt, um religiös zu werden.

In Gesprächen mit vielen Leuten hat sich herausgestellt, daß sie zwei fast universale Erlebnisse gehabt haben und sonst fast nichts. Das eine könnte man ganz allgemein als Nostalgie bezeichnen, eine Art von Heimweh. Das ist aufgrund der dramatischen Situation leicht zu begreifen und trat sehr viel stärker auf, als es bei anderen Formen der Reise in den Weltraum der Fall gewesen wäre.

Das andere könnte man eine Art von Gefühl der Brüderlichkeit nennen. Menschen mit religiösem Hintergrund haben das mit religiösen Begriffen bezeichnet, andere mit eher humanitären. Der Grundgedanke jedoch, und das habe ich selbst erlebt, war der, daß man nach unten schaute und sah, wie unglaublich dünn die Erdatmosphäre ist. Man erkannte, daß wir alle gemeinsam ihre Verschmutzung einatmen und gemeinsam untergehen, wenn wir so töricht sind, einen Krieg mit Kernwaffen zu beginnen. Niemand von uns hat ein Rettungsboot, und wir müssen gemeinsam dran glauben. Diese Empfindungen hatte man da oben, und nicht viel mehr. Ich habe viele Artikel darüber gelesen, was Menschen im Weltraum erlebt haben sollen, doch glaube ich nicht, daß es stimmt.

WHITE: Es besteht doch eine Wechselwirkung zwischen dem, was die Astronauten zu sehen erwarteten, und dem, was sie dann wirklich gesehen haben. Meinen Sie auch, daß die Medien in gewisser Weise diese zusätzlichen Ideen geschaffen haben?

LIND: Ja, das meine ich. Zumindest während der Apollo-Periode wollten einige uns unbedingt glauben machen, die Reise ins All würde religiöse Anschauungen stärken, und haben das aus allem herausgelesen, was die Astronauten sagten. Das beleidigte mich geradezu, weil ich nicht glaube, daß man zu einer Religion bekehrt wird, wenn man zum Mond oder nach Cincinnati oder sonstwohin reist. Religion scheint mir eine tiefere Erfahrung zu sein als das. Die Leute wollten, daß die Astronauten etwas von sich gaben, und wenn sie etwas in dieser Richtung sagten, dann reicherten sie das an.

WHITE: Ist «religiös» für Sie ein streng religiöser Begriff, etwa im Stile von «Gott sprach zu mir auf dem Mond»?

LIND: Nein. Ich habe da selbst einige starke Empfindungen, weshalb ich zögere, in die Erlebnisse anderer etwas hineinzulesen, was sie selbst ganz anders formulieren würden. Für mich hat das Wort religiös einen viel umfassenderen Sinn: eine tiefe, bewegende Erfahrung mit einem zusätzlichen Gehalt an Gottheit darin. Das meinte ich mit religiöser Erfahrung.

WHITE: Ich habe drei Einsichten herauskristallisiert, die Menschen im All haben, und würde gerne wissen, ob Sie selbst oder jemand, den Sie kennen, sie auch gehabt haben. Erstens erlangt man einen Overview Effekt über die Erde, den Sie Brüderlichkeit nannten. Ich glaube, die Bestätigung zu haben, daß viele so empfunden haben.

LIND: Ganz entschieden. Meine eigene Erfahrung und die aller, mit denen ich gesprochen habe, entspricht dem. Absolut.

WHITE: Das zweite ist Klarheit über den Platz der Erde im Sonnensystem, eine physikalische Erfahrung, die ich als Kopernikanische Perspektive bezeichne. Man erkennt, daß Kopernikus recht hatte und daß wir ein Teil des gesamten Sonnensystems sind. Mir haben viele Leute gesagt, sie hätten das natürlich schon gewußt, da oben aber erst wirklich stark empfunden.

LIND: Auch da würde ich Ihnen zustimmen.

WHITE: Das dritte betrifft den Platz der Erde im gesamten Universum, ein Gefühl für die ungeheure Ausdehnung des Universums, seine Größe, und daß die Erde nur ein Teil davon ist. Haben diese drei Elemente auch für Sie Gültigkeit?

LIND: Ja, das haben sie. Ich möchte noch etwas anderes hinzufügen. Ich spreche zwar nur von meinem persönlichen Erleben, neige aber zu der Annahme, daß es viel weiter verbreitet ist. Es geht um die überwältigende Schönheit der Erde in ästhetischem Sinne. Rein vom Verstand her wußte ich, was ich zu erwarten hatte. Sieht man von ein paar Experten hier im Raumfahrtzentrum ab, dann habe ich wahrscheinlich mehr Bilder von der Erde angeschaut als jeder andere, weshalb ich genau wußte, was ich sehen würde. Es gab keine intellektuelle Vorbereitung, die ich nicht getroffen hätte. Doch gibt es keine Möglichkeit, sich auf die emotionale Wirkung vorzubereiten.

Ich war bereits seit zwei Tagen im Orbit. Im Labor waren wir mit allen Arten von Experimenten beschäftigt, die andere Wissenschaftler zehn Jahre lang vorbereitet hatten. Daher empfanden wir ein starkes Verantwortungsgefühl, alle Experimente ordnungsgemäß abzuwickeln. Nachts war ich auf dem Flugdeck gewesen, um Fotos von der Morgenröte und anderen Dingen zu machen. Natürlich hatte ich auf die Erde hinuntergeschaut, doch war ich auf rein professionelle Weise sehr beschäftigt gewesen. Erst am dritten Tag im Orbit hatte ich eine Chance, zehn Minuten vom Flugplan abzuzweigen und wie ein normaler Tourist auf die Erde zu blicken.

Als ich es tat, war es ein so bewegendes Erlebnis, daß mir Tränen kamen. Es geschah auf zwei unterschiedlichen Ebenen. Die eine war rein ästhetische Schönheit. Ich male auch und konnte daher abschätzen, wie viele Nuancen allein von Blau in der Atmosphäre vorhanden sind, während sie vom Horizont in die unglaubliche Schwärze des Alls übergeht. Ich kann mich an zwanzig sehr intensive Blauschattierungen erinnern. Und dann blickte man hinunter auf einen Archipel mit Hunderten von Schattierungen von Grün, Blaugrün und Gelb in den Untiefen und Atollen. All das trieb mir Tränen in die Augen.

Ich habe in meinem Leben viel Schönes gesehen. Das hier war jedoch geradezu unglaublich. Für mich mischte sich dieser Anblick mit dem spirituellen Element, weil ich aktives Mitglied der Kirche der Mormonen bin und starke Beweise für die Existenz Gottes besitze. Bei diesem Anblick fielen mir ein halbes Dutzend Bibelstellen ein, die sagen: «Wenn du den Himmel gesehen hast, dann hast du Gott in seiner Majestät gesehen» und «Die Himmel rühmen die Ehre Gottes».

Alles dies hatte für mich in der sehr engen Interpretation von Religion eine starke religiöse Komponente. Dazu gesellte sich die emotionale Wirkung des Anblicks der Schönheit der Schöpfung Gottes unter mir. Das alles ist für mich in religiöser Hinsicht sehr sinnvoll. Aber auch ohne den religiösen Sinn wäre es eine tiefbewegende Erfahrung gewesen. Ich habe andere sich ähnlich äußern hören und nehme an, daß diese Ansicht universal und weitverbreitet ist.

WHITE: Wenn ich Sie so reden höre, dann erfüllt mich das Verlangen, es selbst zu erleben.

LIND: Das würde ich sehr empfehlen. So etwas kann auch die beste Filmtechnik nicht aufzeichnen ... Es ist etwa so, als besuche man ein Live-Konzert und höre danach eine recht gute Aufzeichnung. Das Live-Konzert hat etwas, das auch eine gute Aufzeichnung nie vermitteln kann. Es war die reine Schönheit der Szene, daß ich die Erde da draußen sehen konnte, diesen riesigen Ball, der sich einfach dreht und dreht.

Man hat stets das Gefühl, dort fest und aufrecht zu stehen. Vom Verstand her weiß man zwar, daß man sich mit dem Shuttle bewegt und die Erde still steht. Der Eindruck ist jedoch andersrum. Man hat den Eindruck, selbst zu schweben, während die Erde sich dreht.

WHITE: Jo Allen erwähnte, beim Betrachten der Erde sehe man niemals dasselbe Bild, weil sich alles ständig ändert.

LIND: Das stimmt. Ich erinnere mich: Einmal hatte ich nur ein paar Minuten freie Zeit und sah aus dem Fenster, als wir gerade über die Iberische Halbinsel hinwegflogen. Wir bewegten uns in Richtung Ärmelkanal, und Europa war an jenem Tag wolkenfrei, was ungewöhnlich war. Die gesamten Niederlande und Frankreich waren wolkenlos. London war bedeckt, doch konnte man die Themsemündung erkennen, während der Himmel bis hinaus nach Jütland und quer über Skandinavien klar war.

Ich konnte die Geburtsstadt meines Vaters in Schweden sehen, dazu die baltischen Staaten. Leningrad war von Wolken bedeckt, Moskau jedoch wieder klar. Wir flogen also von Bordeaux in Frankreich nach Moskau in etwa sechs Minuten. Und ich dachte mir: Nun sieh dir die Weltgeschichte an – ich bin soeben darüber hinweggeflogen. Die Tatsache, daß man so einfach dahinfliegt und innerhalb weniger Minuten gänzlich verschiedene Kulturen zu sehen bekommt, ist sehr eindrucksvoll.

WHITE: Wenn man einmal vom Anblick absieht, der ja räumlich ist, so muß doch auch der Wandel im Zeitgefühl außergewöhnlich sein.

LIND: Ja. Man koppelt sich selbst gänzlich von Tag und Nacht ab. Das hatte ich teilweise schon einmal erlebt, als ich in Fairbanks war, wo es entweder nur Tag oder nur Nacht ist und man dazu neigt, sich von der Sonne abzukoppeln. Umrundet man jedoch die Welt, dann ist man ja nicht nur an einem einzigen Ort. Schon fünf Minuten später befindet man sich über einem anderen Kontinent. Diese Form des totalen Abkoppelns von einer Ortszeit schien mir überhaupt nicht seltsam. Ich weiß nicht, ob unsere Ausbildung als Astronauten, bei der wir alles mögliche trainieren und simulieren, damit zu tun hat. Es war jedoch anders als das visuelle Erleben, auf das ich zwar verstandesmäßig, jedoch nicht emotional vorbereitet gewesen war.

Das Zeitgefühl entsprach genau dem, was ich erwartet hatte, und übte keine emotionale Wirkung aus. Es war zwar ein sehr interessantes wissenschaftliches und intellektuelles Erlebnis, jedoch erschien es mir überhaupt nicht seltsam. Ich war absolut darauf vorbereitet.

WHITE: Ein wichtiges Element des Erlebens ist die Schwerelosigkeit. Wie war das bei Ihnen?

LIND: Oh, das war wunderbar. Das reine Entzücken, sobald das Anpassungssyndrom an den Weltraum vorbei war. Es ist eine Art Beweglichkeit wie bei Peter Pan. Absolut herrlich.

WHITE: Das Ganze der Weltraumerfahrung ist größer als die Summe seiner Teile. Was ist an allem das Erregendste?

LIND: Das ist wahrscheinlich für jeden etwas anderes. Ich bin Naturwissenschaftler, und Naturwissenschaft betreiben macht Spaß, ist ein intellektuelles Spiel wie eine Schatzsuche, die auch von Erwachsenen gespielt werden kann. Ich hatte also das erwartete intellektuelle Vergnügen. Nehmen Sie dann noch dazu das große Abenteuer, das unvermeidliche Risiko. Man hat keine Angst, jedoch Respekt vor der Situation sowohl beim Aufsteigen ins All wie bei der Rückkehr. Das gibt allem einen abenteuerlichen Beigeschmack.

Natürlich sind da noch die anderen Faktoren, von denen Sie gesprochen haben, das Erleben der Schwerelosigkeit und die überwältigende visuelle Schönheit. Vergessen darf man auch nicht das Gefühl für die Bedeutung des ganzen Geschehens, weil einerseits viel Geld in das Unternehmen gesteckt wurde und andererseits Hunderte von Leuten die Experimente vorbereitet haben. Und während der nächsten vier bis fünf Jahre werden ganze Teams damit beschäftigt sein, die Daten zu analysieren, die da oben in einer Woche gesammelt wurden.

Dazu kommt schließlich noch der Gesamtzweck des Ganzen. Abgesehen von den hohen Kosten hat das, was man tut, doch besondere Bedeutung. Es ist so, als besuche man einen Zirkus an einem Tag, an dem der erste Geburtstag des ältesten Kindes, das erste Rendezvous mit einem schönen Mädchen und alles, was sonst noch Spaß macht, zu einem Paket zusammengepackt ist.

WHITE: Was mich noch interessiert, ist die Wirkung auf die Gesellschaft insgesamt. Was halten Sie davon?

LIND: Ich arbeite in einem wissenschaftlichen Forschungsprogramm mit westeuropäischen Mitarbeitern zusammen, die das besser dargestellt haben, als ich es selbst hätte tun können. In den sechziger Jahren hielten die Amerikaner nicht viel von sich selbst. Es war die Ära des «häßlichen Amerikaners». Bei uns brannten die Universitäten, und die Amerikaner schienen verloren und ziellos. Meines Erachtens hat der nationale Stolz auf das Raumfahrtprogramm diesem Trend auf einzigartige Weise entgegengewirkt. Von einigen Europäern erfuhr ich, daß ihr Bild von Amerika in jenem Jahrzehnt stark vom Raumfahrtprogramm geprägt wurde. Ohne es wäre das ein recht trübes Jahrzehnt gewesen.

Wenn ich mich so umschaute, erkannte ich in der Gesellschaft ein Gefühl nationalen Stolzes. Der Sputnik hatte eine verheerende Wirkung auf die nationale Psyche gehabt. Daraus erwuchs dann mancherlei. Die neue Mathematik war ebenso wie die Erfolge von Mercury, Gemini und das Apollo-Programm eine Antwort auf den Sputnik. Die Raumsonden zu den Planeten hatten bedeutsame und vermutlich zugleich therapeutische Wirkung.

Vergessen wir nicht die Reaktion auf diese Idee, die ich Brüderlichkeit nenne. Hätten die Menschen niemals die Bilder gesehen oder den Astronauten zugehört, hätten sie dieses Gefühl nie bekommen. Doch meine ich, daß sie es eher gefühlsmäßig als rein verstandesmäßig zur Kenntnis genommen haben.

Denken Sie an das Bild der aufsteigenden Erde über dem Horizont des Mondes. Für mich ist es das Bild des Jahrhunderts. Jede Crew, die zum Mond flog, hat dasselbe Bild aufgenommen. Wahrscheinlich war es bewegender als alles andere, um die Ideen der Menschen in Richtung des Konzeptes Eine Welt zu reorientieren. Ich glaube, es war kein Zufall, daß unsere Generation auf diese Weise über die Erde nachzudenken begann, nachdem sie die ersten Bilder aus dem All gesehen hatte.

Auf die äthiopische Hungersnot hätten wir vermutlich auch ohne Fotos aus dem All reagiert, so wie wir in den zwanziger Jahren auf das Erdbeben in Tokio reagierten. Doch wären die Intensität und die persönliche Betroffenheit nicht so stark gewesen. Heute sprechen wir nicht mehr von sogenannten fernen exotischen Ländern, wenn wir Bali, Afghanistan oder Tibet meinen. Noch als ich aufwuchs, da gab es Orte ganz weit weg mit seltsam klingenden Namen, zu denen nur Dichter in ihrer Phantasie reisten. Das ist heute ganz anders. Jeder weiß, daß Tibet gleich um die Ecke liegt.

WHITE: Sie haben lange auf einen Flug ins All warten müssen. Allem, was Sie gesagt haben, entnehme ich aber, daß es wirklich die Sache wert war.

LIND: Und ob es das war! Ich habe in einem Vakuum gewartet, ohne wirklich etwas zu tun. Nichts, was nur eine Woche dauert, könnte neunzehn Jahre wert sein. Aber ich habe äußerst interessante Dinge getan. Und ich hatte einen Sitz in der ersten Reihe der Weltgeschichte.

Sultan Bin Salman al-Saud

STS 51-G

Prinz Sultan von Saudi-Arabien flog als Nutzlastspezialist mit dem am 17. Juni 1985 gestarteten Shuttle Discovery. Anlaß war die Stationierung eines Satelliten im Weltraum für ARABSAT, ein Fernmeldekonsortium von Ländern der Arabischen Liga. Prinz Sultan, Mitglied der königlichen Familie, Pilot und Fernsehveranstalter, war der erste arabische Astronaut. Die folgenden Auszüge wurden einem Interview entnommen, das Bob MacDonald vom Christian Science Monitor Broadcasting für das Rundfunkprogramm dieses Senders am 9. September 1985 führte.

SULTAN: Ich glaube, die Minute, in der ich diesen Anblick zum ersten Mal genoß, war wirklich einer der denkwürdigsten Augenblicke meines ganzen Lebens. Ich sagte in Arabisch «Oh, mein Gott» oder so etwas wie «Allah ist groß!». Es läßt sich überhaupt nicht beschreiben.

MACDONALD: Das Erlebnis des Weltraumflugs hat auf viele amerikanische Astronauten Auswirkungen gehabt. Sie kommen zurück, und ihr Leben hat sich durch den Aufenthalt dort oben verändert. Ist das bei Ihnen auch der Fall?

SULTAN: Ich glaube, es hat meine Lebensanschauung verändert. Jetzt schätze ich die Welt mehr, in der wir leben. Zufällig bin ich jemand, der überzeugt ist, daß wir auf dem besten Planeten leben, so daß wir wirklich nicht ins All fliegen und uns nach einem anderen umsehen müssen. Ich meine, Gott hat uns so viel gegeben, wofür wir dankbar sein müssen, und wir vergeuden so viel Zeit, es zu zerstören.

Die Botschaft, mit der ich zurückkehrte, ist, daß die materiellen Dinge, die mich interessierten, für mich jetzt weniger wertvoll sind. Ich gehöre zu den Leuten, die gerne in die Welt hinausgehen, allerlei unternehmen, die sich lieber engagieren, als isoliert zu Hause bleiben. Ich habe etwas so Wunderbares erlebt, daß ich es anderen mitteilen möchte ...

MACDONALD: Natürlich war die Reaktion der Menschen in Ihrem eigenen Land sehr stark. Wie war sie denn in anderen arabischen

Staaten? Sie waren der erste Moslem und Araber, der Astronaut wurde. Wie reagierte die Arabische Liga darauf?

SULTAN: Ich kann Ihnen nur über die menschliche Reaktion von Einzelnen berichten. Ich habe viele Briefe erhalten, täglich drei-, vier- oder fünfhundert, die ich alle selbst lese und beantworte. Die meisten kommen nicht aus Saudi-Arabien, sondern aus anderen Ländern des Mittleren Ostens – Marokko, Algerien, Libanon, Syrien –, und jeder ist voller Begeisterung. Ich wurde zu privaten Besuchen in allen arabischen Ländern eingeladen.

MACDONALD: Sie entstammen einer Tradition starken religiösen Glaubens, und ich frage mich, was der Raumflug Ihnen aus dieser Perspektive bedeutete. Hat er Ihren Gottbegriff verändert?

SULTAN: So etwas stärkt die religiöse Überzeugung. Ich sehe darin die Möglichkeit zu beweisen, daß kein Widerspruch besteht, der moslemischen oder einer anderen Religion anzugehören und zugleich an einer wissenschaftlichen oder Weltraummission teilzunehmen, die fast den Gipfel technologischer Hochleistungen des zwanzigsten Jahrhunderts darstellt.

Ich bin in den Weltraum geflogen, habe meinen Glauben praktiziert, ganz einfache Riten, mit denen man sich an Gott wendet und über ihn nachdenkt. Beim Anschauen der Erde dachte ich an das, was der Koran, unsere Bibel, meine Religion mir so oft erzählt hat. Das Bild ist wirklich unsagbar schön.

Ein spanisches Magazin bat mich, in einem Satz zu beschreiben, was ich gesehen habe. Ich antwortete: «Der einzige Satz, der mir dazu einfällt, ist, daß es keine Worte gibt, es zu beschreiben. Es entzieht sich jeder Beschreibung.»

Loren W. Acton

STS 51-F

Loren Acton ist Angestellter bei Lockheed. Er flog als Nutzlastspezialist mit dem Shuttle im Juli 1985. Der ursprünglich für den 12. Juli vorgesehene Start wurde auf der Startrampe drei Sekunden vor dem Liftoff abgebrochen und erfolgte schließlich am 29. Juli. Dabei schal-

tete der Raketenantrieb zu früh ab, so daß der Shuttle nicht den geplanten Orbit erreichte, sondern in einer niedrigeren Umlaufbahn flog. Seit der Rückkehr von diesem Flug ist Dr. Acton aktives Mitglied der Association of Space Explorers. Mein telefonisches Interview mit Acton fand am 15. Juli 1986 statt.

WHITE: Welches war für Sie das tiefgehendste Erlebnis?

ACTON: Es war die Verpflichtung und Verantwortung, meinen Job fehlerlos auszuführen und das Gefühl von Versagen und enormer Frustration, als ich Fehler machte. Ich war den Verpflichtungen, die auf mir lasteten, vielleicht nicht gewachsen. Daher hatte die Arbeit an Bord den stärksten Einfluß auf mich.

Das war eine Mission mit sehr vielen Aufgaben. Wir arbeiteten rund um die Uhr, um alle Experimente durchzuführen. Mein Fehler war es, daß ich mich überfordern ließ und nicht bereit war, mich auf das Positive zu konzentrieren, das sich oft ereignete. Ich beendete den Flug mit einem Gefühl totalen Versagens. Meine arme Frau mußte mich auf dem Rückflug nach Houston trösten. Statt ihr von den Wundern der Mission zu berichten, redete ich immer nur von meinen Fehlern.

Die Heilung begann nach unserer Landung in Houston. Dort traf ich zahlreiche Astronomen, die alle davon sprachen, wie gut doch die Mission gelaufen sei. Das richtete meinen Geist wieder auf.

WHITE: Wie würden Sie Ihr Erleben außerhalb Ihrer Arbeit beurteilen?

ACTON: Das kann man nicht so ohne weiteres trennen. Ich bin ein sehr gemütsbetonter Mensch, und diese Art von Gefühlen wurde im Zusammenhang mit dem Gesamterlebnis noch verstärkt... Man erwartete ja von mir, daß mich die Schönheit der Erde, ihre Verletzlichkeit und Endlichkeit in ehrfürchtiges Staunen versetzen würde. Ich flog mit dieser Erwartung nach oben, und so war es dann auch. Gordon Fullerton sagte auf seinem ersten Flug, er sei erstaunt, wie dünn die Erdatmosphäre ist. Ich sah nur aus dem Fenster und sagte einfach: «Wahrhaftig, die Erdatmosphäre *ist tatsächlich* dünn.» Vielleicht hätte ich das ohnehin gesagt. Doch war ich vorbelastet. Ich bin Astronom und weiß, daß die Erde nicht unendlich ist. Ich wurde von der Tatsache beeindruckt, daß sie sogar sehr endlich ist.

Die Erde ist wunderschön. Ich liebe Farben, deshalb liebte ich das Blau des Ozeans und das Weiß der Wolken, das Rot der Wüsten und das Grün der Urwälder. Wenn es das war, wovon ich erwartungsgemäß beeindruckt sein sollte – nun ja, das war ich.

Ob mich das verändert hat? Ja, weil diese an sich so selbstverständlichen Erkenntnisse auf einmal zu etwas wurden, worüber die anderen etwas hören wollten. Ich besitze genug gesunden Menschenverstand um einzusehen, daß diese Leute jetzt bereitwilliger waren, auf das zu hören, was ich ihnen berichtete, als wenn ich nicht in den Weltraum geflogen wäre. Ich war gewillt, zurückzukehren und Dinge zu berichten, die aus meiner Sicht konstruktiv sind. Ich würde gerne die Welt retten, die meines Erachtens ein angenehmer Aufenthaltsort ist. Ich meine, wir befinden uns auf gefährlichem Kurs, wir müssen evolvieren, uns ändern und die Probleme auf andere Weise lösen, als wir es gewohnt sind. Wir müssen uns darauf vorbereiten, weniger insular zu sein.

WHITE: Das war also eine Art von Bewußtsein, die schon vor dem Flug bei Ihnen bestand.

ACTON: Ich glaube schon.

WHITE: Eine Bestätigung also dessen, was Sie vorher schon empfunden hatten. Doch erkannten Sie, daß Ihre Äußerungen anderen jetzt sinnvoller klangen.

ACTON: Ja, ich glaube, mein Aufenthalt im Weltraum hat mich erheblich verändert. Ich fühle nunmehr die Verpflichtung, dieses Erleben so aufzuarbeiten, daß man guten Gebrauch davon machen kann ...

(Acton und White erörtern dann Probleme, die sich beim ersten Kongreß der Association of Space Explorers ergaben, Sprachprobleme etc., die für den deutschen Leser wenig interessant sind. Anm. d. Übers.)

Bill Nelson

STS 61-C

Der demokratische Kongreßabgeordnete Nelson aus Florida vertritt den Wahlkreis, in dem sich das Kennedy Space Center befindet. Er ist Vorsitzender des Ausschusses im Repräsentantenhaus, der die NASA kontrolliert. Nelson flog im Januar 1986 mit dem letzten erfolgreichen Shuttle vor der Challenger-Katastrophe. Ich interviewte ihn telefonisch am 7. August 1986 und im September 1986.

WHITE: Wie waren Ihre Empfindungen, als Sie die Erde aus dem Orbit sahen, und was veranlaßte Sie zum Nachdenken darüber, wie Sie die Dinge nach der Rückkehr zur Erde anpacken würden?

NELSON: Die Erde ist von da oben ein geradezu unglaublicher Anblick. Sie zeigt sich vornehmlich blau und weiß, blau durch die Ozeane und weiß durch die Wolken, und sie erscheint wie aufgehängt in diesem tiefschwarzen leeren Raum, der überhaupt kein Ende nimmt. Auf der Nachtseite der Erde ist dieses tintenartige Schwarz mit glänzenden Sternen übersät, und man hat den Eindruck, in die Unendlichkeit blicken zu können. Mir fiel dabei mehrfach ein, was König David geschrieben hat: «Die Himmel erzählen die Ehre Gottes, und das Firmament verkündigt seiner Hände Werk.»

Diese göttliche Ordnung, diese Schöpfung erkannte ich deutlich, als ich auf den wunderschönen Planeten hinunterblickte, der zugleich so verletzlich wirkt. Meine Experimente beschäftigten mich so sehr, daß ich nur in der Zeit aus dem Fenster sehen konnte, in der alle anderen schliefen. Ich sog diese Eindrücke förmlich ein, während ich einen Erdumlauf nach dem anderen im Schwebezustand vor dem Fenster hing...

Was ich da oben gesehen habe, ließ mich zu der Schlußfolgerung kommen – ich weiß nicht mehr, ob das schon da oben geschah oder erst in der Rückerinnerung –, daß die Führer der Supermächte die Möglichkeit haben sollten, die Erde aus der Perspektive zu sehen, wie ich sie gesehen habe, vielleicht bei einem Gipfeltreffen im Weltraum irgendwann im nächsten Jahrhundert. Dann würden sie erkennen, daß wir alle durch einen gemeinsamen Nenner an diese Erde gebunden sind. Das würde positive Auswirkungen auf ihre künftigen Entscheidungen über Krieg und Frieden haben.

WHITE: Ich bin ebenfalls an der Idee einer Gipfelkonferenz interessiert und habe mit Joe Allen und einigen anderen Astronauten darüber gesprochen. Verfolgen Sie dieses Projekt aktiv, oder ist es mehr eine Idee, die Sie als Versuchsballon in die Welt setzen?

NELSON: Gegenwärtig gibt es keine Möglichkeiten dafür, doch kann man den Gedanken lancieren und die Leute darüber nachdenken lassen ... Übrigens hat mein Weltraumflug bestätigt, was ich bereits wußte und woran ich schon lange gearbeitet hatte – daß der Weltraum nämlich ein einzigartiger Platz ist, an dem Gegner kooperieren können. Man hört so oft das Gegenteil, z. B. von den Verfechtern von SDI, die den Weltraum militärisch nutzen wollen. Tatsächlich jedoch haben wir ihn vor elf Jahren für einen gigantischen symbolischen Akt des Friedens genutzt, und das könnte wieder geschehen, obwohl wir während der letzten fünf oder sechs Jahre nur wenig Zusammenarbeit erlebt haben.

Wir könnten auf der Ebene von Arbeitsgruppen zusammenarbeiten. Die Sowjets haben ein Marsprojekt für 1988 geplant.* Wir planen eine Beobachtermission zum Mars für das Jahr 1990. Wir könnten vor, während und nach den Missionen Daten austauschen und vorbereitende Gespräche für eine gemeinsame bemannte Mission zum Mars planen. Das würde die Weltpolitik sicherlich spürbar beeinflussen.

Diese Gedanken sind mir jedoch nicht erst während meines Aufenthaltes im Weltraum gekommen. Sie wurden nur durch den außergewöhnlichen Anblick unseres Planeten bestätigt.

WHITE: Dieser Flug hat bewirkt, daß Ihre Anschauungen den Mitmenschen aussagekräftiger erscheinen. Denn Sie können jetzt mit Überzeugungskraft sprechen, und die Leute sagen sich: «Er weiß, wovon er spricht. Er ist dort oben gewesen.» Das gibt der Sache ein ganz anderes Gewicht.

NELSON: Das macht wirklich etwas aus, wenn man bedenkt, daß bisher erst 132 Menschen, darunter elf Ausländer, in amerikanischen

* Im Juli 1988 starteten sie erfolgreich eine Sonde, die den Marsmond Phobos erkunden soll. (Anm. d. Übers.)

Raumfahrzeugen ins All geflogen sind. Jetzt kann ich von Dingen sprechen, die ich wirklich gesehen habe.

WHITE: Es war also eine bestätigende Erfahrung, die dem, was Sie zu sagen haben, Glaubwürdigkeit und Eindringlichkeit verleiht. Ich hatte dasselbe Gefühl bei meinem Gespräch mit Senator Garn, der berichtete, seine Weltanschauung habe sich sehr verstärkt. Haben Sie Kontakt mit ihm und arbeiten Sie zusammen?

NELSON: Oh ja, sehr viel. Von Natur aus haben Senat und Abgeordnetenhaus nicht viel miteinander zu tun. Unsere persönlichen Beziehungen erhalten aufgrund der gemeinsamen Erfahrung eine ganz neue Dimension . . .

WHITE: Ich nehme an, auch Sie sind der Meinung, daß sich ein neues Verhältnis der Bevölkerung zur Weltraumforschung entwickeln wird, wenn erst mehr Menschen dorthin geflogen sind.

NELSON: Ja, doch wird das praktisch noch längere Zeit nicht geschehen. Wenn Sie von Gipfelkonferenzen im All sprechen, dann blicken Sie ins kommende Jahrhundert, in eine Zeit, in der Raumflüge viel mehr Routine sein werden. Für die gegenwärtige Generation von Raumfahrzeugen kann das noch nicht gelten.

Anhang

Anhang A

Logische Begründung für die Erforschung und Besiedlung des Sonnensystems

Unsere Vision: Das Sonnensystem als Heimat der Menschheit.
Das Sonnensystem ist unsere erweiterte Heimat. Fünfhundert Jahre nachdem Kolumbus den Zugang zur Neuen Welt öffnete, können wir die Besiedlung von Welten jenseits unseres Heimatplaneten in Gang bringen. Die Verheißung jungfräulichen Landes und eines Lebens in Freiheit führte unsere Vorfahren zu den Küsten Nordamerikas. Heute hat die Raumfahrttechnologie den Menschen die Freiheit verschafft, sich von der Erde ins All zu begeben, als eine Spezies, deren Schicksal es ist, sich auf andere Welten auszudehnen.

Unsere Zielsetzung: Freie Gesellschaften in Neuen Welten.
Die Besiedlung Nordamerikas und anderer Kontinente war ein Vorspiel zur größeren Herausforderung der Menschheit: den Siedlungsraum Weltraum. Wenn wir neue vielversprechende Lebensräume für uns selbst und unsere Nachkommen entwickeln, müssen wir die Garantien mit uns nehmen, die in der amerikanischen Bill of Rights niedergeschrieben sind: das Recht, in Freiheit zu denken, zu kommunizieren und zu leben. Wir müssen die individuelle Initiative und freies Unternehmertum auch im Weltraum stimulieren.

Unser Ehrgeiz: Neue Ressourcen zum Nutzen der Menschheit erschließen.
Im Laufe der Geschichte wurde stets dann Wohlstand geschaffen, wenn die Kraft des menschlichen Intellekts ausreichende Energie mit

reichen materiellen Ressourcen kombinierte. Jetzt kann Amerika neuen Wohlstand im neuen Lebensraum Weltall schaffen, der der gesamten menschlichen Gemeinschaft zugute kommt, indem es die Energie der Sonne mit Materialien kombiniert, die während der Entstehung des Sonnensystems im Weltraum übrig blieben.

Unsere Methode: Effizienz und Systematik.
Bei der praktischen Durchführung dieses großartigen Unternehmens müssen wir logisch planen und klug handeln. Jeder einzelne neue Schritt muß seine Berechtigung in sich selbst tragen und weitere Schritte ermöglichen. Amerikanische Investitionen in den neuen Lebensraum sollten mit kleinen, jedoch stetigen Anteilen unseres nationalen Haushalts finanziert werden.

Unsere Hoffnung: mehr internationale Zusammenarbeit.
In seinem im Januar 1776 publizierten Essay *Common Sense* schreibt Thomas Paine über die amerikanische Unabhängigkeit: «Dies ist nicht die Angelegenheit einer Stadt, eines Landkreises, einer Provinz oder eines Königreiches – sondern eines Kontinents . . . Hier geht es nicht um einen Tag, ein Jahr oder ein Zeitalter. Hieran ist die Nachwelt beteiligt, und sie wird durch unser heutiges Vorgehen mehr oder weniger bis zum Ende aller Zeiten beeinflußt werden.» Die Erkundung des Weltalls ist ebenfalls weder Angelegenheit einer einzelnen Nation noch nur für die heutige Zeit von Belang. Daher muß Amerika mit anderen Nationen auf eine Weise zusammenarbeiten, die in Übereinstimmung mit unserer Verfassung, unserer nationalen Sicherheit und internationalen Absprachen steht.

Unser Bestreben: Amerikanische Führung im neuen Lebensraum.
Angesichts des amerikanischen Pioniererbes, unserer technologischen Überlegenheit und wirtschaftlichen Stärke ist es angebracht, daß wir die Völker dieses Planeten in den Weltraum führen. Unsere Führungsrolle sollte eine Herausforderung sein für die Visionen, Begabungen und Energien von jung und alt und andere Nationen inspirieren, ihre besten Talente zur Ausgestaltung der Zukunft der Menschheit beizusteuern.

Was wir brauchen: Ausgeglichenheit und gesunden Menschenverstand.
Um Nordamerika zu besiedeln, bedurfte es der nachhaltigen Bemühungen von Arbeitern und Bauern, Kaufleuten und Verwaltungsbeamten, Handwerkern und Abenteurern, Wissenschaftlern und Seefahrern. Auf dieselbe Weise muß unser Raumfahrtprogramm mit Lebenskraft und Kontinuität die Elemente von wissenschaftlicher Forschung und technologischem Fortschritt verbinden, von Entdekkung und Entwicklung neuer Ressourcen im Weltraum. Es muß die wesentlichen Institutionen und Systeme bereitstellen, um Amerikas Einflußsphäre in Wissenschaft, Industrie und der Besiedlung des Weltraums auszudehnen.

Unsere Methode: Die entscheidende Führungsrolle der Regierung.
Ebenso wie einst bei der Besiedlung des amerikanischen Westens sollte die Regierung heute Forschung und Wissenschaft unterstützen, entscheidende Technologien fördern und die Transportsysteme und Verwaltungen bereitstellen, die erforderlich sind, die neuen Räume auf breiter Basis zu erschließen. Diese Investitionen werden ihre Kosten zum Nutzen aller um ein Mehrfaches wieder einbringen.

Unsere feste Entschlossenheit: Vorwärts «im Frieden für die ganze Menschheit».
Als die ersten Apollo-Astronauten den Mond betraten, stellten sie dort eine Tafel mit den Worten auf «Wir kamen in Frieden für die ganze Menschheit». Wenn wir uns künftig ins Sonnensystem hinaus bewegen, müssen wir unseren amerikanischen Wertvorstellungen treu bleiben: Wir müssen friedfertig vorgehen und die Integrität anderer Planeten und ihrer fremdartigen Lebensformen respektieren, mit Chancengleichheit für alle.

Anhang B

Organisationen und Institutionen zur Förderung der Erkundung und Entwicklung des Weltraums

National Space Society (Nationale Raumfahrt-Gesellschaft):
Sie entstand durch Verschmelzung der L-5 Society mit dem National Space Institute. Die Gesellschaft unterhält Ortsgruppen im ganzen Land. Sie organisiert Jahreskonferenzen über die Entwicklung des Weltraums, veröffentlicht eine Zeitschrift und macht Mitglieder auf wichtige Entwicklungen in der Weltraumforschung aufmerksam.

Informationen: 922 Pennsylvania Avenue, S. E. Washington, D. C. 20023

Planetary Society (Planetare Gesellschaft):
Diese von dem Astronomen Carl Sagan gegründete Gesellschaft fördert bemannte und unbemannte Weltraumerkundung und setzt sich für eine gemeinsame amerikanisch-sowjetische Mission zum Mars ein. Sie gibt eine Zeitschrift heraus und hält Konferenzen über Themen ab, die ihre Mitglieder interessieren.

Informationen: 65 North Catalina Avenue, Pasadena, CA 91106

Space Studies Institute (Institut für Weltraumstudien):
Das SSI konzentriert sich auf Forschungen zur Förderung einer weiträumigen menschlichen Besiedlung des Weltraums unter Nutzung außerirdischer Baustoffe. Es wurde von Dr. Gerard K. O'Neill gegründet, veranstaltet alle zwei Jahre eine Konferenz und versendet einen monatlichen Informationsbrief.

Informationen: P. O. Box 82, Princeton, N. J. 08540

Students for the Exploration and Development of Space (Studenten für die Erkundung und Entwicklung des Weltraums):
Eine studentische Organisation mit dem Ziel, das Interesse von Studenten an der Erforschung und Entwicklung des Weltraums zu fördern und in konstruktive Bahnen zu lenken.

Informationen: Massachusetts Institute of Technology MIT, W20-445, Cambridge, MA 02139.

Space Generation Foundation/International Space University Project (Stiftung Weltraumgeneration/Projekt Internationale Weltraumuniversität):
Der Name reflektiert Bestrebungen der Generation, die seit dem Start des Sputnik im Jahre 1957 geboren wurde. Die Stiftung fördert innovative Aktivitäten im Zusammenhang mit dem Weltraum, darunter das Projekt Internationale Weltraumuniversität.

Informationen: 636 Beacon Street, Suite 201, Boston, MA 02215.

Institute for Security and Cooperation in Outer Space (Institut für Sicherheit und Zusammenarbeit im Äußeren Weltraum):
Das Institut fördert internationale kooperative Weltraumaktivitäten als Alternative zur Entfaltung von Weltraumwaffen. Zu seinen Aktivitäten gehören Forschung, Aktivismus und Verbreitung seiner Ideen.

Informationen: 8 Logan Circle, Washington, D.C. 20004-3727

Association of Space Explorers (Verband der Weltraumforscher):
Ein weltweiter Zusammenschluß von Astronauten und Kosmonauten zur Förderung gemeinsamer Forschung und Entwicklung des Weltraums zum Nutzen der ganzen Menschheit. Mitglied kann nur werden, wer in den Weltraum geflogen ist. Der Verband hält jährliche Mitgliederversammlungen ab.

Informationen: 3278 Sacramento Street, San Francisco, CA 94115

Anmerkungen

Kapitel 1

1. Willis Harman and Howard Rheingold, *Higher Creativity: Liberating the Unconscious for Breakthrough Insights,* Los Angeles 1984 (dt. *Die Kunst, kreativ zu sein*).
2. Ibid.

Kapitel 2

1. Telefon. Interview mit Edward G. Gibson am 13. August 1985.

Kapitel 3

1. Russell L. Schweickart, *No Frames, No Boundaries*, Filmkommentar. Aus *Earth's Answer: Exploration of Planetary Culture at the Lindesfarne Conferences*, West Stockbridge, Mass., 1977.
2. Die beste Quelle für diese Art von Informationen ist Tim Furniss, *Space Flight: The Records,* Enfield, England 1985. Diese Ausgabe führt 165 Personen auf, die im Weltraum gewesen sind. Außerdem schickte Charles Walker mir einen «Spacefarer Roster», zusammengestellt vom Raumfahrtexperten und Autor E. Oberg. Danach waren bis zum 22. Januar 1986 insgesamt 111 Missionen mit 199 Personen im All, nicht einbezogen die beiden suborbitalen Kurzausflüge im Mercury Programm. Mit ihnen wären es insgesamt 113 Missionen und 201 Personen.
3. Julian Jaynes, *The Origin of Consciousness in the Breakdown of the Bicameral Mind*, Boston 1976 (dt. *Die Götter schweigen. Der Ursprung des menschlichen Bewußtseins*).
4. Interview mit Marc Garneau, Ottawa, 11. Juli 1986.
5. Interview mit Jake Garn, Washington, D. C., 23. Juli 1986.
6. Interview mit Garneau.
7. Interview mit Byron K. Lichtenberg, Wellesley, Massachusetts, 19. August 1986.
8. Telefonisches Interview mit Edward G. Gibson, 15. August 1985.
9. Interview mit Don L. Lind, Johnson Space Center, Houston, am 12. November 1985.
10. Telefonisches Interview mit Alan L. Bean, 28. Juli 1986.
11. Mehrere ausgezeichnete Berichte sowjetischer Kosmonauten wurden in sowjetischen Zeitschriften und Zeitungen veröffentlicht. Die hier abgedruckten Auszüge wurden mir freundlicherweise von Marcia S. Smith zur Verfügung gestellt, ehemals Verwaltungschefin der Nationalen Raumfahrt-Kommission. Sie ist Expertin für das sowjetische Programm.

12. *Life*, Ausgabe vom 9. März 1962.
13. Interview mit Bean.
14. Wegen der starken Anziehungskraft der Gravitation ist es so, als wäre dieser Schwerkraftschacht tatsächlich viertausend Meilen tief. Eine ausgezeichnete Erläuterung dieses Konzepts findet sich in der Publikation der Nationalen Raumfahrt-Kommission *Pioneering the Space Frontier*, New York 1986.
15. Interview mit Lind.
16. Auszüge aus dem Tonband eines Rundfunkinterviews *Conversations with the Christian Science Monitor*, geführt von Bob MacDonald am 10. September 1985.
17. Interview mit Garn.
18. Interview mit Jeffrey A. Hoffman, Johnson Space Center, Houston, 12. November 1985.
19. Telefonisches Interview mit Eugene A. Cernan, 3. Dezember 1985.
20. M. Scott Carpenter et al., *We Seven*, New York 1962.
21. Auszug aus dem Bordtagebuch des Kosmonauten Valentin Lebedew in der *Prawda* vom 15. August 1983.
22. Carpenter, *We Seven.*
23. Interview mit Lichtenberg.
24. Interview mit Cernan.
25. «An Astronaut's Diary», Tonband. Washington, D. C., National Public Radio, 1985. Aus René Daumal, *Mount Analogue,* Übers. Copyright by Vincent Stuart Ltd.
26. L-5 Society. Vierte Jahreskonferenz über Entwicklung des Weltraums. Washington, D. C., 27./28. April 1985.
27. Interview mit Lind.
28. Interview mit Edgar D. Mitchell, Palm Beach, Florida, 18. Nov. 1986.

Kapitel 4

1. Juri Gagarin u. Valentin Lebedew, *Survival in Space*, New York, 1969.
2. *We Seven*, New York, 1962.
3. Ibid.
4. Ibid.
5. Ibid.
6. Ibid.
7. Richard S. Lewis, *Appointment on the Moon*, New York 1969.
8. Ibid.
9. *We Seven.*
10. *Life*, 9. März 1962.
11. Pressemitteilung «Ausführungen von Senator Glenn anläßlich der Ankündigung seiner Kandidatur zur Wiederwahl als Senator», Februar 1986.

Kapitel 5

1. Telefonisches Interview mit Eugene A. Cernan, 3. Dezember 1985.
2. Telefonisches Interview mit Russell L. Schweickart, 29. Oktober 1985.
3. Tim Furniss, *Space Flight: The Records*, Enfield/England 1985
4. Russell L. Schweickart, *No Frame, No Boundaries*, s. Kap. 3.1
5. Ibid.
6. Interview mit Cernan.
7. Michael Collins, *Carrying the Fire*, New York 1974.
8. Ibid.
9. Telefonisches Interview mit Michael Collins, 17. Januar 1986.
10. Eugene A. Cernan, «The Price of Being a Space Hero», *TV-Guide*, 3. bis 19. April 1985.
11. James Gorman, «The Righteous Stuff», in *Omni*, Mai 1984.
12. Interview mit Edgar D. Mitchell, Palm Beach, 18. November 1986.
13. Interview mit Cernan.
14. Henry S. F. Cooper, *A House in Space*, New York 1976.
15. Ibid.
16. Ibid.
17. Ibid.
18. Telefonisches Interview mit Edward G. Gibson.
19. Telefonisches Interview mit Gerald P. Carr, 6. Februar 1986.
20. Interview mit Gibson.

Kapitel 6

1. Unterstützung durch den Präsidenten der USA, offenbar ein notwendiges Element eines überzeugenden Raumfahrtprogramms, wurde auf verschiedenen Ebenen während sieben Präsidentschaften gewährt.
2. Joseph P. Allen, «Diary of a Shuttle Launch», in: *Science Digest*, September 1984.
3. «Good Morning America», 12. Dezember 1984.
4. L-5 Society, 4. Jahreskonferenz über die Entwicklung des Weltraums, Washington, D. C., April 1985.
5. «Discovery due to Land in Calif. this Morning», *Boston Globe*, 24. Juni 1985.
6. Telefonisches Interview mit Charles D. Walker, 2. Juli 1985.
7. Telefonisches Interview mit Loren W. Acton, 15. Juli 1986.
8. Ibid.
9. Interview mit Jake Garn, Washington, D. C., 23. Juli 1986.
10. Ibid.
11. Telefonisches Interview mit Bill Nelson, 7. August 1986.
12. Ibid.

Kapitel 7

1. Interview mit Edgar D. Mitchell, 8. November 1986.
2. Ibid.
3. Interview mit Charles D. Walker, Seattle, Washington, Mai 1986.
4. «First Chinese Manned Space Shot Is Not Far Off», *Boston Globe*, 1. September 1986.
5. Ibid.
6. Einzelheiten über diese Flüge siehe Tim Furniss, *Space Flight: The Records* a. a. O.
7. Die sowjetische Erfahrung mit langdauernden Missionen entspricht der amerikanischen Skylab-Erfahrung. Die Erlebnisse scheinen für alle Kulturen von gleicher Bedeutung zu sein.
8. Pressemitteilung der Association of Space Explorers über ihren ersten planetaren Kongreß in Cernay/Frankreich vom 2.–6.10.1985.

Kapitel 8

1. Geoffrey K. C. Pardoe, *The Future of Space Technology*, London und Dover 1984.
2. Ibid.
3. «Communications, the Information Society and Space». Vortrag, gehalten beim Seminar für Weltraumpolitik in der Kennedy School for Government, Harvard University, 1986.
4. Interview mit Don Lind, Johnson Space Center, Houston, 12. Nov. 1985.
5. Die Geostar Corporation, gegründet von Gerard K. O'Neill, der auch das Space Studies Institute gründete, gehört zu den führenden Einrichtungen in diesem Fachbereich.
6. Edgar Mitchell hat ein Buch über SDI geschrieben. Es wäre eine wertvolle Lektüre für alle, die SDI vor dem Hintergrund der Weltraumentwicklung und der menschlichen Evolution verstehen wollen. Ein anderes Buch über seine umfassende Weltanschauung wird demnächst erscheinen.
7. Patrick O'Driscoll, Julia Lawlor and William Dunn, «Space Future; Trips to Mars, Moon Colony», in *USA Today*, 10. Juni 1986.
8. Telefonisches Interview mit Michael Collins, 17. Januar 1986.
9. «Earth System Science: A Preview», Earth System Sciences Committee, 1986. University Corporation for Atmospheric Research, Boulder, Colorado, 1986.
10. Ibid.
11. James Lovelock, *Gaia: A New Look at Life on Earth*, Oxford 1979 (dt. *Gaia: Die Erde wird überleben)*
12. National Commission on Space, *Pioneering the Space Frontier*, 1986.
13. Ibid.
14. Interview mit Paul Blanchard, Washington, D. C., 22. Juli 1986.

Kapitel 9

1. L-5 Society, Konferenz über Weltraumentwicklung in Seattle, 1986.
2. Michael Collins, *Carrying the Fire*, a. a. O.
3. Eine gute Zusammenfassung der Innovationstheorie erhält man auf Anforderung bei: Creative Initiative/Beyond War, 222 High Street, Palo Alto, CA 94301.
4. Michael Rozek, «Bioflight», in *Air & Space,* Juni/Juli 1986.
5. Ibid.
6. Telefonisches Interview mit Martin Rutte, 16. Juli 1986.
7. Ibid.
8. Ibid.
9. Peter Russell, *The Global Brain*, Los Angeles 1983.
10. «Leadership and Mastery», Broschüre von Innovation Associates, P. O-Box 2008, Framingham, MA 01701, 1985

Kapitel 10

1. Arthur Koestler, *The Ghost in the Machine*, London 1967. (dt. *Das Gespenst in der Maschine).*
2. Interview mit Edgar D. Mitchell, 18. November 1986.
3. Wie ich es auch mit anderen Komponenten meines theoretischen Rahmens tue, passe ich Elemente der allgemeinen Systemtheorie und der menschlichen Systemtheorie den Erfordernissen dieser Analyse an. Einzelheiten findet der interessierte Leser im Literaturverzeichnis, vor allem bei Jeffrey S. Stamps, *Holonomy: A Human Systems Theory,* Seaside, Calif.: Intersystems Publications, 1980, einer ausgezeichneten Synthese des Systemdenkens.

   Das Holonomiemodell beruht auf vielen hier dargestellten Ideen. Der Zyklus des Entstehens dehnt den Begriff der Systemzustände auf vier Ebenen aus. Sie sind: langsamer Wandel, beschleunigter Wandel, Periode der Ungewißheit und Konfusion (in der das System als Anlauf für einen Sprung nach vorne einen Schritt zurück tun kann) und neue Ebene der Stabilität, auf der neue Eigenschaften hervortreten und zu einem Teil des Systems werden. Siehe *Holonomy*. S. 97.
4. Hat ein System eine Zielsetzung oder verhält es sich zielbewußt, dann besagt das nicht, daß eine teleologische Kraft am Werk ist. Systemtheoretiker sehen in allen Systemen eine Art zielbewußten Verhaltens, auch in den menschlichen. Siehe *Holonomy,* S. 75

Kapitel 11

1. Peter Russell, *The Global Brain*, a. a. O.
2. Natürlich gibt es auch Theorien, die das Entstehen des Menschen nicht mit der Evolution erklären. Das bekannteste Beispiel ist die biblische Schöpfungsgeschichte. Eine modernisierte Fassung dieses «kreationistischen» Ansatzes be-

hauptet, die Menschen seien Abkömmlinge außerirdischer Raumfahrer, die unseren Planeten vor langer Zeit kolonisierten. Es spielt jedoch keine Rolle, auf welche Erklärung oder Kombination von Erklärungen man zurückgreift. Die Frage nach dem Sinn oder der Funktion des Menschen im Universum bleibt bestehen.

3. Jeffrey S. Stamps in *Holonomy: A Human Systems Theory* a. a. O. Er behauptet, Geist sei eine Komplementarität zu Systemen. Jedes System habe auch eine entsprechende Ebene von Geist und Gewahrsein. Aus dieser Perspektive könnten wir es als den Zweck des Aufbaus von Overview Systemen bezeichnen, planetare, solare, galaktische und universale Formen von Geist zu schaffen.
4. Norman Myers, Hrsg. *Gaia: An Atlas of Planet Management,* Garden City, N. Y. 1984
5. Ibid.
6. Ibid.
7. Russell, *The Global Brain* a. a. O.
8. Ibid.
9. Ibid.
10. R. Buckminster Fuller, *Critical Path*, New York 1981.
11. Michael Holmquist, «The Philosophical Bases of Soviet Space Exploration», in: *Key Reporter*, Winter 1985/86.
12. Juri Gagarin and Valentin Lebedew, *Survival in Space* a. a. O.

Kapitel 12

1. Patrick O'Driscoll, Julia Lawlor, and William Dunn, «Space Future: Trips to Mars, Moon Colony», in: *USA Today*, 10. Juni 1986.
2. Trudy E. Bell, «The Evolution of American Space Interest Groups: 1980–1985», in: *Space Manufacturing 5, Proceedings of the Seventh Princeton/AIAA/SSI Conference,* 8.–11. Mai 1985.
   New York: American Institute of Aeronautics and Astronautics, 1985.
3. Michael Rozek, «Bioflight», *Air & Space*, June/July 1986. Es lohnt sich festzuhalten, daß die hier erörterten Ideen allgemeine Anerkennung gewinnen. So wurden beispielsweise die Ausdrücke «alter Weltraum» und «neuer Weltraum» mehrfach in einem Vortrag benutzt, den Ken Sweezey auf der Space Development Conference der L-5 Society des Jahres 1986 gehalten hat. Außerdem steht «die neue Weltraumbewegung» im Mittelpunkt des Buches von Michael A. G. Michaud, *Reaching for the High Frontier: The American Pro-Space Movement 1972–1984*, New York 1986.

Kapitel 13

1. Frank White, «Understanding Space Settlements as Human Systems» in: *Space Manufacturing 1983*, vol. 53, *Advances in the Astronautical Sciences*, Proceedings of the Sixth Princeton/SSI Conference on Space Manufacturing, ed. James D. Burke and April S. Whitt, San Diego 1983.
2. Michael Collins, *Carrying the Fire*, New York 1974.

Kapitel 14

1. James Lovelock, *Gaia: A New Look at Life on Earth*, a. a. O.

Kapitel 15

1. Telefonisches Interview mit Edward G. Gibson, 15. August 1985.
2. Telefonisches Interview mit Russell L. Schweickart, 29. Oktober 1985
3. Telefonisches Interview mit Michael Collins, 17. Januar 1986.

Kapitel 16

1. Brief des Kommissionsvorsitzenden Thomas O. Paine an alle, die an der Arbeit der Kommission teilgenommen oder sie unterstützt hatten.
2. Nationale Raumfahrt-Kommission, *Pioneering the Space Frontier*, a. a. O.
3. Die Verwendung außerirdischen Materials zum Bau von Strukturen und Behausungen im Weltraum schafft einen ganz anderen geistigen Rahmen für jeden Aspekt der Weltraumerkundung, angefangen bei den Antriebssystemen bis zu den Bevölkerungsebenen. Aus diesem Grunde ist es so wichtig, daß die Kommission das Konzept unterstützt.
4. Die Frage ist durchaus erlaubt, ob das amerikanische Wertesystem mit seiner Betonung der individuellen Freiheiten ohne den für weitere Ausdehnung verfügbaren Siedlungsraum hätte existieren können. Ebenso erlaubt wäre die Frage, ob es auf der Oberfläche eines endlichen und zunehmend enger werdenden Planeten überleben kann.
5. Siehe die Aussagen über den Report der Kommission vor den dafür zuständigen Ausschüssen des Senats und des Repräsentantenhauses in: *Americas Future in Space: Final Report of the National Commission on Space*, 22. Juli 1986. Die Ausführungen von Thomas O. Paine, Ausschußvorsitzender, Laurel L. Wilkenning, stellv. Vors., sowie den Ausschußmitgliedern George Field, Jack L. Kerrebrock und Kathryn D. Sullivan.
6. Professor George Field, ein Mitglied der Kommission, und ich selbst schrieben die ersten Entwürfe mehrerer Abschnitte der Erklärung zum Weltraum, vor allem die Begründung für die Erforschung und Besiedlung des Sonnensystems. Diese Ent-

würfe wurden von anderen Mitgliedern der Kommission abgeändert und umgeschrieben, bevor sie in den Abschlußreport aufgenommen wurden.

7. Weitere Gedanken zu diesem Thema bei George Field und Frank White «Principles for Pioneers», in *Space Policy Journal*, Guildford, England: Butterworth Scientific, Februar 1987. Der Artikel enthält eine genaue Analyse der im Report der Kommission aufgeführten Prinzipien.
8. Der Prozeß der Ausarbeitung eines solchen Dokuments begann bereits unter den gemeinsamen Auspizien des National Air and Space Museum, Washington, D. C., und des Center for Democracy, Boston, Massachusetts.
9. *Pioneering the Space Frontier*, 2
10. Ibid.
11. Diese Feststellung hat ziemlich viel Kommentare seitens der Mitglieder der neuen Weltraumbewegung und der Medien ausgelöst, weil sie das grundlegende Prinzip darstellt, aus dem alle anderen sich ableiten.
12. *Pioneering the Space Frontier.*
13. Ibid.
14. Telefonisches Interview mit Bill Nelson.

Kapitel 17

1. Senator Spark Matsunaga, «Marsquest», in: *Omni*, Juni 1986.
2. Ibid.
3. Dieser Prozeß hat bereits eingesetzt. Man erkennt ihn am wachsenden Drängen vieler Kreise auf eine gemeinsame US-sowjetische Mars-Mission. Sollte sie zustande kommen, dann wäre das mehr als ein Einzelprojekt, weil sie zum Modell der künftigen Erforschung des Sonnensystems werden könnte.
4. Anhörungen wurden im Frühjahr 1986 im Repräsentantenhaus und im Senat abgehalten. Damals wurde der Report dem Präsidenten übergeben.
5. Artikel 2 des Vertrages der Vereinten Nationen über den Weltraum verbietet jegliche nationalen Gebietsansprüche im äußeren Weltraum.
6. Telefonisches Interview mit Eugene A. Cernan, 3. Dezember 1985.
7. Nationale Raumfahrt-Kommission, *Pioneering the Space Frontier*, a. a. O.
8. Pressemitteilung von Senator John Glenn zur Anmeldung seiner Kandidatur zur Wiederwahl als Senator, 19./20. Februar 1986.
9. Pressemitteilung zum First Planetary Congress, Association of Space Explorers (Verband der Raumfahrer), Cernay/Frankreich, 2.–6. Oktober 1985.
10. Seminar über die Erforschung des Weltraums, Boston, 6. Mai 1986.
11. Zwei Quellen bieten wertvolle Erörterungen dieses Themas: Jeffrey S. Stamps, *Holonomy: A Human Systems Theory*, a. a. O. und I. S. Schklowski and Carl Sagan, *Intelligent Life in the Universe*. New York 1966.

Kapitel 18

1. James Lovelock, *Gaia: A New Look at Life on Earth*, a. a. O.
2. David Lacey, «Some Social Implications of a Generation Starship», in: *Journal of the British Interplanetary Society 37*, 1984.
3. Charles D. Walker, Nachtrag zu seinem Interview, 7. August 1986.

Kapitel 19

1. Nationale Raumfahrt-Kommission, *Pioneering the Space Frontier, a. a. O.*
2. Ibid.
3. Ibid.
4. Willis Harman and Howard Rheingold, *Higher Creativity: Liberating the Unconscious for Breakthrough Insights*, siehe Kap. 1.
5. Joanne Irene Gabrynowicz, Anwältin und Autorin in New York City, arbeitet innovativ am Thema, wie die Gründerväter die Grundsätze des Systemdenkens auf die amerikan. Verfassung anwendeten, sowie über die Implikationen für planetare und weltraumgestützte Zivilisationen. Ihre Anschauungen sind in einem Arbeitspapier zusammengefaßt «Space Development and the American Experiment: A Context and Model for International Progress.» Weitere Informationen durch: The Human Side of Law, 67 Murray Street, New York, NY 10007.
6. Telefonisches Interview mit Eugene A. Cernan, 3. Dezember 1985.
7. William Y. Elliott and Neil A. McDonald, *Western Political Heritage,* Englewood Cliffs, N. J. 1955.

Kapitel 20

1. In sehr großen Populationen der Erde kann es zu Mutationen kommen, die jedoch nicht bemerkt werden, weil sie einfach keinen festen Halt finden und im Laufe der Zeit ausgerottet werden. Aus diesem Grund ist es so wichtig, nicht nur eine Mutation begünstigende Umwelt zu haben, sondern auch eine, in der kleine, isolierte Gruppen zusammenkommen können.
2. Ben R. Finney and Eric M. Jones, «From Africa to the Stars: The Evolution of the Exploring Animal», in: *Space Manufacturing 1983*, Band 53; *Advances in the Astronautical Sciences*, Proceedings of the Sixth Princeton/SSI Conference on Space Manufacturing, ed. James D. Burke and April S. Whitt, San Diego 1983.
3. Ibid.
4. Ibid.

Kapitel 21

1. Ben R. Finney, «SETI and Interstellar Migration», in: *Journal of the British Interplanetary Society 38*, 1985.
2. Telefonisches Interview mit Michael Collins, 17. Januar 1986.
3. Augenscheinlich glaubte man, die griechischen Götter intervenierten etwa auf dieselbe Weise in die menschliche Gesellschaft, wie es heute angeblich Außerirdische tun. Der Unterschied scheint nur der zu sein, daß die Eingriffe in das grundsätzliche Paradigma der Wirklichkeit jener Zeit paßten, jedoch nicht in unser heutiges.
4. I. S. Schklowski and Carl Sagan, *Intelligent Life in the Universe,* a. a. O.
5. Nationale Raumfahrt-Kommission, *Pioneering the Space Frontier*, a. a. O.

Kapitel 22

1. William Y. Elliott and Neil A. McDonald, *Western Political Heritage*, a. a. O.
2. Ibid.
3. Brian O'Leary, «Duality, Oneness, and Outer Space», in: *The Movement*, März 1985.

Literaturverzeichnis

Allen, Joseph P., *Entering Space: An Astronaut's Odyssey*, New York 1984. (dt. *Vorstoß ins All. Mein Raumflug mit dem Shuttle)*

ders., «Diary of a Shuttle Launch», in: *Science Digest*, September 1984.

Bertalanffy, Ludwig von, *General Systems Theory: Foundations, Development, Applications,* New York 1968.

Carpenter, M. Scott, u. a. *We Seven: By the Astronauts Themselves*, New York 1962.

Cernan, Eugene, «The Price of Being a Space Hero», in: *TV Guide*, April 13.–19.1985.

Collins, Michael, *Carrying the Fire*, New York 1974.

Cooper, Henry, *A House in Space*, New York 1976.

Finney, Ben R. «SETI and Interstellar Migration», in: *Journal of the British Interplanetary Society*, vol. 38, 1985.

Finney, Ben R. and Jones, Eric M., «From Africa to the Stars: The Evolution of the Exploring Animal», in: *Space Manufacturing 1983*, vol. 53, *Advances in the Astronautical Sciences*, Proceedings of the Sixth Princeton/SSI Conference on Space Manufacturing, hrsg. James D. Burke und April S. Whitt, San Diego 1983.

Fuller, R. Buckminster, *Critical Path*, New York 1981.

Furniss, Tim. *Space Flight: The Records*, Enfield, England 1985.

Gagarin, Juri, and Lebedew, Valentin, *Survival in Space*, New York 1969.

Georgescu-Roegen, Nicholas, *The Entropy Law and the Economic Process*, Cambridge, USA, 1971.

Gorkow, V. and Konkow, N., «21 Days in Orbit», Moskau, *Aviatija I Kosmonautika*, No. 7, Juli 1983, No. 8, August 1983 und No. 9, September 1983.

Gorman, James, «The Righteous Stuff», *Omni*, Mai 1984.

Harman, Willis, and Rheingold, Howard, *Higher Creativity: Liberating the Unconscious for Breakthrough Insights,* Los Angeles 1984. (dt. *Die Kunst, kreativ zu sein)*

Hoffman, Jeffrey A., «An Astronaut's Diary», Adiotape, Washington, D. C. National Public Radio, 1985.

Holmquist, Michael, «The Philosophical Bases of Soviet Space Exploration», *Key Reporter*, Winter 1985/86.

Huxley, Aldous, *The Perennial Philosophy*. New York und London 1944. (dt. *Die Ewige Philosophie*)

Jaynes, Julian, *The Origin of Consciousness in the Breakdown of the Bicameral Mind*. Boston 1976. (dt. *Die Götter schweigen. Der Ursprung des Bewußtseins*)

Koestler, Arthur. *The Ghost in the Machine*, London 1967. (dt. *Das Gespenst in der Maschine*)

Lebedew, Valentin. Auszüge aus seinem Bordtagebuch in der *Prawda* vom 15. August 1983.

Lewis, Richard, *Appointment on the Moon*, New York 1969.

Lovelock, James E., *Gaia: A New Look at Life on Earth*, Oxford 1979. (dt. *Unsere Erde wird überleben. GAIA – eine optimistische Ökologie)*

MacDonald, Bob, «Conversations with the Christian Science Monitor», Boston 1985.

Mitchell, Edgar D., «Perspective is an Interesting Word», in: *Exploring New Perspectives of Humankind*», Sausalito, Calif.

Myers, Norman, Hrsg., *Gaia: An Atlas of Planet Management*. Garden City, New York 1984.

National Commission on Space, *Pioneering the Space Frontier*, New York 1986.

O'Leary, Brian, «Duality, Oneness and Outer Space», in: *The Movement*, März 1985.

Pardoe, Geoffrey K. C., *The Future for Space Technology*, London und Dover 1984.

Rozek, Michael, «Bioflight», in: *Air & Space*, Juni/Juli 1986.

Russell, Peter, *The Global Brain. Speculations on the Evolutionary Leap to Planetary Consciousness*, Los Angeles 1983. (dt. *Die erwachende Erde*)

Schklowski, I. S. and Sagan, Carl, *Intelligent Life in the Universe*, New York 1966.

Schweickart, Russell L., *No Frames, No Boundaries*, Palo Alto, Calif.: Creative Initiative/Beyond War. Aus: *Earth's Answer: Explorations of Planetary Culture at the Lindesfarne Conferences*, Weststockbridge, Mass., 1977.

Smith, Antony P., «Muting on the Beagle», *ReVision* 7 Nr. 1, 1984.

Smothermon, Ron, *Mastery of Context Creation*, Audiotape, San Francisco.

Stamps, Jeffrey S., *Holonomy: A Human Systems Theory*, Seaside, Calif., 1980.

Titow, German, «A Test in Orbit», Moskau, *Krasnaja Zwezda*, 1983.

White, Frank, «Humanity's Next Step.» Unpublished Manuscript. Newton, Mass.: Human Systems Incorporated, 1983.

ders., «Space Exploration and Human Evolution», Aussage vor dem Boston Public Forum, Nationale Raumfahrt-Kommission, 28. Okt. 1985.

ders., «Understanding Space Settlements as Human Systems», *Space Manufacturing 1983*, vol. 53. *Advances in the Astronautical Sciences*. Proceedings of the Sixth Princeton/SSI Conference on Space Manufacturing, Hrsg. James D. Burke and April A. Whitt, San Diego 1983.

Wilber, Ken, *Eye to Eye: The Quest for the New Paradigm*. Garden City, N. Y. 1983. (dt. *Die drei Augen der Erkenntnis*)

Wolfe, Tom, *The Right Stuff*, New York 1979.